JN087651

Ruby on Rails 6 超入門

Tuyano SYODA
掌田津耶乃 著

秀和システム

サンプルのダウンロードについて

サンプルファイルは秀和システムのWebページからダウンロードできます。

●サンプル・ダウンロードページURL

https://www.shuwasystem.co.jp/support/7980html/5906.html

ページにアクセスしたら、下記のダウンロードボタンをクリックしてください。ダウンロードが始まります。

本書のソースコードの表記について

ソースコード中に、↲マークがついている部分は、紙面の都合上改行していますが、実際は改行しません。ソースコード作成時は改行しないようにしてください。

●注　意

1. 本書は著者が独自に調査した結果を出版したものです。
2. 本書は内容において万全を期して制作しましたが、万一不備な点や誤り、記載漏れなどお気づきの点がございましたら、出版元まで書面にてご連絡ください。
3. 本書の内容の運用による結果の影響につきましては、上記2項にかかわらず責任を負いかねます。あらかじめご了承ください。
4. 本書の全部または一部について、出版元から文書による許諾を得ずに複製することは禁じられています。

●商標等

・本書に登場するシステム名称、製品名は一般に各社の商標または登録商標です。
・本書に登場するシステム名称、製品名は一般的な呼称で表記している場合があります。
・本文中には©、™、®マークを省略している場合があります。

はじめに

Webアプリケーションの世界に、ようこそ！

「Webアプリケーションを作りたい！」と思う人は大勢いますが、実際にWebアプリを作って公開できる人は決して多くはありません。データベースと連携して高度な処理をするようなWebアプリケーションは、幅広い知識と技術がなければ開発が難しいのです。

そうした「難易度の高いWebアプリ開発」を協力に支援してくれるものとして登場したのが「フレームワーク」です。フレームワークは、Webアプリの「しくみ」を提供してくれるプログラムです。これを使えば、高度なWebアプリを短期間で構築できます。

いいことずくめのフレームワークですが、しかしフレームワークにはフレームワークの悩みがあります。それは、「今度はフレームワークの難解な使い方を覚えないといけない」という点です。フレームワークは高度な技術を抽象化しているため、その概念などからきっちり理解しないといけません。これはこれで、かなり大変なのです。が、そうした基本部分さえ飲み込めれば、すばらしい開発能力を得ることができるのもまた確かです。

本書は、2016年に出版された「Ruby on Rails 5超入門」の改訂版です。Ruby on Rails（以後、Rails）は、Ruby言語によるフレームワークであり、おそらく世界でもっとも有名なフレームワークでもあります。このRailsは現在、Rails 6にバージョンアップされ、以前にもましてパワフルとなりました。本書はこれに合わせ、前書の内容を改訂し、Rails 6の新機能の説明なども盛り込みました。

Railsでは、「MVC（モデル＝ビュー＝コントローラ）」という機能を中心に開発が行われます。本書ではこの部分を基礎からしっかり説明ます。そして実際にさまざまな種類のWebアプリを作りながら、開発をしていくためのノウハウを最小限の労力で身につけていきます。

「じっくり時間をかけ深くまで理解する」という学習はとても大切です。が、時には「基本的な部分をガチッとつかんで今すぐ使えるようになる」という学習が必要となることもあります。本書は、後者タイプのRails 6入門書です。今すぐ使いたい！　という人。ぜひ、本書でRails 6の世界を猛スピードで駆け抜けて下さい。

2020. 2　掌田津耶乃

Chapter 1
Chapter 2
Chapter 3
Chapter 4
Chapter 5
Addendum

Contents

目次

Chapter 3 Modelとデータベースを使おう！

Chapter

1

Railsの基本を覚えよう！

まずは、Rails開発を始めるための準備を整えていきましょう。Railsに関する基礎知識を身につけ、必要なプログラムを用意し、Railsによるアプリケーションを作って動かすまで実際にやってみましょう。

Section 1-1

Railsを準備しよう

Webの開発って?

「Webサイトの作成」から「Webの開発」へ。これは、似ているようで、実はかなり大きなステップアップが必要です。

皆さんは、おそらく「Webサイトの作成」ぐらいは経験しているかもしれません(こんな本に興味を持つぐらいですから、ね?)。では、いわゆる「Webサイト」と、「Webの開発」とは、一体何が違うのでしょうか。

Webサイト=クライアント側

「Web」といっても、実はそれが示すものは1つではありません。多くの人にとって、Webというのは「Webブラウザに表示されるページ」でしょう。「Webを作る」というのは、「HTMLのソースコード(プログラムリストのことです)を書くことだ」と考えているのではないでしょうか。

けれど、それはWebを「クライアント側」から見ているに過ぎません。「クライアント」というのは、わかりやすくいえば「Webブラウザ」のことです。Webブラウザは、ダウンロードされたHTMLのソースコードを解析してレンダリングしてブラウザ内に表示します。これを私たちは「Web」だと認識しているのですね。

けれど、これらは皆、「Webサーバー」というインターネットのどこかにあるサーバーから送られてきたものです。

Webサーバーというのは、「このHTMLファイルを送ってください」といわれたら、それを送信する、というプログラムです。既に用意されているものをただ返送するだけの単純な働きをするもので、そこには複雑な処理などを行う余地はありません。

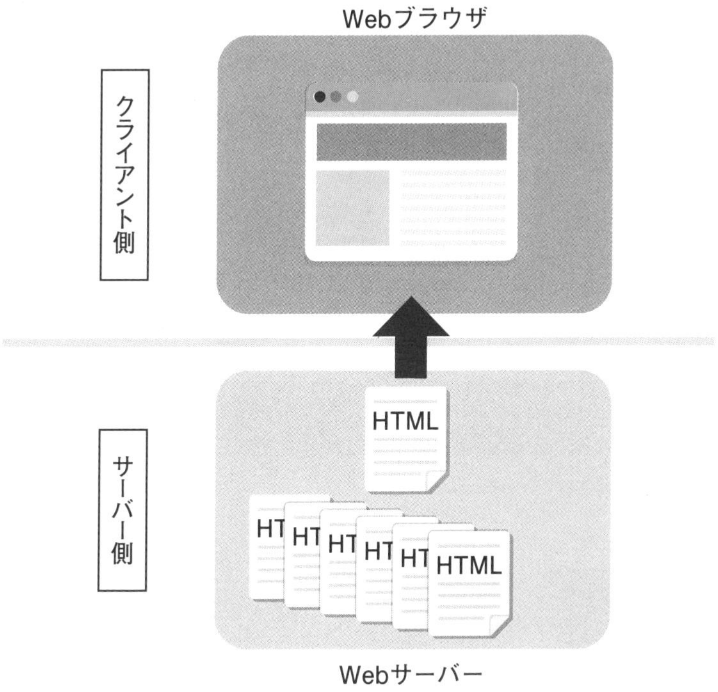

図1-1 Webというのは、Webサーバーに問い合わせをし、HTMLファイルを送ってもらってそれを画面に表示している。

サーバー側のプログラム

が、Webというのは、単に「指定のファイルを送るだけ」というだけのものではありません。

Webサーバーの中には、特定のプログラミング言語に対応しているものもあります。プログラミング言語で書かれたソースコードファイルが用意してあって、それをその場で実行して処理を行えるようになったものもあるのです。

Webブラウザから「このアドレスの情報を送ってください」と要求があると、それに対応したプログラムを実行し、必要であればデータベースから検索したりして必要な情報を集め、表示される画面の内容をプログラムで生成して送り出す、といった作業をしていることもあるのです。

たとえば、Amazonの商品ページを思い浮かべてみましょう。Amazonでは、数十万(数百万？)もの商品を扱ってます。1つ1つの商品ページを人間が書いていたとしたら、膨大なWebページを作らないといけません。が、必要に応じてデータベースから商品データを取り出し、その場でページの内容を作成するようなプログラムを用意すれば、どんなに商品の数が増えても対応できますね。

こうした「サーバー側で動いているプログラム」を作成するのが、「Webの開発」なのです。

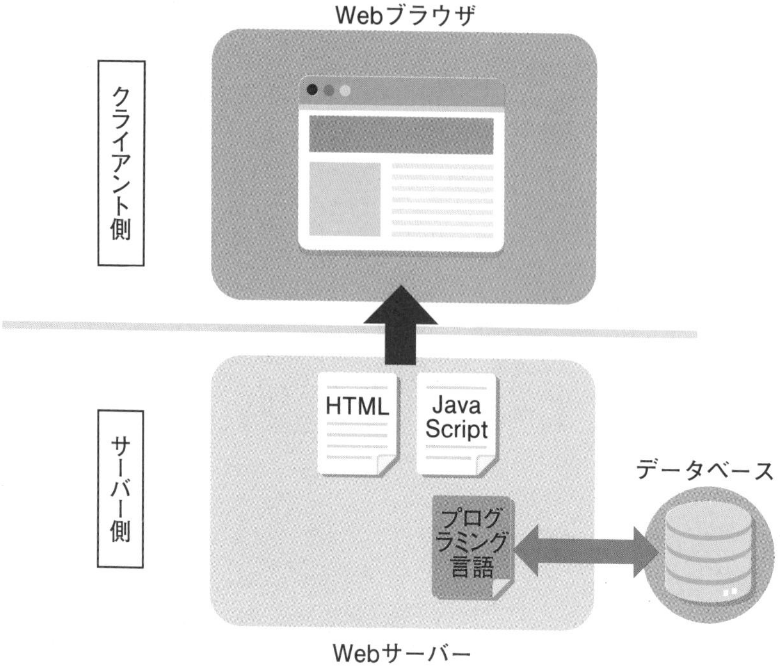

図1-2 Webは、クライアント側とサーバー側でできている。サーバー側で生成したWebページがクライアント（Webブラウザ）側に送られて表示される。

開発は大変！

こうした、「サーバー側で実行するプログラムを作る」Web開発は、実は皆さんが想像する以上に大変です。

たとえば、Amazonの商品ページのように、「ID番号を指定したらその商品の内容を表示する」というだけのものなら、しっかり勉強すれば皆さんも作れるようになるでしょう。けれど、「メッセージを投稿する掲示板」のようなものになるとちょっと頑張らないといけないでしょう。更には、「商品を購入するネットショップ」になると相当に頑張らないと難しいかもしれません。

何が違うのか？ というと、Webの開発は、ただ「考えた通りの処理を行えばOK」というものではないからです。掲示板は、そこにアクセスしてくるユーザーの個人情報などをきちんと管理しないといけません。またネットショップになったら、金銭的な取引が常に正確に行われるようになっていないとダメです。1円でも誤差が生じたら、もう信用問題となってしまいます。

また、インターネットでは誰もがお行儀良くWebサイトにアクセスしてくれるわけではありません。中には、悪意を持って攻撃をしてくる人間だっています。こうした攻撃にも耐え、常に正常に働くWebサイトを構築するのは、実は想像以上に大変なのです。

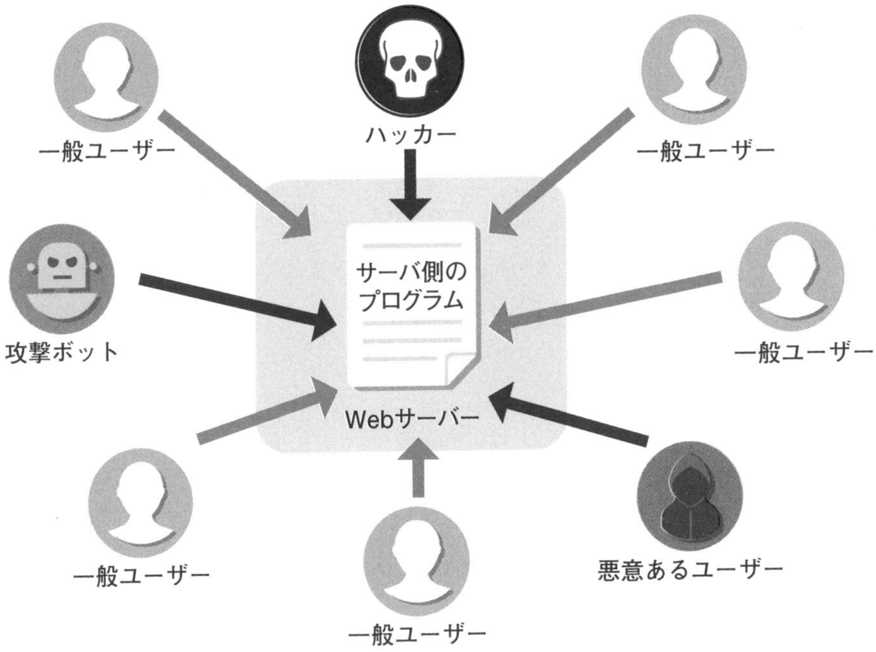

図1-3 Webには、一般のユーザーだけでなく、悪意を持ってアクセスしてくる人間やプログラムなどもある。

自分だけわかればいい……？

それ以上に大変なのは、実は「作った後のメンテナンス」です。プログラムを作るときは、誰でも自分でちゃんと考えて処理を作っていきます。が、そうしてWebサイトが公開され、それから1年2年とたってしまうと、「作ったプログラムがどうなっていたか」なんて忘れてしまっていたりするのです。

また企業などでは、作った人間がその後もずっとメンテナンスできるわけではありません。まったく別の人間がその担当になったとき、プログラムの内容がなんだかわからない、ということもあります。他人が作ったプログラムというのは、なかなか理解し難いものなのです。

フレームワークの登場！

そこで、最近広く使われるようになってきたのが「フレームワーク」というものです。これは、さまざまな便利機能をまとめたライブラリのようなものとは違います。何が違うのか？それは「フレームワークは機能だけでなく『仕組み』を持ったプログラムだ」という点です。

プログラムというのは、同じような構造のものであれば、だいたい同じような仕組みで動きます。たとえば、Webで動くプログラムならば、アクセスする→アドレスをチェックし

て対応する処理を呼び出す→必要に応じてデータベースにアクセス→結果をHTMLとして生成→アクセス側に送り返す

このような基本的な流れが決まっています。ということは、アクセスしてから結果を送信するまでの基本的な流れを処理する仕組みをあらかじめ用意しておいて、「どんな処理をするか?」「データベースからどんなデータを受け取るか?」「どんな結果を表示するか?」といった、それぞれのプログラム固有の部分だけを作成して組み込むことができれば、ずいぶんと開発も簡単になります。

これが、フレームワークです。プログラムの基本的なシステムそのものを持っていて、必要に応じてカスタマイズする部分だけを作って追加すればプログラム全体が完成する、そういう「仕組みそのものを持ったプログラム」なのです。

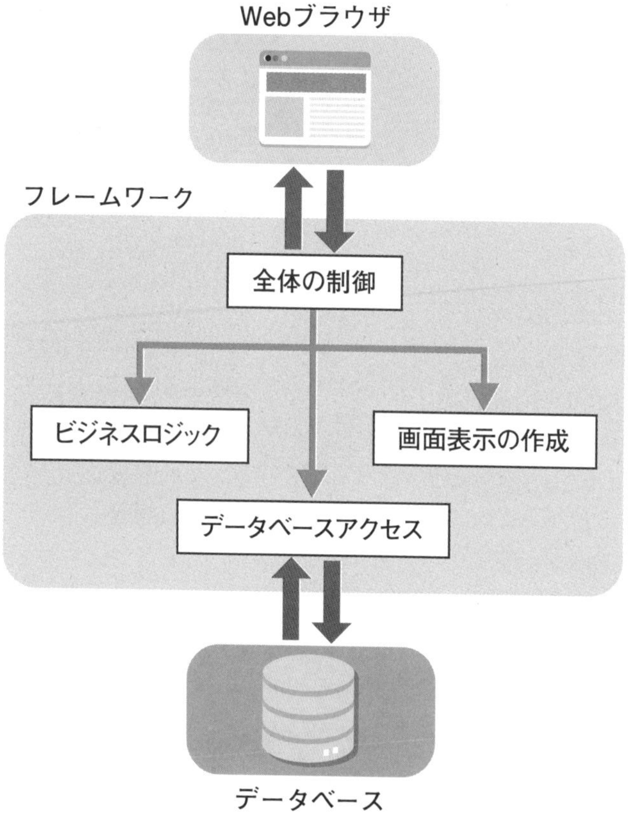

図1-4 フレームワークは、さまざまな機能だけでなく、「仕組み(システム)」そのものを提供するプログラムだ。

Railsとは？

さあ、Webの開発からフレームワークの必要性までの流れがこれでわかりました。いよいよ「Rails」の登場です。

Railsというのは、正式名称を「Ruby on Rails」といいます。これは、Rubyというプログラミング言語のためのフレームワークです。

フレームワークにはいくつかの種類がありますが、このRailsは「Webアプリケーションフーレムワーク」と呼ばれるものです。その名の通り、Webアプリケーションを作るためのフレームワークです。

コラム Webアプリケーションって？ Column

ここで、「Webアプリケーションって、たまに聞くけど、Webサイトとは違うものなのか？」と疑問に思う人もいるかもしれません。

Webアプリケーションと Webサイトというのは、はっきりと「ここがこう違う」という明確な区切りがあるわけではありません。Webサイトというのは、HTMLファイルで作っているような、昔ながらのWebを指します。これに対し、Webアプリケーションというのは、サーバー側のプログラムを使ってWebページを生成するようなタイプのものを指すことが多いようです。「アプリケーションのように、背後でプログラムが実行されているWebサイト」と思えばいいでしょう。

こうした、Webアプリケーションを作成するのに、Railsのようなフレームワークがよく使われているのです。

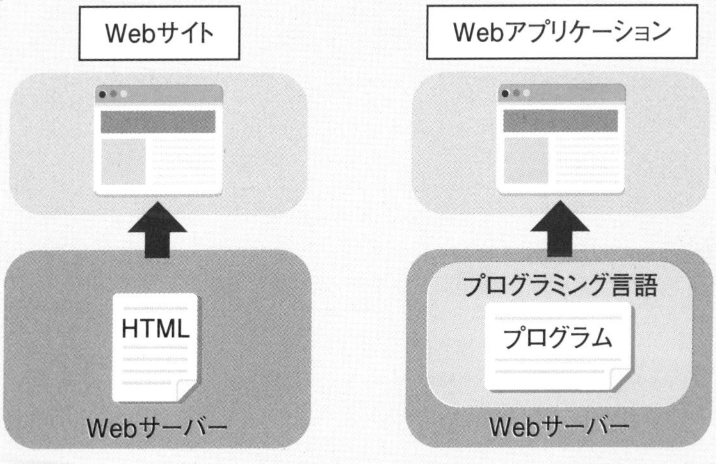

図1-5 Webサイトが、HTMLをそのまま表示するのに対し、Webアプリケーションはサーバーに用意したプログラムが実行され、Webページをその場で生成して表示する。

RailsがWebアプリを変えた！

このRailsは、Webの開発に大きな影響を与えたフレームワークなのです。それ以前も、フレームワークは使われていたのですが、正直いって、複雑な設定ファイルを作成して多くのファイルを正確に組み合わせていくような、高度な知識がないと使いこなせないものでした。

Railsは、こうしたフレームワークの有り様を一新しました。簡単なコマンドを使ってアプリケーション全体を自動生成し、複雑な設定ファイルなどを書かなくとも部品に決まった名前をつけていくだけで自動的にプログラムを認識し動くようにしました。わずか10分もあれば、アプリケーションの基本部分は全部できてしまったのです。これは、画期的なことでした。

このRailsが爆発的に普及し、Ruby以外の言語でも、Railsのやり方を真似たフレームワークが次々と登場するにつれ、Rails人気は不動のものとなりました。今では、Webアプリケーションのフレームワークといえば、「Railsスタイル」が当たり前となっているのです。

RailsとMVC

このRailsは、一般に「MVCフレームワーク」と呼ばれるものの仲間です。先ほど、Railsのことを「Webアプリケーションフレームワーク」といいましたが、これはWebアプリケーションを作るフレームワークっていう意味ですね。このMVCというのは、フレームワークの内部構造(アーキテクチャー)に関する話です。

MVCというのは、「Model-View-Controller」という3つの要素のイニシャルを取ったものです。これは、それぞれ以下のような役割を果たすプログラムの部品です。

Model（モデル）	データを扱うためのものです。データベースにアクセスして必要なデータを取り出したりする機能を提供します。
View（ビュー）	画面表示のためのものです。テンプレートなどを使い、プログラムで制御できるWebページを作ります。
Controller（コントローラー）	プログラムの制御を行うものです。Webブラウザがアクセスしてきてから、必要に応じてモデルやビューを呼び出して処理を行い、結果となるWebページを用意してブラウザに返信します。

MVCは、プログラム全体をこの3つの要素に分けて整理し、構築していきます。「たった3つの部品で作れるの？」と思うでしょうが、たいていのプログラムはこれで作れるのです。もちろん、向かないものもあります。たとえば、バリバリのアクションゲームなんかは向きません。が、一般的なWebアプリケーションはほぼすべてこのMVCの組み合わせとして作ることができます。

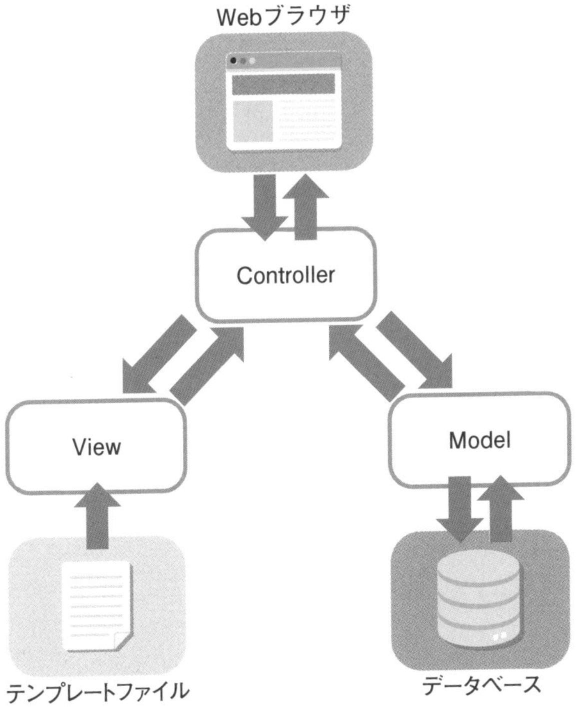

図1-6 MVCは、Model、View、Controllerという3種類の部品からなる。Controllerは必要に応じてModelからデータベースのデータを受け取ったり、Viewから画面表示のテンプレートをもらったりして処理を行う。

Railsを使う上で必要なもの

では、Railsを使うには、どのようなものが必要になるのでしょうか。また、「こんなものが必要っていわれてるけど、本当にいるの？」と思うものもあるでしょう。ここで「用意する必要があるもの」「実はなくても大丈夫なもの」をざっと整理しておきましょう。

必要なもの

まずは、必ず用意しないといけないものについてです。これは、ないとRailsが使えません。必ず用意します。

● Ruby言語

Railsは、Rubyというプログラミング言語用のフレームワークです。ということは、当たり前ですが、Rubyというプログラミング言語を用意しないといけません。これはプラットフォームによって配布の形態が違います。

● Rails

これも当たり前ですが、Rails本体をインストールしないといけません。ただし、これはRubyに用意されているプログラムの管理ツールを使ってインストールするので、自分でダウンロードしたりインストールしたりといった作業は一切必要ありません。ですから、準備は「必要ない」と考えていいでしょう。

必要ではないもの

あったほうがいいけれど、実はなくても問題ないものについてです。これらは、用意してもいいですが、しなくとも差し支えはありません。

● 開発ツール

これは、あったほうが快適にプログラミングができます。が、普通のテキストエディタなどで編集してもプログラミングは行えます。使いやすい開発ツールについては改めて紹介するので、気にいったものがあれば使ってみる、程度に考えておきましょう。

● Webサーバー

Web開発をするなら、Webサーバープログラムをインストールしないと動作チェックなどができない……と思ってる人は多いと思います。が、実はこれは用意しなくても構いません。Railsには、動作チェック用のサーバー機能が用意されていて、その場で実行して動作を確認できるようになっているのです。ですから、これも「あれば便利だろうけど、なくても別にいい」のです。

RubyとRailsのバージョンについて

RubyやRailsといったプログラムは、日に日に進化しており、バージョンアップにより機能も強化されていきます。では、これらのバージョンは現在、どうなっているのでしょうか。

● Ruby

Rubyは、現在、「2.6」というバージョンが最新版になっています。本書で使うRails 6は、Ruby 2.5以降が必要になります。ここでは最新版の2.6を使いますが、既に2.5以降が入っている人はそれをそのまま利用しても構いません。

● Rails

Railsは、2020年1月現在、「6.0」というバージョンが最新版となっています。このRails 6は、2019年9月にリリースされたものです。新しいバージョンで使い方を覚えれば、この先も長くその知識を活用できるでしょう。

Rubyをインストールする(Windows)

では、準備を整えていきましょう。まずは、なんといってもRuby言語がなければ話になりません。Rubyという言語は、もともとLinuxというOS用に開発されました。ですので、それ以外のOSでは、さまざまな開発ベンダーによって移植版が用意されてきました。

Windowsでは、「RubyInstaller」というプログラムがもっとも手軽にRubyを用意できるものとして人気があります。これは以下のサイトで公開されています。

```
http://rubyinstaller.org
```

ここからRubyInstallerのプログラムをダウンロードすることができます。このページにある「Download」というボタンをクリックしてください。ダウンロードページに移動します。

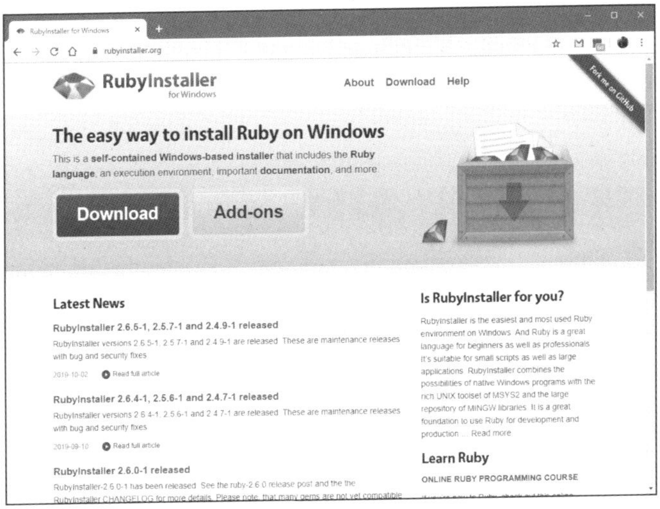

図1-7 RubyInstallerのサイト。

インストーラをダウンロードする

移動したダウンロードページは、以下のアドレスになっています。直接このページにアクセスしても構いません。

```
http://rubyinstaller.org/downloads/
```

ここに、RubyInstallerのダウンロードリンクがいくつか表示されています。これは、

Rubyのバージョンごとに複数のものが用意されていると考えてください。

本書執筆時点での最新のRubyは2.6.xというものになります(xは任意のバージョン番号)。WITH DEVKITというところにあるリストから「Ruby+Devkit 2.6.x (x64)」というもの(2.6の最新バージョンでOKです)をクリックしてダウンロードしましょう。

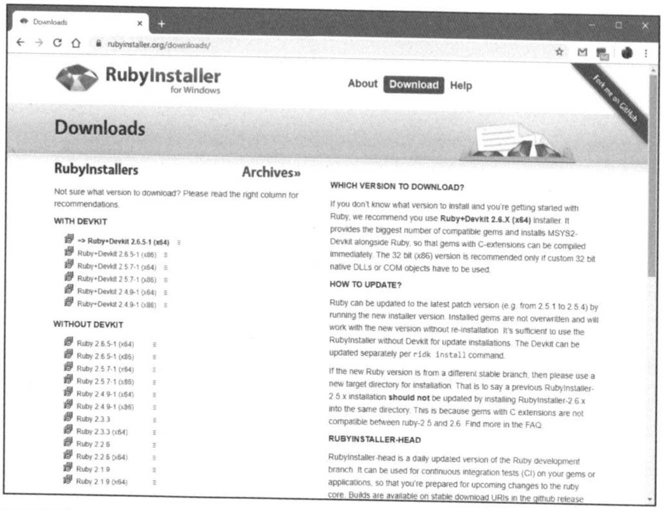

図1-8 ダウンロードページ。ここからリンクをクリックしてダウンロードする。

ダウンロードされたファイルは、「rubyinstaller-devkit-2.6.x-x64.exe」といった名前になっています。これは、RubyInstallerと、開発で使うDevKitというプログラムをセットでインストールするプログラムです。これを使って、Rubyをインストールします。では、ダウンロードしたファイルをダブルクリックして起動しましょう。

● 1. 使用許諾契約書の同意

インストーラのウインドウが現れると、画面に英文のドキュメントが表示されます。これは、Rubyの使用許諾契約書です。ここに書かれている内容に同意しないとインストールできないのです。

下の方に、「I accept the license」というラジオボタンがあるので、これを選択してから「次へ」ボタンをクリックしてください。

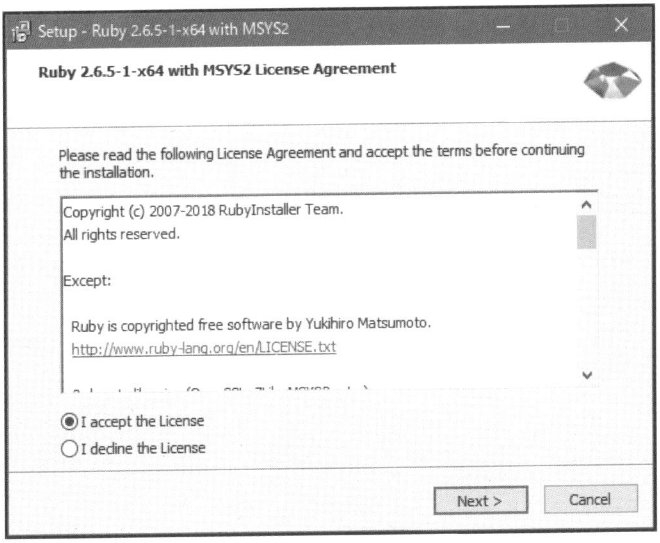

図1-9 使用許諾契約書の画面。「I accept the license」を選んで次に進む。

● 2. インストール先とオプションの指定

続いて、Rubyをインストールする場所と、インストール時に設定する項目を選ぶ画面になります。インストールする場所は、デフォルトではCドライブ直下に作成したフォルダが指定されています。

また、その下に、以下のような3つのチェックボックスが並びます。

Add Ruby executables to your PATH	Rubyのプログラムをコマンドプロンプトまたはターミナルで実行できるようにするものです。
Associate .rb and .rbw files with this Ruby installation	Ruby関連ファイルを起動してRubyが実行できるようにするためのものです。
Use UTF-8 as default external encoding	デフォルトのエンコード方式をUTF-8にします。

デフォルトでは最初の2つのチェックボックスがONになっています。その状態のまま「Install」ボタンをクリックします。

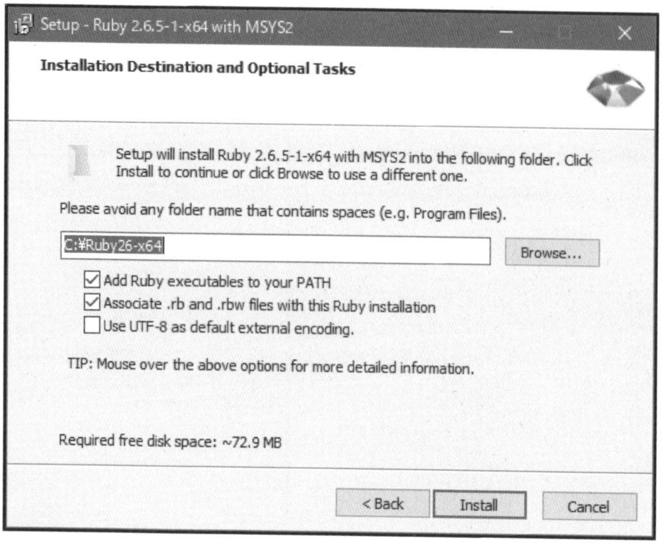

図1-10　オプションは1つ目と2つ目をONにしておく。

● 3. コンポーネントの選択

これでインストールかと思ったら、また設定画面が出てきた人もいるでしょう。これは、コンポーネントの選択画面です。デフォルトのまま次に進むと、今度こそインストールが開始されます。

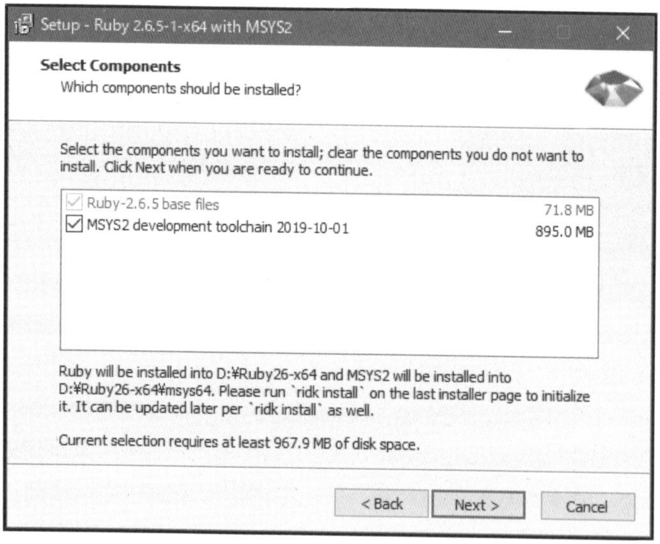

図1-11　コンポーネントの選択。デフォルトのままでOK。

● 4. 後は待つだけ！

インストールには少し時間がかかりますが、しばらく待っていればすべて終了します。「完了」ボタンを押してインストーラを終了すればRubyの用意は完了です。なお、この画面で「Run 'ridk install' ～」というチェックが表示されています。これをONのまま「Finish」すると、画面にコンソールウインドウが現れます。そのままEnterして、作業が終了したらウインドウを閉じて下さい。

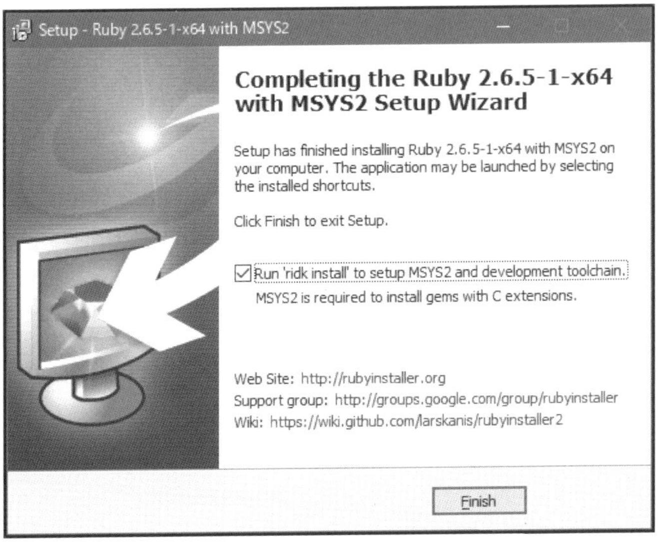

図1-12 インストールが終わったら、「Finish」ボタンを押して終了する。コンソールウインドウが現れるが、Enterすればいい。

HomebrewでRubyをインストールする(macOS)

macOSの場合、デフォルトでRubyがインストールされていますが、そのバージョンはおそらく2.5より古いかもしれません。従って、最新バージョンのRubyを別途インストールしたほうがよいでしょう。

最新版のインストールはいくつかの方法があるのですが、いずれも「コマンドを実行して行う」というものです。ここでは、一番わかりやすい「Homebrew」というパッケージ管理ツールを利用してインストールをします。

まずは、Homebrewをインストールしましょう。このプログラムは以下のWebサイトで公開されています。

```
https://brew.sh/index_ja
```

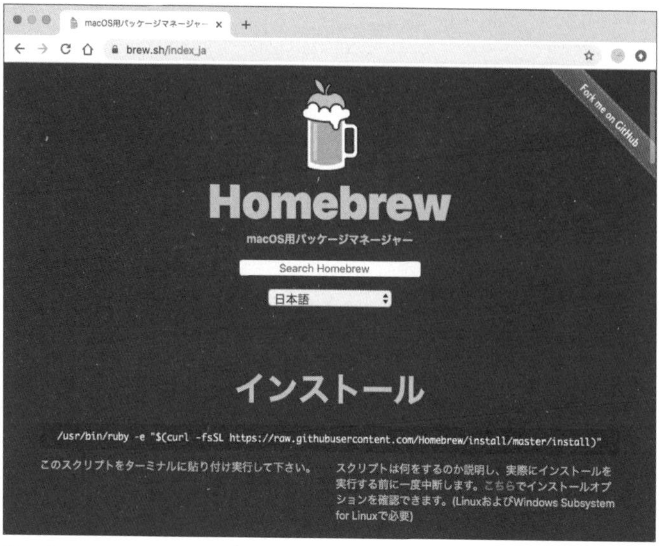

図1-13 HomebrewのWebサイト。

このサイトの「インストール」というところの下に、以下のような文が表示されています。これをコピーしてください。

```
/usr/bin/ruby -e "$(curl -fsSL https://raw.githubusercontent.com/
Homebrew/install/master/install)"
```

そして、ターミナルを起動し、ペーストしてReturnキーを押し実行します。これで、Homebrewがインストールされます。インストールにはけっこう時間がかかるので気長に待ちましょう。

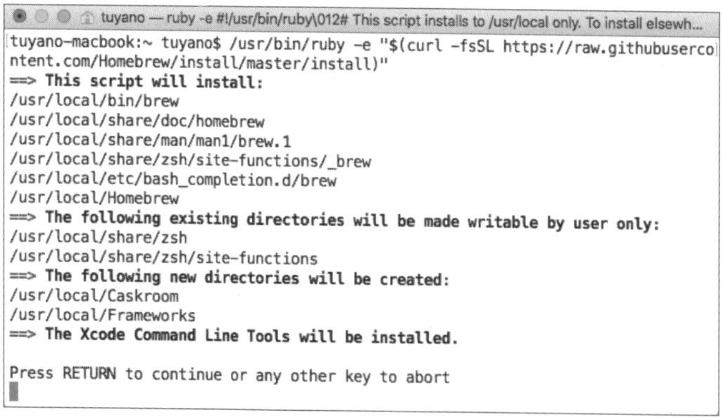

図1-14 ターミナルからコマンドを実行し、Homebrewをインストールする。

Rubyをインストールする

Homebrewがインストールできたら、Rubyをインストールしましょう。これもターミナルからコマンドで行います。

```
brew install ruby
```

これを実行してください。これでRubyの最新バージョンがインストールされます。

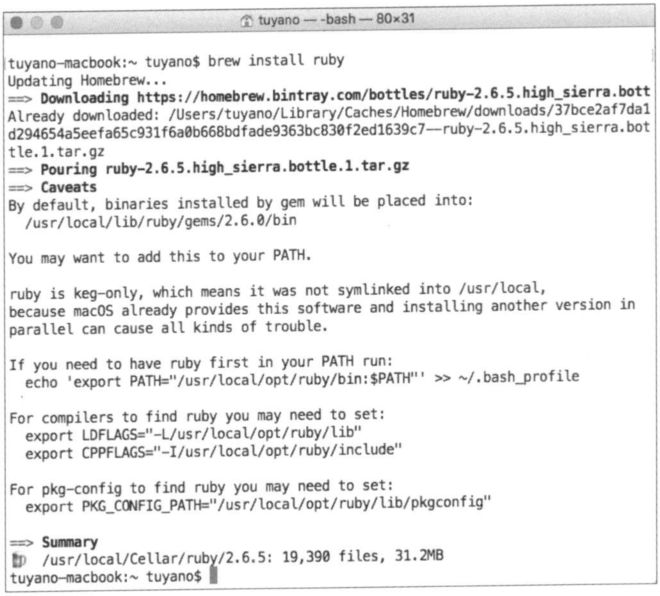

図1-15 brew install rubyでRubyをインストールする。

Railsをインストールする

では、いよいよRailsをインストールしましょう。これも、コマンドプロンプトまたはターミナルを利用します。既にターミナルを開いている場合はそのままにしてください。もし閉じてしまった人は、もう一度開き直してください。

Railsのインストールは、Rubyに用意されている「gem」というプログラムを利用します。これは、「パッケージマネージャ」というプログラムです。これは、Rubyで利用するさまざまなプログラムを「パッケージ」というかたまりとして管理するもので、このgemを使って、Rubyに必要なプログラムをほとんどすべて用意することができます。

では、コマンドプロンプトまたはターミナルから以下のように実行をしてください。

なお、これはgemが管理する場所にインストールされるので、実行する場所など特に考える必要はありません。そのままコマンドプロンプトを開いた場所で実行すればOKです。

```
gem install rails
```

これで、Railsのインストールが行われます。初めてgemコマンドを実行したときには、たくさんのパッケージが次々とダウンロードされ驚くかもしれません。時間はかかりますが、じっと待っていれば、やがて一通りのパッケージが用意され、Railsのインストールが完了します。

（※完了しても、まだコマンドプロンプト／ターミナルは閉じないでくださいね！）

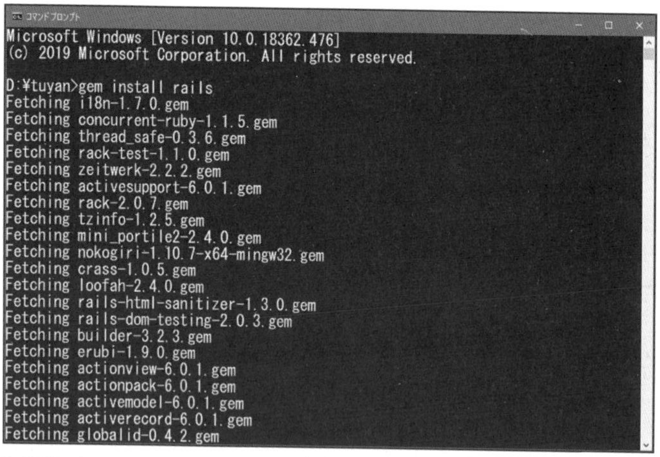

図1-16 gem install railsを実行すると、たくさんのパッケージが次々とインストールされる。

コラム Ruby/Railsのバージョンは？ Column

インストールされているRubyやRailsのバージョンは、どうやって確認すればいいのでしょうか。これは、コマンドを使って行うことができます。
まずはRubyです。コマンドプロンプトまたはターミナルから以下のように実行してください。

```
ruby -v
```

これで、「ruby 2.6.……」といったRubyのバージョンが表示されます。2.5以降の番号になっていますか？ それならOKです。
続いて、Railsのバージョンです。これは以下のように実行します。

```
rails -v
```

これで、「Rails 6.0.……」といったバージョンが表示されれば、Railsのインストールも問題なく行えています。——ここまで問題なくできたら、コマンドプロンプト／ターミナルはとりあえず閉じておきましょう。

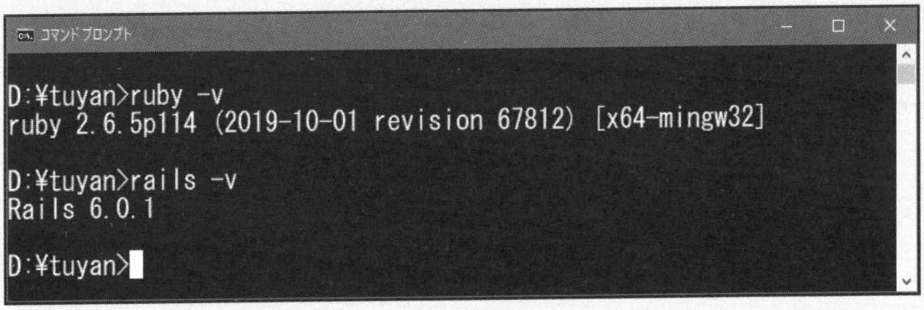

図1-17 RubyとRailsのバージョンをそれぞれ確認しておく。

Section 1-2 Visual Studio Codeを使おう

開発ツールについて

RubyとRailsの準備ができたところで、続いて「開発ツール」について触れておきましょう。

Railsの開発には、基本的に開発ツールは必要ありません。メモ帳などのテキストを編集するプログラムがあれば、問題なく開発はできます。これはしっかりと頭に入れておいてください。「開発ツールは、なくても問題ない」ということを。

ただし、「あると便利」なのもまた確かです。では、開発ツールを使うと何が便利なのか？簡単にまとめましょう。

たくさんのファイルを扱いやすい

一番大きいのは、「一度にたくさんのファイルを開いて編集できる」という点でしょう。メモ帳のようなテキストエディタは、一度に1つのファイルしか開けません。中にはたくさんのファイルを開けるエディタもありますが、その場合も、開くファイルは自分で1つ1つ選択しないといけません。つまり、自分でファイルをきちんと管理しないといけないのです。

開発ツールは、開発するプログラムで使う多数のファイルをまとめて編集できます。一度にたくさんのファイルを開いて編集できるのです。また、プログラムで使われるファイルなどを管理し、必要なファイルだけを編集できるようにするため、自分でファイルを細かく管理する必要もありません。

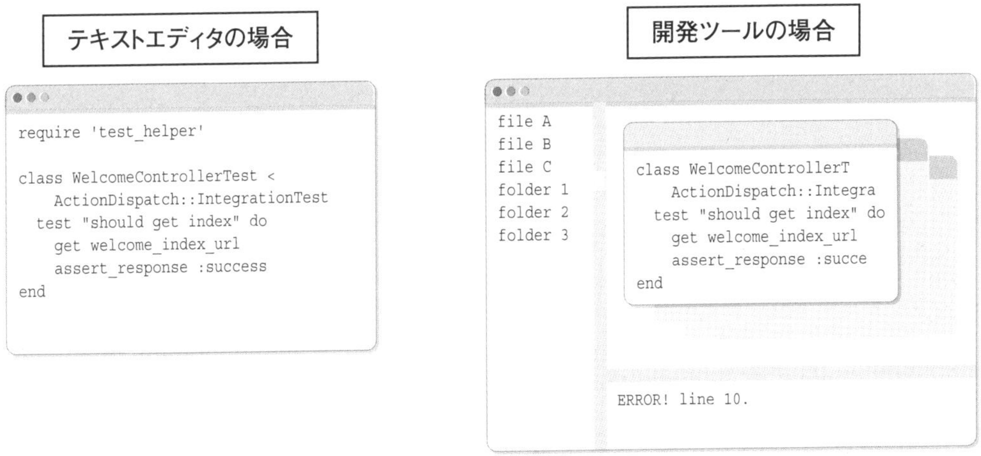

図1-18 テキストエディタは、ただファイルを開いて編集するだけだが、開発ツールはたくさんのファイルをまとめて管理できる。

支援機能が充実！

一番の利点はこれでしょう。開発ツールには、開発を支援する機能がたくさん用意されています。単にテキストを編集するだけでなく、たとえば現在使える命令などをポップアップで表示したり、値やキーワードを色分け表示したりして、プログラマがプログラムを書く手助けをしてくれる機能がたくさん用意されているのです。

プログラムは、命令などをきっちりと正確に書かないといけません。メモ帳でプログラムを書くためには、使っている言語やフレームワークの命令などをすべて正確に記述しないといけません。が、開発ツールでは、最初の1文字2文字をタイプしただけで「この命令でしょ？」と候補を出してくれるので、うろ覚えの命令も正確に書くことができます。

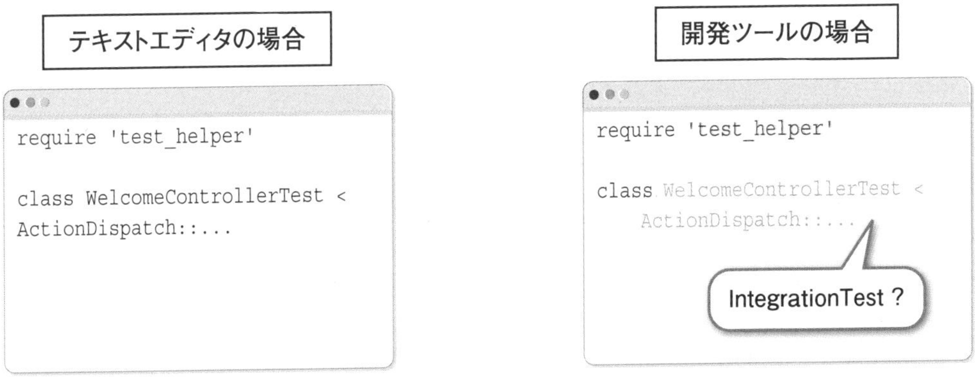

図1-19 開発ツールでは、単語を色分け表示したり、次に入力する命令の候補をポップアップ表示したり、たくさんの支援機能がある。

Visual Studio Codeってなに？

「便利なのはわかった。でも、開発ツールっていってもどんなものがあるのかわからないよ」という人。確かに、世の中には山のように開発ツールがあって、RubyやRailsでどれが使えるのか、初心者でも使いこなせるのか、よくわからないでしょう。そこで、プログラミング初心者の皆さんに、「RubyやRailsはもちろん、その他の言語を使っていても、これから先、ずっと便利に使い続けられる開発ツール」を紹介しておきましょう。

それは、「Visual Studio Code」というツールです。

Visual Studio Codeは無料の開発ツール！

このVisual Studio Codeは、マイクロソフトが作っている開発ツールです。これは、マイクロソフトの超高機能の開発ツール「Visual Studio」をベースにした、一種の「ライト版」です。Visual Studioで培った技術を用いて、もっとライトな開発に使える、小回りの利くツールとして作成されたのが、「Visual Studio Code」なのです。

これは、Webで使われるHTMLやJavaScript、サーバー開発のRubyをはじめとする多数の言語に対応しており、非常に軽量できびきびと動きます。しかもWindowsだけでなく、macOSとLinux用も用意されています。

「プログラムを書くこと」を中心にまとめているため、これだけでパソコンのアプリやスマホのアプリを開発することはできません。が、RailsのようなWebアプリケーションの作成には非常に役立ってくれます。

Visual Studio Codeを手に入れよう

このVisual Studio Codeは、以下のアドレスで配布されています。ここにアクセスしてください。そして、「今すぐ無料でダウンロードする」というボタンをクリックしましょう。

```
https://azure.microsoft.com/ja-jp/products/visual-studio-code/
```

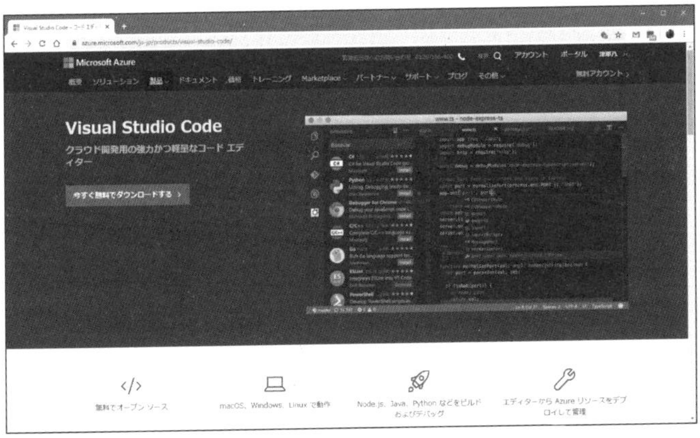

図1-20 Visual Studio CodeのWebサイト。「今すぐ無料でダウンロードする」ボタンをクリックする。

ダウンロードページからダウンロード！

これで、Visual Studio Codeのダウンロードページに移動します。ここから、自分が使っているOS用のものをダウンロードします。なお、Windowsの場合、「System Installer」と「User Installer」というものが用意されています。これはシステム全体にインストールするのと、現在の利用者にインストールするものの違いです。ここでは「User Installer」をダウンロードしておきましょう。

もし、トップページのレイアウトが変わっていてダウロードページがよくわからなくなっていたら、下のアドレスに直接アクセスすればダウンロードページにアクセスできます。

https://code.visualstudio.com/download

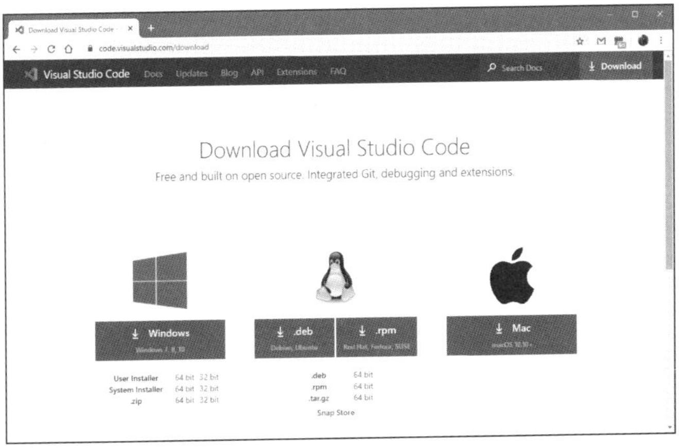

図1-21 ダウンロードページ。ここから自分のOS用のものをダウンロードする。

Visual Studio Codeをインストールする(Windows)

Windowsの場合、ダウンロードされるのは「VSCodeUserSetup-x64-1.xxx.exe」(xxxはバージョン番号)というセットアッププログラムです。このファイルをダブルクリックして起動しましょう。インストーラが起動しますので、以下の手順でインストールしましょう。

● 1. 使用許諾契約書の同意

起動すると、Visual Studio Codeの使用許諾契約書が表示されます。この内容に同意しないとインストールはできません。「同意する」ボタンをクリックして選択し、次に進みます。

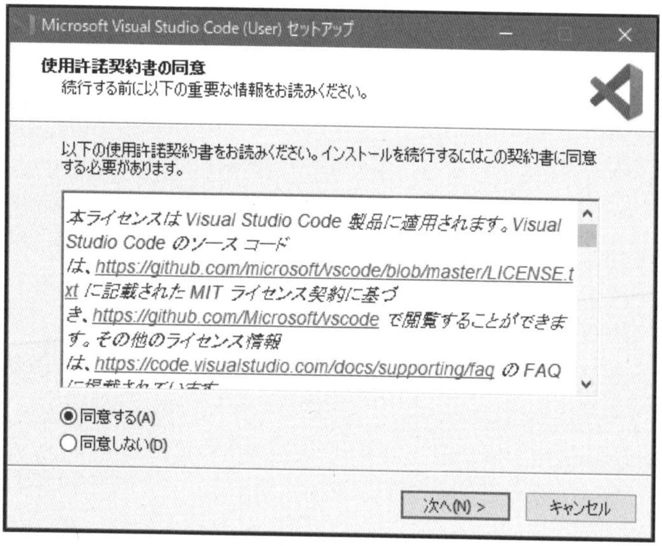

図1-22 「同意する」ボタンを選択して次に進む。

● 2. インストール先の指定(System Installerのみ表示)

続いて、Visual Studio Codeをどこにインストールするかを指定します。デフォルトでは、「Program Files (x86)」フォルダ内に「Microsoft VS Code」というフォルダを用意して、ここにインストールするように設定されています。これは、そのまま次に進みましょう。

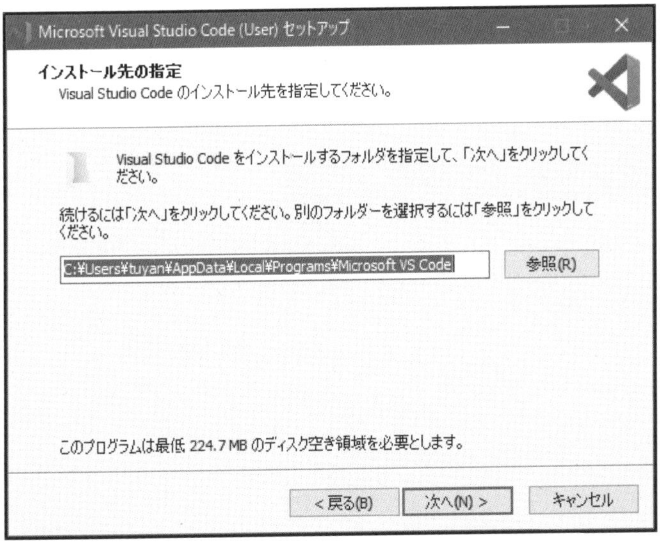

図1-23 インストール先の指定。このまま次に進む。

● 3. プログラムグループの指定（System Installerのみ表示）

続いて、スタートボタンで表示されるプログラムのグループを作成する表示になります。デフォルトでは、「Visual Studio Code」というグループが用意されています。これも、特に理由がない限りはそのままにして次に進みましょう。

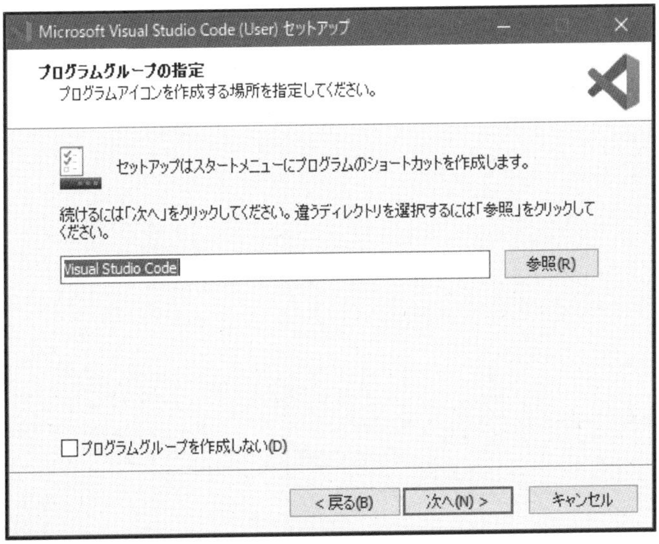

図1-24 プログラムグループの指定をする。

● 4. 追加タスクの選択

続いて、Visual Studio Codeに関するオプション設定の画面になります。いくつかチェックボックスがありますが、デフォルトのままで構いません。

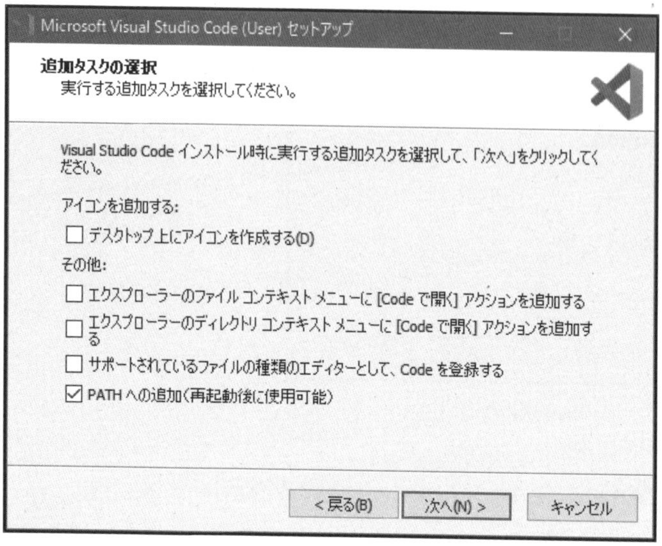

図1-25 追加タスクの選択。デフォルトのままでOKだ。

● 5. インストール準備完了

ここまでの設定内容がテキストで表示されます。問題なければ、「インストール」ボタンをクリックするとインストールを開始します。

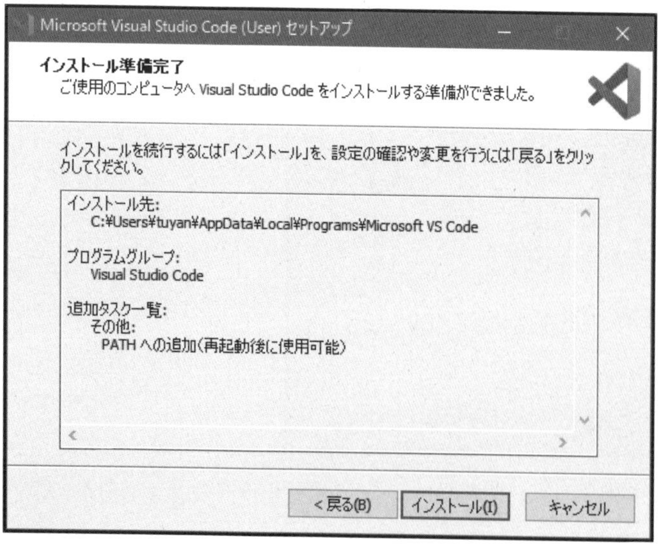

図1-26 すべて準備が完了したらインストールを開始する。

● 6. インストール終了

インストールには、少し時間がかかりますので、じっと待っていてください。すべてが終わり、「完了」ボタンが表示されたら、これをクリックして終了しましょう。

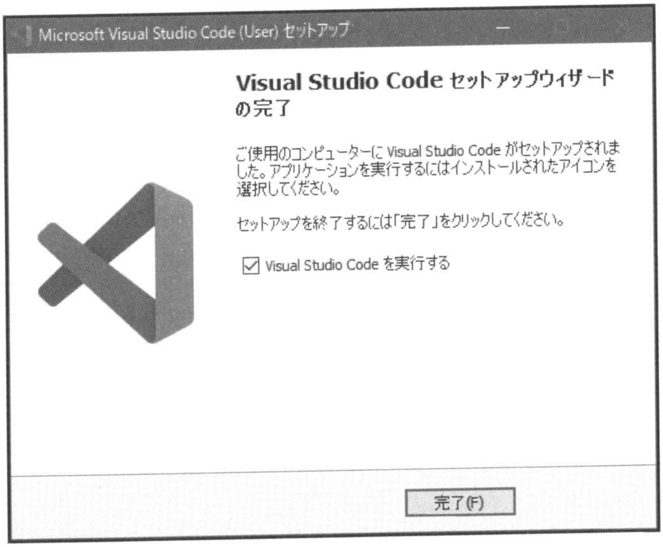

図1-27　すべて終わったら、「完了」ボタンで終了する。

macOSの場合は？

macOSの場合は、インストールは不要です。ダウンロードされたZipファイルを展開すると、macOS版のVisual Studio Codeのアプリが保存されるので、それを「アプリケーション」フォルダに入れておくだけです。

Visual Studio Codeを起動しよう

インストーラを終了すると、自動的にVisual Studio Codeが起動します(もし、起動しなかった場合は、Windowsならスタートボタン、macOSなら「アプリケーション」フォルダから＜Visual Studio Code＞という項目を探して起動しましょう)。

初期状態では、Visual Studio Codeは非常にシンプルな表示しかありません。単純なテキストエディタのように見えるでしょう。Visual Studio Codeは、基本的にはただのテキストエディタなのです。

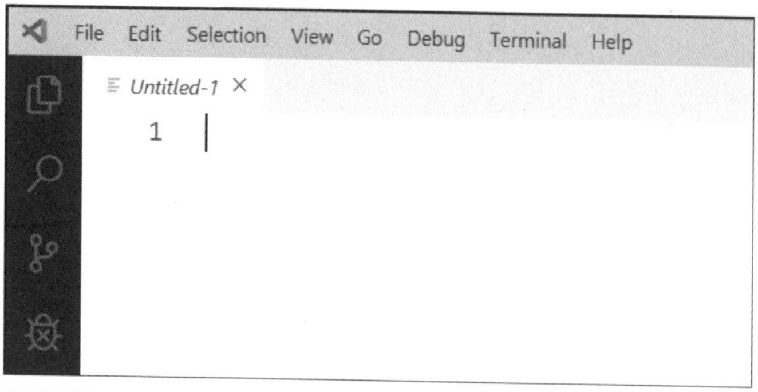

図1-28 Visual Studio Codeの起動画面。一見するとただのテキストエディタに見える。

Visual Studio Codeを日本語化する

起動したVisual Studio Codeを見て、絶句した人もいるかもしれませんね。全部、表示は英語です。「これ、英語で使うのか……」とがっくりした人。いいえ、大丈夫ですよ。Visual Studio Codeには、さまざまな拡張プログラムが用意されています。日本語化するための機能拡張プログラムもちゃんと用意されているのです。

では、Visual Studio Codeのウインドウ左端に縦に並んでいるアイコンの一番下(上から5番目)をクリックしてください。これが機能拡張プログラムを管理するアイコンです。そしてその右側に現れる表示の一番上にあるフィールドに「japanese」とタイプしましょう。これで、japaneseを含む拡張プログラムが検索され、リスト表示されます。

ここから、「Japanese Language Pack for Visual Studio Code」という項目をクリックしましょう。これが、日本語化のための拡張プログラムです。右側にその説明が表示されるので、そのタイトル下あたりにある「Install」ボタンをクリックしてください。これでインストールされます。

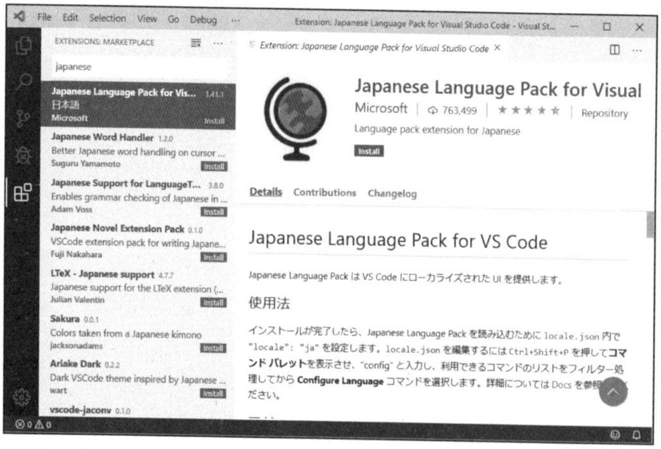

図1-29 日本語化の拡張プログラムをインストールする。

インストールすると、ウインドウの右下にアラートのようなものが表示されます。そこにある「Restart Now」ボタンを押してください。Visual Studio Codeがリスタートします。次に起動したときには、日本語で表示されるようになっていますよ。

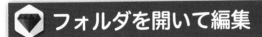

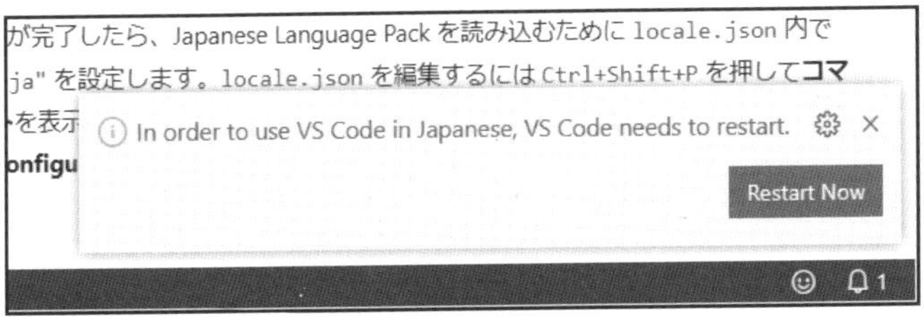
が完了したら、Japanese Language Pack を読み込むために locale.json 内で
ja" を設定します。locale.json を編集するには Ctrl+Shift+P を押してコマ
In order to use VS Code in Japanese, VS Code needs to restart.
Restart Now

図1-30 「Restart Now」ボタンをクリックする。

フォルダを開いて編集

Visual Studio Codeが、なぜWebアプリ開発に向いているのか。それは、「フォルダを開いて、その中にあるファイル類を編集する」ことがとても簡単に行えるからです。

Webアプリというのは、基本的に「フォルダの中にHTMLやスタイルシートなどさまざまなテキストファイルをまとめて作る」ことで作成をしていきます。ですから、この「フォルダを開いて中にあるファイルを編集する」というVisual Studio Codeのスタイルは、まさにWebアプリ開発に適したものなのです。

フォルダを開くには、いくつかの方法があります。

●1. メニューから開く

＜ファイル＞メニューの＜フォルダを開く...＞メニューを選びます。そして、現れたフォルダ選択のダイアログで編集したいフォルダを選んで開きます。一番、スタンダードな方法です。

●2. ファイルをドラッグ・アンド・ドロップ

もし、まだ何もファイルを開いていない状態なら、フォルダをVisual Studio Codeのウインドウ内にドラッグ&ドロップすれば、自動的にそのフォルダを開いてくれます。

●3. アイコンから開く

何もファイルを開いてない状態で、ウインドウ左端にある一番上のアイコン(「エクスプローラー」アイコン)をクリックすると、「フォルダを開く」というボタンが表示されます。これをクリックしてフォルダを選択して開くこともできます。

(※これ以降は、例として、Rails6で作成したWebアプリケーションのフォルダを開いた図を掲載しておきます。まだRailsアプリケーションは作っていませんが、Visual Studio Codeの使い方の例として読んでください)

図1-31 フォルダを開く方法は3通りある。<フォルダを開く...>メニュー、ドラッグ&ドロップ、「フォルダを開く」ボタンだ。

フォルダの中身が表示される

フォルダを選ぶと、ウインドウの左側に、フォルダの中身を階層的に一覧表示したものが現れます。これは、「エクスプローラー」というものです。ここで、フォルダを開いて中にあるものを表示したり、編集したいファイルを選択したりできます。

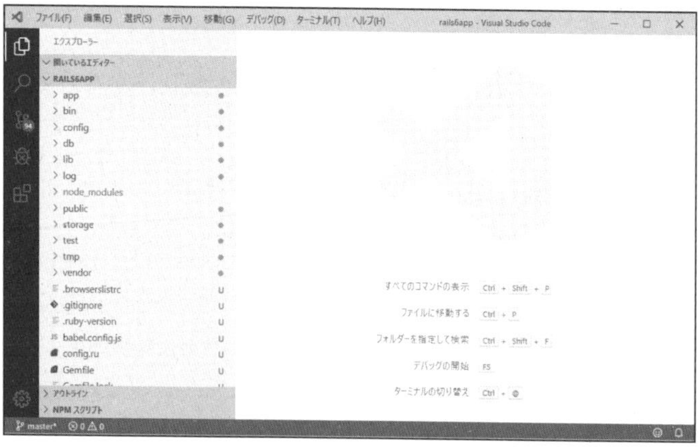

図1-32 フォルダを開くと、左側にエクスプローラーが現れる。

ファイルを開くと編集できる

このエクスプローラーからファイルをクリックすると、そのファイルの中身が表示され編集できるようになります。またファイルをダブルクリックすると、次々と新しいタブで開くことができます。後は、タブを切り替えていつでもそれらを編集できるわけです。

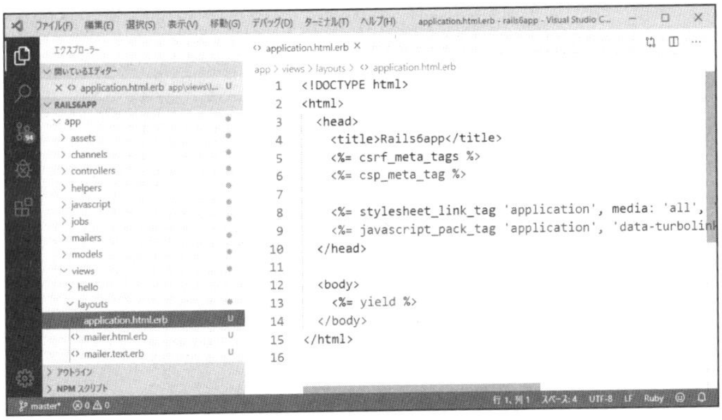

図1-33 エクスプローラーからファイルを開いて編集できる。

入力を支援する機能について

Visual Studio Codeのエディタには、プログラムの入力を支援するための機能がいろいろと備わっています。たとえば、以下のようなものです。

● オートインデント

テキストを改行すると、プログラムの構文にあわせてテキストの開始位置を左右に移動し、どの構文の中にいるかが視覚的にわかるようになっています。

● 色分け表示

使われている値やキーワードの種類に応じて単語を色分けし、それぞれの役割がひと目でわかるようになっています。

● 候補の表示

入力中、Ctrlキーを押したままスペースバーを押すと、そこで使える命令などが一覧表示されます。ここから項目をクリックして選択すれば、その単語が自動的に書き出されます。またタイピング中も、リアルタイムに候補が変化していくので、正確にタイプできているかどうかもわかります。

こうした機能が内蔵されているため、Visual Studio Codeのエディタでプログラムを書く作業は、メモ帳を使って書くよりも遥かにわかりやすく入力しやすくなります。

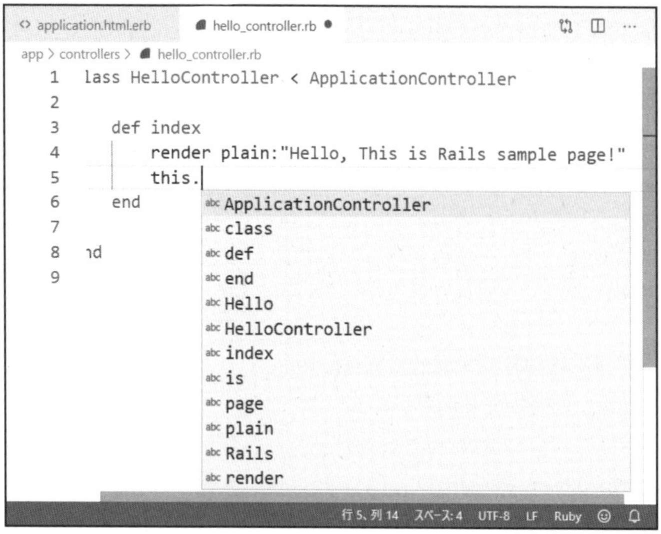

図1-34 Visual Studio Codeのエディタ。色分け表示されたり、候補がリスト表示されたりする。

コラム 詳しい機能はわからなくてOK! Column

とりあえず、ここまでのことがざっと頭に入っていれば、Visual Studio Codeは使えるようになります。もちろん、この他にも知らないと困ることはあります。たとえば、ファイルの保存とか、カット&ペーストのやり方とか、そういった編集作業の基本的なことです。が、それらは普通にパソコンを使っていれば常識として知っていることばかりですから、改めてここで説明するまでもないでしょう。
それよりも、とりあえず実際に何かを作って、それを編集してプログラミングしていけば、自然とVisual Studio Codeの使い方も身についてくるはずです。プログラミングは、「習うより、慣れよ」が基本なのですから。あまり「完璧にツールの使い方を覚えてから……」などと気負わないこと! 何もかもわかっていなくたって、プログラミングはできるんですからね。

Section 1-3 Railsアプリケーションを作ろう

Railsアプリケーションの作成

では、RailsによるWebアプリケーションを作成しましょう。通常、Webというのは、自分で1つ1つHTMLなどのファイルを作成して作っていくものですが、Railsは違います。

Railsには、開発を支援するユーティリティプログラムが用意されており、これを使ってWebアプリケーションの基本部分をすべて自動生成することができるのです。

では、コマンドプロンプトまたはターミナルを起動してください。起動時にはホームディレクトリ(ユーザー名のフォルダのことです)が開かれた状態になっています。ここで、

```
cd Desktop
```

このように実行して、デスクトップに表示を移動してください。ここにアプリケーションを作成することにしましょう。

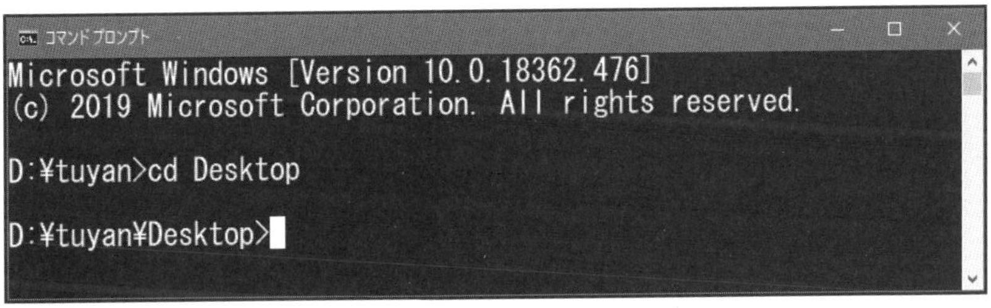

図1-35 cdコマンドでデスクトップに移動しておく。なお筆者の環境ではDドライブになっているが、通常はCドライブの「Users」フォルダ内にホームがある。

rails newでアプリを作る

アプリの作成は、「rails」というコマンドを使います。これは、以下のような形で実行します。

```
rails new アプリケーション名
```

newの後に名前をつけて実行すれば、それだけでアプリができてしまうのです。では、サンプルとして「RailsApp」というアプリを作ってみましょう。コマンドプロンプトまたはターミナルから以下のように実行してください。

```
rails new RailsApp
```

実行すると、ずらっと新しいファイルが作成されていき、それから必要なライブラリなどのソフトウェアをインストールしていきます。すべて完了するまでに少し時間がかかるのでじっと待っていてください。再び入力可能な状態に戻ったら、アプリ作成は完了しています。

デスクトップに、「RailsApp」というフォルダが作成されているでしょう？　これが、Railsアプリのフォルダになります。

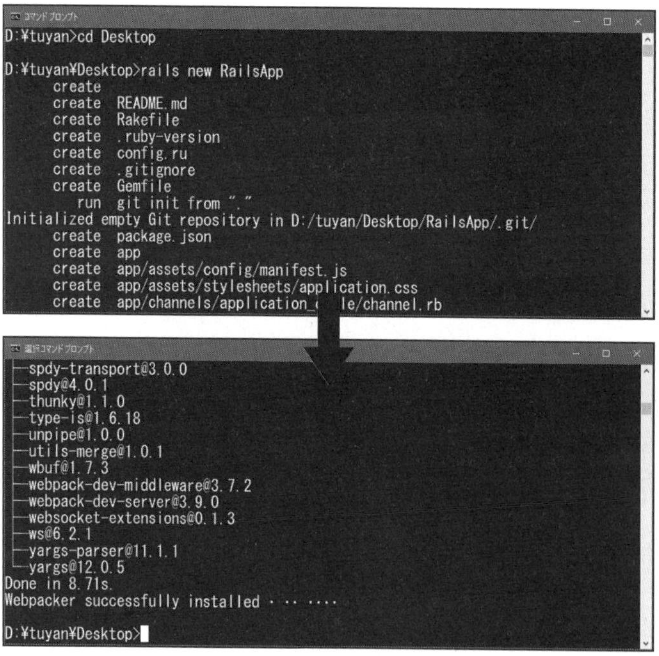

図1-36　rails new RailsAppを実行すると、ずらっとファイルが作成されていく。再び入力待ちの状態に戻ったら完了だ。

SQLiteがない！ Column

rails newを実行すると、「SQLiteがない」といったエラーメッセージが表示される場合があるかもしれません。これはRailsのバージョンによるようですが、プロジェクト作成の段階でSQLiteというデータベースに関するパッケージが要求される場合があります。

SQLiteについては、3章で説明をしていますので、138ページの「SQLiteについて」に掲載されている手順でSQLiteを準備してから、改めてrails newを実行してみてください。

サーバーで実行しよう

作成されたアプリがどういうものかはこの後じっくり説明していくことにして、作ったアプリを動かしてみましょう。これも、コマンドで行います。まず、コマンドプロンプトまたはターミナルで、cdコマンドを使って「RailsApp」フォルダの中に移動をします。

```
cd RailsApp
```

図1-37　cdコマンドで「RailsApp」フォルダの中に移動する。

rails serverを実行する

続いて、Railsのサーバー起動を実行します。これは、以下のように実行をしてください。これで、Railsに組み込みのWebサーバープログラムが実行され、Webアプリが利用できるようになります。

```
rails server
```

なお、Rubyに正しくRailsがインストールできていれば「rails」コマンドが使えるようになっているはずですが、万が一、railsコマンドが認識されないような場合は、以下のように実行してください。これで同じようにWebサーバーが実行されます。

```
ruby bin/rails server
```

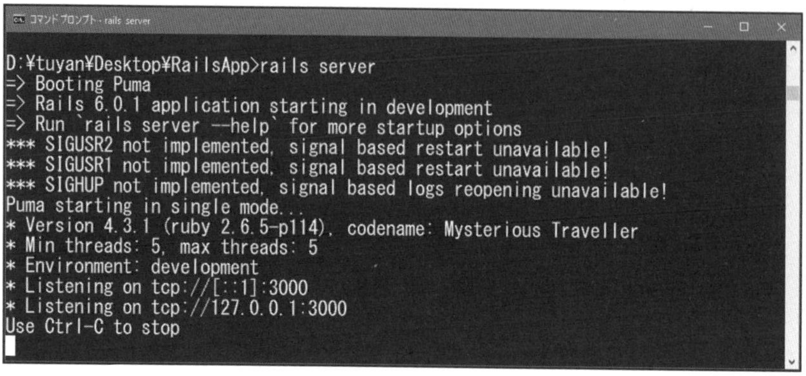

図1-38 rails serverを実行する。これでRailsアプリが使えるようになる。

ブラウザで確認!

サーバーが実行されたら、Webブラウザからアクセスをしてみましょう。以下のアドレスを直接アドレスバーに入力してアクセスをしてください。

```
http://localhost:3000/
```

「Yay! Your're on Rails!」という表示が現れます。これが、作成したRailsアプリに用意されているサンプルのWebページです。この表示が現れたら、問題なくアプリは実行できています。

図1-39 Webブラウザでアクセスすると、このようなサンプルページが表示される。

サーバーの終了は？

サーバーの終了は、コマンドプロンプト／ターミナルを選択した状態で、Ctrlキーを押し、そのまま「C」キーを押すとスクリプトの実行が強制的に中断されます。ここで「y」を入力しEnterすれば、再び入力待ちの状態に戻ります。

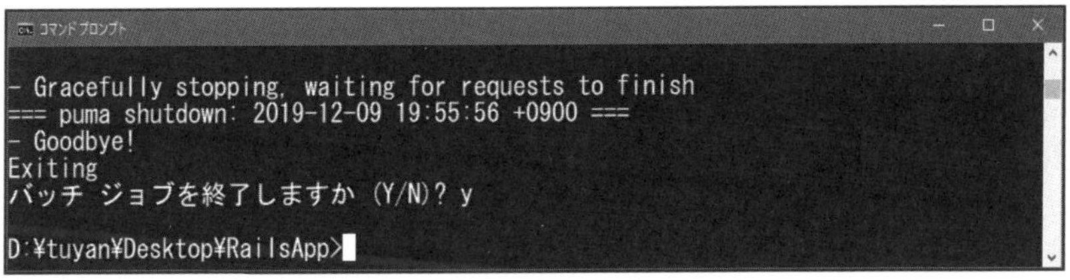

図1-40 [Ctrl]キー＋[C]キーで、サーバーは停止し、入力待ち状態に戻る。

これらは、railsコマンドの基本中の基本。これさえわかれば、アプリを作って動かすところまでできるようになります。

この章のまとめ

これでアプリの作成から実行まで、一通りできるようになりました。こうした「開発の準備」の部分は、一度作業すればもうやる必要はありません。ですから「忘れてもいい」ともいえますが、逆に「一度しかやらないのですぐに忘れる」ともいえますね。

実は、こうした開発環境のセットアップというのは、本格的に開発を始めると割と頻繁に行うことになります。会社のマシンにセットアップしたり、アップデートしたら問題が起きて、再インストールしないといけなくなったり……。ですから、ポイントぐらいは抑えておきましょう。

Rails開発に必要なものの準備は？

最低限必要なものは、「Ruby本体」と「Rails本体」です。このうち、Rails本体は、ダウンロードする必要はありません。Rubyのインストーラをダウンロードしてインストールし、コマンドを実行してRailsをインストールする。この手順は覚えておきましょう。

また、ここではRailsInstallerを使っていますが、これは「Development Kit」という開発キットが組み込まれたものです。もし、別の形でRubyを単体で用意するような場合は、あわせてDevelopment Kitもインストールしておく、ということを覚えておきましょう。

Railsアプリの作成と実行

Railsを使ったWebアプリケーションの開発は、「rails new」コマンドを使って行います。作成したアプリは、「rails server」で内部サーバーを起動して動かすことができます。サーバーはCtrlキー＋「C」キーで停止します。これらは、Rails開発の基本中の基本です。絶対に忘れないでくださいね！

「Rubyはまだよくわからない！」という人は？

以上で、退屈な下準備の部分は終わりです。いよいよ次の章から、Railsアプリの中身について見ていくことになります。

Railsアプリについて説明をしていくということは、Railsのプログラムについて説明をしていく、ということです。Railsは、Rubyを使って書かれており、これを利用する場合も、もちろんRubyを使ってプログラムを書くことになります。ということは？ そう、当たり前ですが「Rubyという言語がわからないと話にならない」のです。

「まだRubyってよくわからない」という人は、次の章に進むのはちょっとまだ早いでしょう。まず、Rubyの基礎をしっかりと身につける必要があります。

本書では、最後にRuby言語の超入門を用意してあります。これでRubyを完璧にマスターできる……わけではまったくありませんが、少なくともRailsのプログラムを理解する上で必要最低限の知識は身につけることができるでしょう。Rubyがよくわからない人は、まずこれをよく読んで、Rubyがどんなものかだいたい頭に入れてから次の章へ進んでください。

「Rubyの基本ぐらいはもうわかってる」という人は、そのまま次の章に進みましょう！

Chapter

2

ControllerとViewを使おう！

Railsの基本は「コントローラー（Controller）」と「ビュー（View）」です。この2つの働きと使い方をしっかりと覚えることが、Railsマスターの第一歩となります。ここで基礎からしっかりと覚え、ちょっとしたWebアプリを作れるぐらいになりましょう。

Section 2-1 Railsアプリの構成

Railsアプリの中身について

前章で、Railsアプリケーションを作って動かしてみました。Railsの開発は、このように「デフォルトのアプリを作って、それを書き換えていく」という形で行ないます。ということは、作成されたアプリがどのようになっているのか、その中身をよく理解しておかないといけないわけです。

では、作成したRailsアプリを見てみましょう。「RailsApp」フォルダを開いてみると、いろいろとファイルやフォルダが作成されていることがわかります。以下にざっと整理しましょう。

Railsアプリのファイルの役割

まずは、ファイル関係からです。結構な数がありますが、これらは「全部、役割を覚えないとダメ」というものではありません。「こんなファイルがあるんだな」という程度にざっと眺めておけばいいでしょう。

● .browserslistrc

bowserというパッケージツールが使用する設定ファイルです。

● .gitignore

これは、バージョン管理システムというプログラム「Git」のためのファイルです。本格的な開発では、Gitというプログラムを使って大勢の人間がファイルを更新しながら開発したりします。これは、そのGitを使うときに必要となるものです。

● .ruby_version

Rubyのバージョン情報を記したファイルです。

● babel.config.js

これは「Babel」というJavaScriptのプログラムが使う設定ファイルです。

● config.ru

これは、Railsで使われている「Rack」というプログラム(Webサーバーの基本的な仕組みを提供するためのもの)で使われるものです。Railsアプリをその場で実行するときに必要となります。

● Gemfile

これは、Rubyのパッケージマネージャ「Gem」を利用するためのものです。ここにインストールするGemのパッケージ情報などが記述してあります。

● Gemfile.lock

これもGemのためのファイルですが、Gemfileでパッケージ等がインストールされた際に自動生成されます。

● package.json

npmというJavaScriptのパッケージを管理するツールが利用する設定ファイルです。

● postcss.config.js

PostCSSというCSS関連のプログラムが使う設定ファイルです。

● Rakefile

これは、「Rake」というRubyのビルドツール(プログラムを生成するための処理をするツール)で利用するものです。

● README.md

「はじめにお読みください」のファイルです。自分で作ったアプリケーションを配布するときのREADMEのテンプレートになるもので、「ここにいろいろと内容を追記してREADMEを作ってください」ということです。

● yam.lock

yamlというパッケージ管理ツールが利用するファイルの情報です。

これらは実際の開発で内容を編集したりすることはほとんどないでしょう。いろいろなツールで必要となる設定ファイルのようなものが多く、Railsのアプリ本体の内容と直接関係のあるファイルは特にありません。ですから、とりあえず全部忘れてかまいません。

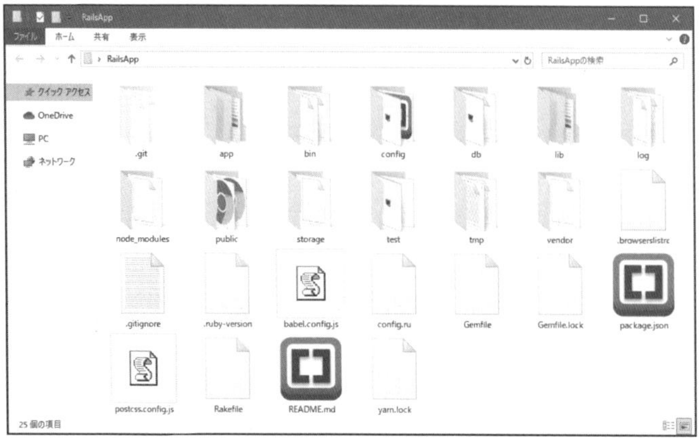

図2-1 「RailsApp」フォルダの中に作成されているもの。

Railsアプリのフォルダの役割

続いて、フォルダ関係についてです。こちらは、ファイルと違って「特に使わない」というわけにはいきません。それぞれに役割が決められていて、そこにあるファイルを編集することも多いため、重要な役割のものについては「どんな働きをするものか」ぐらいは覚えておきたいものです。では、これも簡単に整理しましょう。

●「.git」フォルダ

これは非表示のフォルダです。Gitというプログラムが使うものです。ユーザーがこれを使うことはありません。なので今すぐ忘れましょう。

●「app」フォルダ

これがアプリケーションの本体になります。この中に、アプリケーションで使うファイルを用意し、ファイルを編集して開発を行ないます。Railsアプリの開発でもっとも重要なフォルダ、といっていいでしょう。

●「bin」フォルダ

これはRailsで使うプログラムを配置しているところです。先に、Railsアプリを実行したときに、この中にあるrailsというプログラムを使いました。そういうものがここにまとめてあります。この中にあるrailsプログラムの使い方さえ知っていれば、このフォルダのことは忘れてかまいません。

●「config」フォルダ

これは、アプリケーションの設定ファイルをまとめてあるところです。Rubyのプログラムや、YAMLという設定を記述したテキストファイルなどが用意されています。そのうち、設定を書き換える必要が出てきたら、これを使うことになるでしょう。

●「db」フォルダ

これは、データベース関係のファイルがまとめてあるところです。データベースのファイルや、「シード」といって最初に組み込まれるデータを記述したものなどが用意されます。ただし、これを開いて手作業でファイルを編集することはあまりないでしょう。

●「lib」フォルダ

ライブラリフォルダです。アプリケーション全体で利用するプログラムを設置する場合に用いられます。当分は使いません。

●「log」フォルダ

ログの保管場所です。ここにアプリケーション実行時のログファイルが保存されます。覚えておいたほうがいいですが、忘れても問題ありません。

●「node_modules」フォルダ

npmというJavaScriptのパッケージ管理ツールがインストールするプログラムです。

●「public」フォルダ

公開フォルダです。Railsの仕組みとは関係なく外部からアクセスできるようにしたいものはここに用意します。たとえば、検索ロボットがアクセスするrobots.txtなどが入っています。

●「storage」フォルダ

ファイルのアップロードなどを行なった際に保存される場所です。

●「test」フォルダ

これは、アプリケーションの動作をテストするためのテストプログラムが用意されるところです。

●「temp」フォルダ

ここは一時置きの場所です。キャッシュファイルのように一時的に作成されるファイルはここに用意されます。

●「vendor」フォルダ

これは、ソフトウェアベンダーなどが作成するプログラムを設置するための場所です。プラグイン的に機能を拡張するようなときに使います。

最重要フォルダは2つ！

Railsにあるのフォルダは、すべて私たちが利用するわけではありません。多くは、Railsのプログラムが必要に応じて利用するためのものだったりします。

私たちが実際に使うものは、とりあえず以下の2つのフォルダだけ、と考えていいでしょう。

「app」	アプリの本体があるところ
「config」	アプリの細かな設定をするところ

何よりも重要なのは「app」フォルダです。このフォルダこそが、Rails開発の中心部分となります。また、「config」フォルダも、必要に応じて中のファイルを編集することがあります。

とりあえず、この2つのフォルダの役割をしっかり理解しておきましょう。それ以外のものは、今すぐ理解しなくても大丈夫です。これから必要に応じて覚えればいいでしょう。

「app」フォルダの中身

さて、Railsの開発は、「app」フォルダの中身を作成していくことだ、ということはわかりました。では、この「app」フォルダの中身がどうなっているか覗いてみましょう。すると以下のようなフォルダが入っているのがわかります。

●asset

アプリケーションで使うさまざまなリソース（データのファイル類）をまとめておくところです。具体的には、イメージファイル、スタイルシートファイル、JavaScriptのファイルなどがここに用意されます。

●channels

これはWebSocketなどの技術を使ってサーバーと維持された接続（チャンネル）を利用する際に用いるものです。

●controllers

これは全体の制御を担当する「コントローラー（Controller）」というプログラムを設置するところです。

● helpers

これは「ヘルパー（Helper）」と呼ばれるプログラムを設置するところです。

● javascript

JavaScript関連のスクリプトが保管されるところです。

● jobs

バックグラウンドでさまざまな処理(ジョブ)を実行するための「Active Job」というプログラムで利用するものです。

● mailers

メールの送信を扱う「Active Mail」というプログラムが利用するところです。

● models

データベースアクセスを担当する「Model（モデル）」というプログラムを設置するところです。

● views

画面表示を担当する「View(ビュー)」という機能に関するファイルを設置するところです。

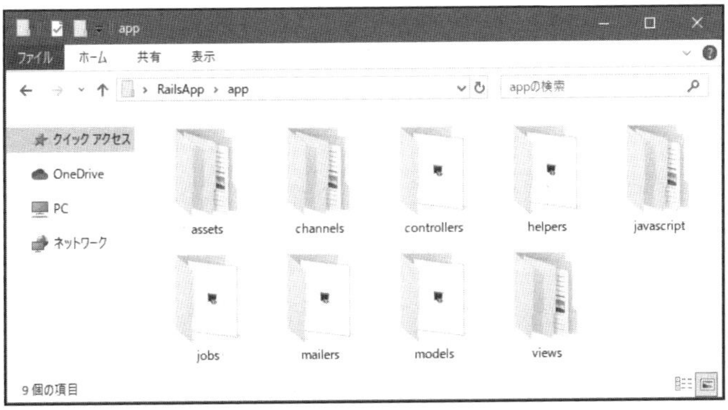

図2-2 「app」フォルダの中にあるフォルダ。

Chapter 1
Chapter 2
Chapter 3
Chapter 4
Chapter 5
Addendum

「app」フォルダの重要フォルダは3つ！

「app」フォルダ内にあるフォルダは、どれも重要な役割をはたすもので、「これだけ知っていればOK」というものではありません。いずれにしてもすべてのフォルダを覚える必要があります。

ただ、今すぐ直ちにすべてを覚えないとダメ！というわけではありません。最初に必ず覚えておきたいのは、「models」「views」「controllers」という3つのフォルダです。

「models」	データベースアクセスの部品
「views」	画面表示の部品
「controllers」	プログラム制御の部品

この3つのフォルダにプログラムを配置していくのが、Railsの基本的なプログラミングのやり方なのです。

この3つの基本となるフォルダの役割だけは、ここでしっかり覚えておきましょう。

Section 2-2
コントローラーの基本

コントローラーって？

では、実際にRailsアプリケーションの開発を行なっていきましょう。Railsは、「MVC」というアーキテクチャーを使ったフレームワークです。このMVCというのは、既に説明しました。「Model」「View」「Controller」の略でしたね。これらは、単純にいえば「データベース」「画面表示」「全体の制御」を担当するものでした。

では、これらのうち、「一番重要なもの」はどれでしょうか。もちろん、全部必要なのは確かですが、「これがないとプログラムが動かない」というものはどれでしょう？

モデル(Model)は、とりあえず後回しにできます。データベースを使わないアプリだってありますから。それから、ビュー(View)も実は後回しにできます。「画面表示はいらないの？」と思うかもしれませんが、そうではありません。Railsでは、実はビューを使わずコントローラーだけで画面の表示を用意することもできるのです。

けれど、コントローラーだけは、ないとダメです。これは、「Viewで代用する」なんてことはできません。コントローラーを作らないと、何も動かないのです。というわけで、何よりもまず「コントローラーの作り方」を知らないとRailsアプリは動かせません。

コントローラーを作成する

では、コントローラーを作りましょう。これも、コマンドプロンプトまたはターミナルからコマンドで行ないます。RailsのWebサーバーを起動したままの人は、Ctrlキー＋Cキーで停止してください。また、コマンドプロンプト／ターミナルを閉じてしまってる人は新たに開いて、「cd Desktop¥RailsApp」でRailsAppのフォルダに移動しておきましょう。

ここでは、「hello」という名前のコントローラーを作ってみます。コマンドプロンプトまたはターミナルから以下のように実行してください。

```
rails generate controller hello
```

これで、「hello」というコントローラーが作成されます。コントローラーの作成は、こんな具合にコマンドを実行して行ないます。

```
rails generate controller 名前
```

「名前」の部分に、作成するコントローラーの名前を当てはめて実行すればいいわけですね。名前は、半角英文字でつけましょう。これはコントローラーだけの話ではありませんが、Railsでこういう部品を作るときは、日本語の名前は使わないように注意してください。

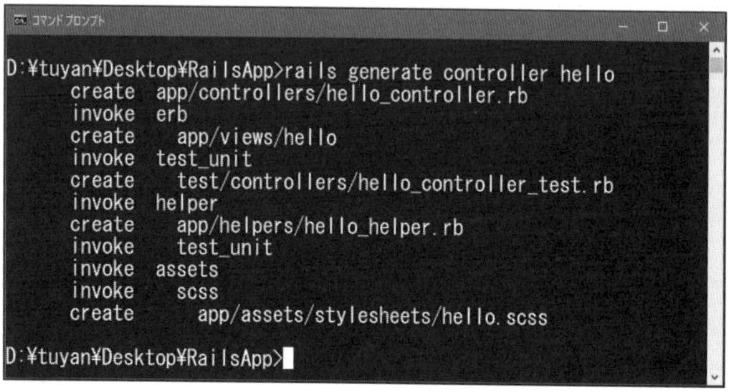

図2-3 コマンドプロンプト／ターミナルからhelloというコントローラーを作成する。

Helloコントローラーで作られるもの

コマンドを実行すると、「Create ……」という文がずらっと書き出され、いくつものファイルが作成されていくことがわかります。作成されるのは以下のようなものです。

hello_controller.rb	これがコントローラーのプログラムです。
「hello」フォルダ	Viewを用意するために作られるフォルダです。後で使います。
hello_controller_test.rb	テストのためのプログラムです。
hello_helper.rb	ヘルパーというプログラムです。
hello.scss	これはSassという、スタイルシートのようなもののファイルです。

なんだかたくさん作られますが、これらは今すぐ全部使うわけではありません。後で「これも必要になったから作ろう」なんてやるのは面倒くさいので、コントローラーで必要になってくるものを最初に全部まとめて作ってしまっているのです。

コラム Sass ってなに？ Column

Railsでは、スタイルシートのファイルに「scss」という拡張子のファイルが用意されます。これは「Sass」というものです。Sassはスタイルシート(css)の代りになるものです。普通のスタイルシート(CSS)を更に拡張したもので、アプリをビルドする際、スタイルシートのファイルに変換されます。
基本的に、Railsでは「css = Sass」になっているんだ、と考えておきましょう。なお、本書ではSassの詳細については特に触れません。興味ある人はそれぞれで勉強してみましょう。

hello_controller.rbをチェック！

最初に必要となるのは、「hello_controller.rb」というファイルだけです。これが、コントローラーのプログラムです。このファイルのように、最後に「.rb」という拡張子がついているファイルは、Rubyのスクリプト(プログラム)ファイルです。

では、これを開いて中身を見てみましょう。このファイルは、「app」フォルダの中にある「controllers」フォルダの中にあります。このフォルダは、コントローラーのプログラムを用意しておくためのもので、Railsでコントローラーを作ると必ずこの中に保存されます。

Visual Studio Codeを使っている場合は、左側のリストから「hello_controller.rb」を選択しましょう。ファイルが開かれ、中のソースコードが編集できるようになります。

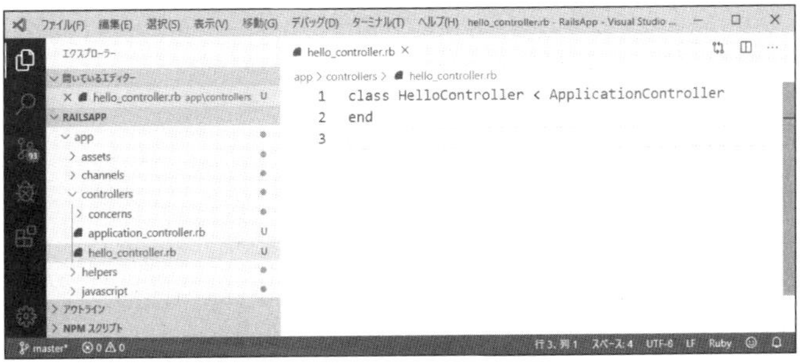

図2-4 hello_controller.rbをクリックするとファイルの中身が表示される。なお、ここでは見やすいように、<ファイル><基本設定><配色テーマ>メニューから「Light」を選び、白地に黒い文字となるように変更してある。

リストの中身

作成されたhello_controller.rbの中を見ると、こんな具合にプログラムが書かれていることがわかります。

リスト2-1

```
class HelloController < ApplicationController
end
```

とても単純ですが、なんだかよくわからない形をしていますね。これは、「HelloController」という名前の「クラス」を作成しているのです。

クラスというのは、さまざまな値や処理をひとまとめにして扱える部品のようなものです(よくわからない人は巻末の「Ruby言語超入門」で調べてみましょう)。このクラスは、以下のような形で書かれています。

▼クラスの書き方

```
class コントローラークラス名 < ApplicationController
    ……ここにクラスの内容を書く……
end
```


設定より規約！

コントローラーのクラスは、「○○Controller」という名前で作成されます。Railsは、「設定より規約」を重視しています。細かな設定の内容をファイルに書いておくのではなく、作成するプログラムの「名前」を決まった型式でつけることで、自動的にそのプログラムの役割を認識するようになっているのです。

クラス名の末尾に「Controller」とつけると、そのクラスはコントローラークラスであると認識されるようになります。ここでは「hello」という名前のコントローラーを作りました。だから「HelloController」という名前になったわけです(最初の文字は大文字になります)。

このコントロールクラスは、「継承」という機能を使って作られています。継承は、既にあるクラスの機能をそのまま受け継いで新しいクラスを作る機能です(これもわからない人は「Ruby言語超入門」でチェック！)。

ここでは、ApplicationControllerというクラスを継承して、新たにHelloControllerというクラスを作っているのです。コントローラーのクラスは、このように「ApplicationController」というクラスを継承して作るのが基本です。

アクションを追加する

コントローラークラスは、ただクラスを用意しただけでは何も役には立ちません。ここに「アクション」を用意して、初めて役に立ちます。

アクションというのは、クライアント(Webブラウザのことです)からのアクセスに対応した処理のことです。コントローラーには、それぞれのアドレスごとにアクションのメソッド(実行する処理)をいくつも用意することができます。このアクションメソッドの中に実行する処理を用意することで、RailsアプリケーションのWebページの表示などを作ることができます。

では、実際に簡単なサンプルを作成してみましょう。hello_controller.rbのソースコードを以下のように書き換えてください。

リスト2-2

```
class HelloController < ApplicationController

  def index
    render plain:"Hello, This is Rails sample page!"
  end

end
```

クラスの中に、「メソッド」を1つ追加しました。ここでは「index」という名前のメソッドを用意しています。これが、アクションメソッドです。

修正したら、＜ファイル＞メニューの＜保存＞メニューで保存をしておきましょう。

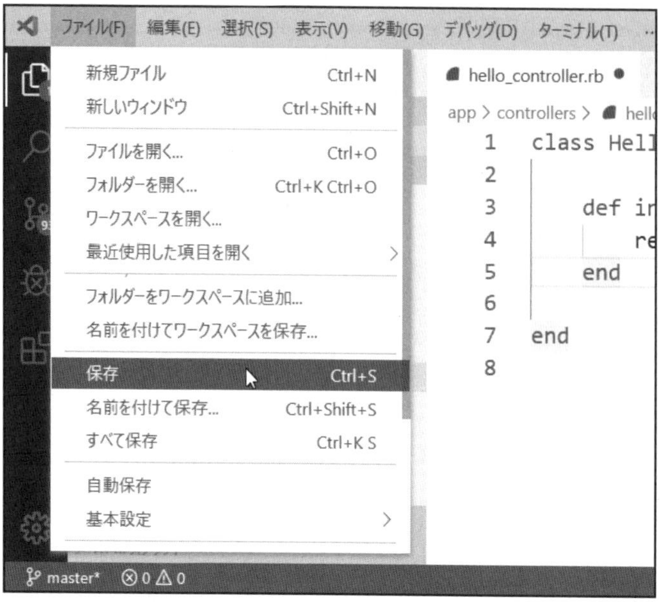

図2-5 ＜保存＞メニューでファイルを保存する。

コントローラーの基本形

コントローラーは、「○○Controller」という名前のクラスとして作られます。その中に、「アクションメソッド」と呼ばれる「メソッド」を用意します。

```
class ○○Controller < ApplicationController

  ……アクションメソッド……

end
```

このような形になっているわけですね。こうやってコントローラーに「メソッド」を追加していくことで、コントローラーのプログラムを作成していくのです。

アクションメソッドとは？

ここで作成した「メソッド」というのは、クラス内に用意する小さな処理のかたまりです（「メソッドってなに？」という人は、巻末の「Ruby言語超入門」でチェック！）。

クラスの中には、このメソッドというものを使って、いくつもの処理を用意しておくことができます。このメソッドは、以下のような形でクラスの中に定義しておくことができます。

```
def メソッド名
    ……実行する処理……
end
```

コントローラークラスでは、「アクションメソッド」というメソッドを用意できます。これは、別に特別な機能を持ったメソッドなんかではありません。「アクションによって実行されるメソッド」のことです。

ユーザーがRailsアプリケーションのWebサーバーにアクセスすると、アクセスしたアドレスに応じて指定のアクションメソッドが呼び出されます。そこで画面の表示などの処理をすると、アクセスしたWebブラウザにその内容が送られて表示されるのです。

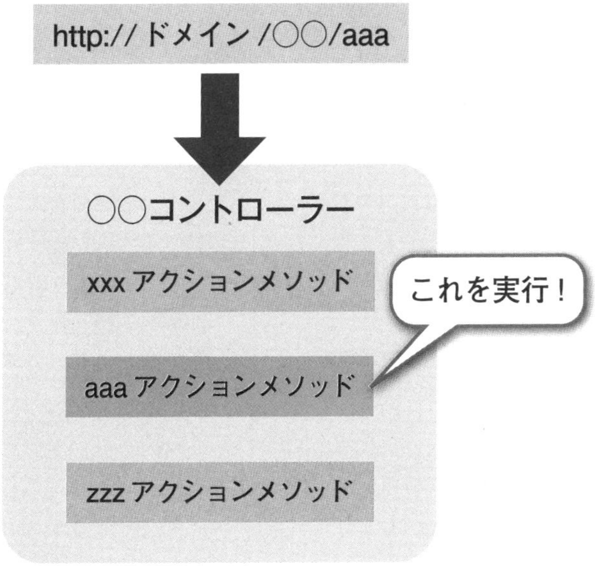

図2-6 Railsでは、アクセスしたアドレスを元に、指定のコントローラーにある指定のアクションメソッドが呼び出される。

renderメソッドでレンダリング

では、今回作ったindexというアクションメソッドで行なっている処理を見てみましょう。ここでは、以下のような文を実行していました。

```
render plain:"Hello, This is Rails sample page!"
```

これは、「render」というメソッドを実行しています。これは、その後にある内容をレンダリングするもので、こんな具合に書きます。

```
render ……表示内容……
```

「レンダリング」というのは、「実際に画面に表示される内容を生成する作業」のことです。つまり、このrenderでは、その後にある「plain:○○」という値をレンダリングして表示内容を作成していたのですね。

この「plain:○○」という記述は、そこに用意された値をテキストデータとして扱うことを示します。つまり、テキストファイルなどをWebブラウザで開いたのと同じような形でテキストが表示されるようにしていたのですね。

というわけで、Webブラウザにテキストを表示したいときは、

```
render plain:……表示するテキスト……
```

こんな形で表示内容を記述すれば、それがそのままWebブラウザに表示されるようになるのです。意外と簡単ですね？

テキストを表示するアクションは？

では、「テキストを表示するアクションメソッド」がどのように作成するか、まとめておきましょう。

▼アクションメソッドの書き方

```
def アクションメソッド
  render plain: ……表示するテキスト……
end
```

メソッドは、「def」～「end」という形で書きます。その中で、「render plain:」というものを実行すれば、テキストを表示するアクションが用意できる、というわけです。意外と簡単ですね！

コントローラーとアクションのアドレス

こうして作成されたアクションメソッドは、どのような形でアクセスすると実行されるのでしょうか。これには、コントローラーやアクションと、アクセスするアドレスの関係を理解しておく必要があります。

Railsでは、アクションメソッドの呼び出しは、以下のような形でアドレスを指定して行なうようになっています。

```
http//ドメイン/コントローラー名/アクション名
```

ドメイン(Webアプリを公開するサーバーのアドレス)の後にコントローラーの名前をつけ、更にそのコントローラークラスにあるアクションの名前をつけてアクセスすると、そのアクションメソッドが呼び出され実行される、というわけです。

まぁ、実はこのアドレスとアクションの関係は、自分でいろいろと変更できるのですが、このスタイルがRailsアプリケーションのアドレス割り当ての基本的な形と考えてください。

実行するとエラー？

では､実際にアクセスをしてみましょう。コマンドプロンプトまたはターミナルから「rails server」を実行してサーバーを起動してください。今回はhelloというコントローラーにindexというアクションメソッドを用意しましたから、以下のようにアクセスをすればいいはずですね。

```
http://localhost:3000/hello/index
```

が、実際にWebブラウザでアクセスをしてみると、「Routing Error」というエラーが表示されてしまいます。アクションメソッドを用意しただけでは、アクセスしてもWebページは表示されないのです。

Chapter 1
Chapter 2
Chapter 3
Chapter 4
Chapter 5
Addendum

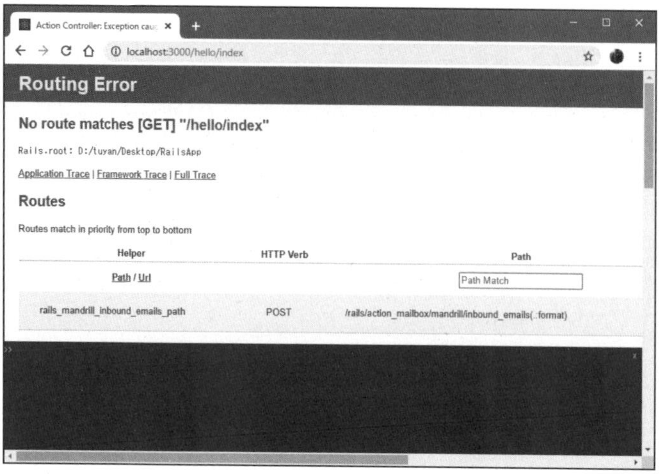

図2-7 アクセスするとRouting Errorというエラーが表示されてしまう。

ルーティングとroutes.rb

なぜ、こんなエラーが発生したのか？ それは、「ルーティング」の設定がされていなかったからです。

ルーティングというのは、「アクセスしたアドレスと、呼び出されるアクションメソッドの関係を設定すること」です。Railsには、ルーティングの情報を記述したファイルがあります。ここに、「このアドレスにアクセスしたら、このアクションメソッドを実行する」といった設定情報を専用のファイルに記述しておかないといけないのです。

このルーティング情報は、「config」フォルダの中にある「routes.rb」というファイルに記述されています。このファイルを開くと、以下のように処理が用意されています。

リスト2-3

```
Rails.application.routes.draw do
  ……ここにルーティングの情報を用意する……
end
```

ここでは、Rubyのdo-end構文というものを使っています。この1行目と最後のendの間に、ルーティングの設定を記述していくと、それがRailsで認識され利用できるようになります。

初期状態では、ここに「 # For details on the DSL available ……」といったテキストが書かれていますが、これはコメントです。無視しても、あるいは削除してもかまいません。

ルーティングの情報を追加する

では、先ほど作成したindexアクションメソッドに割り当てるルーティング情報を追記しましょう。以下のようにroutes.rbの内容を書き換えてください。

リスト2-4

```
Rails.application.routes.draw do
  get 'hello/index'
  get 'hello', to: 'hello#index'
end
```

修正したら、再びWebブラウザからhttp://localhost:3000/hello/indexにアクセスしてみましょう。今度はエラーではなく、テキストのメッセージが表示されます。

なお、アクセスするアドレスは、http://localhost:3000/helloでもOKです。indexは、アクセスしたときのデフォルトアドレスなので、省略できます。したがって、どちらのアドレスでも同じ内容が表示されます。

localhost:3000/hello/index
localhost:3000/hello/index
Hello, This is Rails sample page!

図2-8 アクセスすると、テキストメッセージが表示された！

ルーティングとget

routes.rbでは、「get」というメソッドが使われています。これはいくつか使い方がありますが、もっとも簡単なものは以下のように記述します。

```
get 'コントローラー/アクション'
```

これで、「http://ドメイン/コントローラー名/アクション名」という基本的な形のルーティング情報が用意されます。ここでは、get 'hello/index' と記述がありますが、これでHelloControllerにあるindexというアクションメソッドが、http://localhost:3000/hello/index というアドレスにルーティング登録されます。コントローラー名とアクション名そのままのアドレスで公開する場合は、特にオプションなどは必要ないのです。

コントローラーとアクションメソッドを指定する

ここでは、もう1つのルーティング情報があります。こういうものですね。

```
get 'hello', to: 'hello#index'
```

これは、先ほどとはちょっと書き方が違います。アドレスの指定の後に「to:」というものが用意されています。これは以下のように記述しています。

```
get 'アドレス' to: 'コントローラー#アクション'
```

このto:は、指定したアドレスから自動的に割り当てるコントローラーやメソッドではなく、実行するアクションメソッドを自分で明示的に指定したい場合に用います。ここでは、http://localhost:3000/hello というアドレスにアクセスしたら、to: 'hello#index' を(すなわち、HelloControllerクラスのindexメソッドを)呼び出す、ということを指定していたわけです。

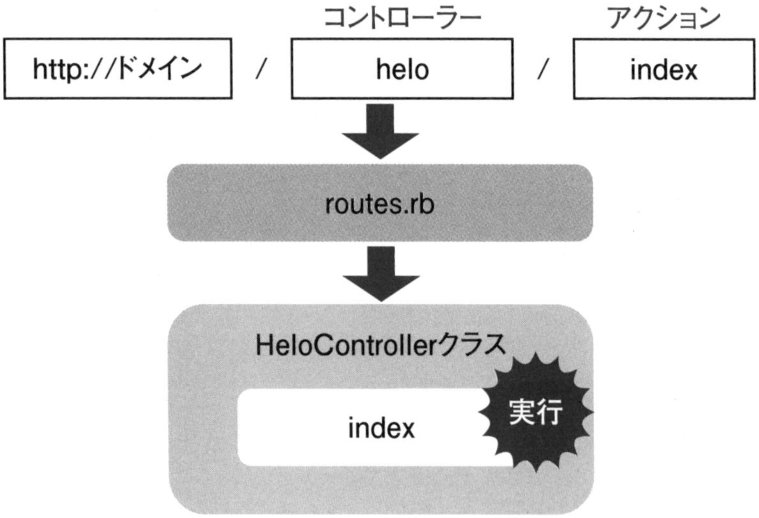

図2-9 ルーティングの仕組み。アクセスしたアドレスをroutes.rbでチェックし、HelloControllerのindexメソッドが呼び出される。

HTMLを出力する

では、単純なテキストではなく、HTMLを使って表示を作ってみることにしましょう。hello_controller.rbを、以下のように書き換えてみてください。

リスト2-5

```
class HelloController < ApplicationController

  def index
    msg = '
    <html>
    <body>
      <h1>Sample Page</h1>
      <p>this is Rails sample page!</p>
    </body>
    </html>
    '
    render html: msg
  end

end
```

ここでは、msgという変数にHTMLのソースコードをテキストとして保管しています。そして、renderの際に「html:」というものを指定して呼び出しています。

```
render html: テキスト
```

このような形ですね。これで、変数msgに入れたHTMLのソースコードがレンダリングされるはずです。

ところが、実際にWebブラウザをリロードして再度アクセスしてみると、そうはいきません。HTMLのソースコードがそのまま表示されてしまうのです。

localhost:3000/hello
localhost:3000/hello
<html> <body> <h1>Sample Page</h1> <p>this is Rails sample page!</p> </body> </html>

図2-10　HTMLを出力させると、HTMLのソースコードがそのまま表示されてしまう。

HTMLはエスケープされる！

なぜ、HTMLのソースコードが表示されてしまったのか。それは、表示されたWebページのソースコードを見てみるとわかります。ブラウザに出力されていたのは、実はこういうテキストだったのです。

リスト2-6

```
&lt;html&gt;
&lt;body&gt;
  &lt;h1&gt;Sample Page&lt;/h1&gt;
  &lt;p&gt;this is Rails sample page!&lt;/p&gt;
&lt;/body&gt;
&lt;/html&gt;
```

なんだかよくわからない記号がいっぱいありますが、<というのは<記号を、>は>記号を表すHTMLの「エスケープ文字」というものなのです。これは、<>といったHTMLのタグに使われる記号を文字として表示したいときに用いられます。

つまり、renderでレンダリングされたのは、HTMLのソースコードではなく、<>記号などをすべてエスケープ文字に変換されたテキストだったのです。<html>ならHTMLのタグとしてブラウザも理解できますが、<html>ではタグとしては理解できません。だから、HTMLの内容がそのままテキストとして表示されてしまったのですね。ただ、html:○○と書いただけではダメなのです。

コラム なんでHTMLはエスケープされるの？ Column

なぜ、そんなことになったのか。それは、Railsのrenderが「HTMLのタグをすべて自動的にエスケープする」ようになっていたためです。

Webアプリケーションでは、さまざまな情報を画面に表示します。たとえば外部からの攻撃を受けて、予想してなかったようなデータを画面に表示するようなこともあるでしょう。そんなとき、すべてのHTMLタグを自動的に無効化し、ただのテキストとして表示するような仕組みになっていれば、攻撃されてもトラブルにはつながらずに済みます。こうしたことから、Railsでは、HTMLは基本的にすべて自動的にエスケープされるようになっているのです。

html_safeを使う

では、HTMLのソースコードはレンダリングできないのか？ もちろん、そんなことはありません。ちゃんと表示させることもできます。

先ほどのソースコードで、renderの文を以下のように修正してください。

リスト2-7
```
render html: msg.html_safe
```

これでアクセスをすると、今度はちゃんとHTMLのソースコードがレンダリングされて表示されます。

localhost:3000/hello
localhost:3000/hello
Sample Page
this is Rails sample page!

図2-11 アクセスすると、HTMLのソースコードをレンダリングして表示するようになった。

クエリーパラメータを使う

これで、単純にテキストやHTMLを画面に表示することはできるようになりました。次は、「外から値を受け取って表示する」ということを考えてみましょう。「外から」っていうのは、つまりコントローラーにアクセスする前にユーザーから値を送ってもらって、それを受け取る、ということです。

ユーザーから値を受け取るにはフォームを使うのが一般的ですが、HTMLのソースコードをテキストの値として書いている状態ではフォームを作るのはちょっと大変ですね。実は、簡単な値を渡すだけなら、もっとシンプルな方法があるのです。それは、「クエリーパラメータ」を使う方法です。

クエリーパラメータというのは、WebブラウザでWebページにアクセスするときのアドレスにつけたすパラメータのことです。よくAmazonなどにアクセスした際、アドレスの後に「○○=××&○○=××……」といったものが延々と表示されているのを見たことがあるでしょう。あれが、クエリーパラメータです。このクエリーパラメータは、アドレスにこんな具合に記述されます。

```
http://アクセスするアドレス?名前=値&名前=値&……
```

アドレスの後に？をつけ、その後にパラメータの名前(「キー」と呼ばれます)と設定する値をイコールでつなげて書きます。複数のパラメータを用意するときはそれぞれを&でつなげます。こうして、複数の値に名前をつけてサーバーに渡すことができるのです。

アクションメソッドで、このクエリーパラメータの値を取り出して処理を行なえば、アドレスを使ってさまざまな値を受け渡し処理できるようになります。

クエリーパラメータを利用する

では、実際にやってみましょう。hello_controller.rbを以下のように書き換えてください。

リスト2-8

```
class HelloController < ApplicationController

  def index
    if params['msg'] != nil then
      msg = 'Hello, ' + params['msg'] + '!'
    else
      msg = 'this is sample page.'
    end
```

```
    html = '
    <html>
    <body>
      <h1>Sample Page</h1>
      <p>' + msg + '</p>
    </body>
    </html>
    '
    render html: html.html_safe
  end

end
```

ここでは、クエリーパラメータがある場合とない場合で異なるメッセージを表示するようにしています。http://localhost:3000/helloにアクセスすると、単純に「this is sample page.」と表示されます。が、http://localhost:3000/hello?msg=Hanakoというようにmsgパラメータをつけてアクセスすると、「Hello, Hanako!」というようにメッセージが表示されます。

アクセスするときにつけたパラメータが、そのままアクションで受け取って利用されているのがわかりますね？ これが、「外から送られた値を受ける」ということです。

図2-12 普通にアクセスするとただのメッセージが表示されるが、msgというパラメータをつけてアクセスすると、「Hello, ○○!」とメッセージが表示される。

paramsハッシュについて

Railsでは、クエリーパラメータで送られた情報は、「params」というハッシュにまとめられます。「ハッシュ」というのは、名前で値を取り出せる配列のことです。

ここでは、こんな具合にif文が用意してあります。

```
if params['msg'] != nil then
```

pams['msg']で、msgという名前のパラメータがnilかどうかをチェックしています。nilというのは「存在しない」状態を示す値です。つまり、「msgというパラメータが送られてきているか」をこれで調べていたんですね。

そして、送られてきていたなら、変数msgにその値を使ったテキストを用意します。

```
msg = 'Hello, ' + params['msg'] + '!'
```

これで、「Hello, ○○!」というテキストが用意できました。後はこれをrenderで表示するHTMLのソースコードの中にはめ込んでおけばいい、というわけです。

Section 2-3 ビューを利用する

テンプレートを作ろう

ここまで、コントローラーだけでちょっとした表示を作ってきましたが、やはり本格的なWebページを作成するとなると、このようにRubyのプログラムで表示を作るやり方は限界があります。やはり、きちんとHTMLを書いてWebページをデザインできないといけません。

Railsには、「ビュー（View）」という機能があり、これで画面の表示を作成することができます。これは、Rubyの「ERB」という技術を利用しています。

Railsアプリケーションの「app」フォルダの中には、「views」というフォルダが用意されています。この中に、ビューのためのテンプレートファイルが保存されます。このフォルダの中を見ると、「hello」というフォルダが用意されているのに気がつくでしょう。helloコントローラーを作成したとき、「views」フォルダの中にhello用のテンプレートを保管するためのフォルダが作成されていたのですね。

ビューのテンプレートファイルは、このように「views」フォルダの中に、コントローラーの名前のフォルダを用意し、その中に作成します。

図2-13 「views」フォルダの中身。この「hello」フォルダ内にhelloコントローラーのテンプレートファイルを用意する。

index.html.erbを作る

では、先ほどHelloControllerクラスに用意した「index」というアクションメソッド用のテンプレートを作ってみましょう。テンプレートファイルは、「アクション.html.erb」というファイル名で作成します。indexアクションならば、「index.html.erb」という名前になります。

「views」フォルダ内の「hello」フォルダ内に、「index.html.erb」という名前でファイルを作成してください。Visual Studio Codeを使っているなら、左側のエクスプローラーから「views」フォルダ内の「hello」フォルダをクリックして選択し、「RailsApp」という項目にある「新しいファイル」のアイコンをクリックすれば、ファイルが作成されます。

ファイルを作成したら、以下のようにソースコードを記述しましょう。

リスト2-9

```
<h1 class="display-4">Index page</h1>
<p>this is sample page.</p>
```

たった2行のHTMLタグがあるだけのシンプルなものです。通常、Webページというのは、<html>タグの中に<head>と<body>があり、更にその中にヘッダー情報や画面に表示する内容などを記述していきます。が、ここにはそうしたタグがありません。

Railsのテンプレートは、HTMLの<body>タグ内に書かれる、実際に画面に表示される部分のタグだけを記述します。それ以外のものは書く必要はないのです。Railsにはページ全体のレイアウトを行なう機能が用意されており、それぞれのビューに用意するテンプレートでは、<body>の内容だけを書いておけばいいのです。

なお、ここではclassに"display-4"という値を設定していますが、これはBootstrapというフレームワークのためのものです。これについてはもう少し後で説明します。

図2-14 「RailsApp」という項目にある「新しいファイル」アイコンをクリックすれば、選択したフォルダの中にファイルが作成される。

コラム ERBってなに？ Column

ここでは、「.erb」という拡張子のファイルを作りました。中身はHTMLと同じようですが、これはHTMLではないのでしょうか？
実は、このファイルは「Embedded Ruby（略してERB）」という技術を利用したファイルなのです。ERBは、HTMLのタグの中に特殊なタグを埋め込んでRubyのコードを実行できるようにする技術です。このERBを使って、Railsのテンプレートは作成されているのです。
ERBは、Railsの技術というわけではなくて、Ruby自身にある機能です。したがって、Rails以外のところでも利用されます。RubyをWebで利用するなら覚えておいて損はないでしょう。

スタイルシートを作成する

この他、スタイルシートも用意しておきましょう。スタイルシートは、「assets」フォルダの中にある「stylesheets」フォルダにまとめられます。この中を開くと、「hello.scss」というファイルが用意されていることがわかるでしょう。コントローラーを作成した際、このファイルも自動生成されていたのです。

このファイルを開き、以下のようにスタイルを記述しましょう。

Chapter 1
Chapter 2
Chapter 3
Chapter 4
Chapter 5
Addendum

リスト2-10

```
body {
  color: darkgray;
  font-size:28px;
}

h1 {
  color: darkgray;
  margin: 25px 0px;
}
```

これで、<body>と<h1>にスタイルを設定できました。これらは、テンプレートであるindex.html.erbにはファイルをロードする文などは用意されていませんでした。

が、心配はありません。名前から、helloというコントローラーではhello.scssというスタイルシートファイルをロードして利用するのがRailsアプリケーションの基本なのです。私たちはスタイルのロードなどの心配をすることなく、指定の名前のファイルに具体的な内容を書いていけばいいのです。

ここでは、ベースになるカラーとフォントサイズ、そしてh1要素の色とマージンを用意しておきました。それ以外のものは、この後で説明するBootstrapというものを利用するので、自分でスタイルを記述したりはしません。

コラム Sass と css　Column

.scssという拡張子のファイルは、「Sass」という、スタイルシートを拡張したプログラムのファイルです。普通、スタイルシートは、.cssという拡張子で保存します。

このSassは、スタイルシートを記述する一種の言語で、非常に強力な機能を提供してくれます。が、本書ではSassの詳しい説明までは行ないません。これは、「必要ならそれぞれで勉強して！」というスタンスで扱います。

このため、.scssの記述も、基本的には一般的なスタイルシートの書き方そのままにしています。Sassは、通常のスタイルシートの書き方も理解しますので、「.scss = 普通のスタイルシート」と割り切って書いてもOKです。

Bootstrapを使おう

後は、HTMLで表示されるさまざまな要素についてスタイルを作成し設定していけばいいわけです。が、きれいにデザインされたページを作るのはなかなか大変です。やはりデザインはセンスがものをいいますから、「センスには自信がない」という人がきれいなページを作るのはかなりつらいでしょう。

そこで、既にできているスタイルを利用してデザインをしていくことにしましょう。ここでは、「Bootstrap」というソフトウェアを利用します。これはスタイルシートのためのフレームワークなのですが、さまざまなHTMLの要素用にスタイルクラスが多数用意されており、これらを利用するだけでそれなりにデザインされたページが作れてしまうのです。

このBootstrapはRailsで利用するためのパッケージも用意されており、それらを組み込むことで利用できるようになるのですが、実はもっと簡単な方法があります。それは、CDNのリンクを追加するというものです。

CDNというのは、「Content Delivery Network」の略で、さまざまなコンテンツを配信するWebサービスです。このCDNで配信されるBoostrapのスタイルシートを<link>タグで埋め込んでおけば、それだけでBootstrapが使えるようになります。

では、Bootstrapを利用できるようにテンプレートを修正しましょう。「views」フォルダ内の「layouts」フォルダの中にあるapplication.html.erbというファイルを開いてください。このファイルについては後ほど詳しく説明しますが、これがWebページ全体のレイアウトを記述したファイルになります。

このファイルを開き、<head>～</head>内に以下のタグを追加しましょう。

リスト2-11

```
<link rel="stylesheet"
  href="https://stackpath.bootstrapcdn.com/bootstrap/4.3.1/css/⏎
    bootstrap.css">
```

これが、CDNからBootstrapのスタイルシートを読み込むためのタグです。たったこの1文を追加するだけで、Bootstrapのスタイルが使えるようになってしまうのです。

続いて、<body>タグを以下のように書き換えてください。

リスト2-12

```
<body class="container">
```

これは、Boostrapを使うときのお約束と考えましょう。これで、Bootstrapを利用したクラスが適用されるようになります。先ほど、index.html.erbを作成したとき、<h1>タグに

class="display-4" という属性を用意しましたね。この display-4 というのは、Bootstrap のクラスだったのです。

index メソッドの修正

最後に、HelloController クラス (hello_controller.rb) を修正しましょう。index アクションで、テンプレートを利用するように内容を変更しておきます。

リスト2-13

```
class HelloController < ApplicationController

  def index
  end

end
```

見ればわかるように、index メソッドにあった内容はカットされ、空っぽのメソッドになっています。Rails では、render などを使って独自にレンダリングなどを行なっていない場合、そのアクションに対応するテンプレートを読み込んでレンダリングし表示するようになっています。index アクションなら、何もしなければ index.html.erb を読み込んで表示するようになっているのです。

ページを表示する

ここまでできたら、ブラウザから http://localhost:3000/hello にアクセスして表示を確認しましょう。index.html.erb に用意した内容がそのまま表示されることがわかります。

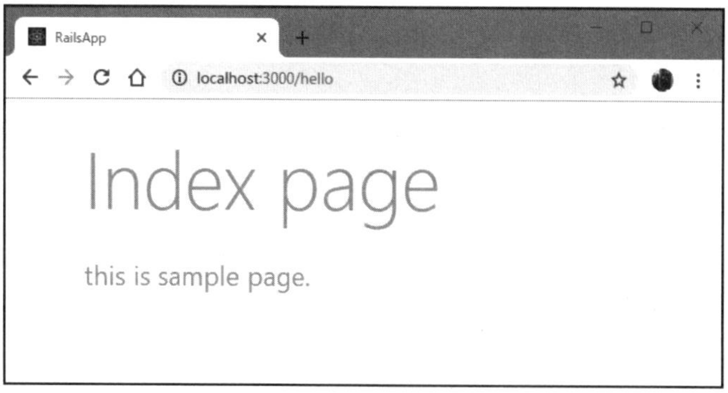

図2-15 index.html.erb の内容が表示される。

テンプレートに値を表示する

単純にテンプレートの内容を表示するのは、このようにとても簡単です。が、テンプレートというのは、このように「ファイルに書いてあるHTMLソースコードをそのまま表示するだけ」という使い方しかできないわけではありません。

テンプレートの利点は、Ruby側から(つまり、コントローラー側から)表示を操作できる点にあります。例として、コントローラー側で用意した値をテンプレートで表示させてみましょう。

まず、HelloControllerクラス(hello_controller.rb)を修正します。以下のように記述をしてください。

リスト2-14

```
class HelloController < ApplicationController

  def index
    @title = "View Sample"
    @msg = "コントローラーに用意した値です。"
  end

end
```

ここでは、@titleと@msgという2つの変数を用意してあります。それぞれ変数名のはじめに@記号がついていますが、これは「インスタンス変数」というものです。クラスのインスタンス(クラスを元にして作られたオブジェクト)の中で常に値を保持している変数のことです。テンプレートで値を利用する場合は、このようにインスタンス変数として用意しておきます。

テンプレートを修正する

では、テンプレート側を修正し、用意した変数を表示するようにしましょう。index.html.erbを以下のように書き換えてください。

リスト2-15

```
<h1 class="display-4"><%= @title %></h1>
<p><%= @msg %></p>
```

ここでは、<%= ○○ %>という形のタグが2つ用意されています。これは、Rubyの文を実行してその値を書き出すための特別なタグです。<%= @title %>ならば、@titleの値をここに書き出します。

http://localhost:3000/helloにアクセスして、表示を確認しましょう。indexメソッドに用意した値がそのままページに表示されるのがわかります。値を書き換えて表示が変わることを確かめてみましょう。

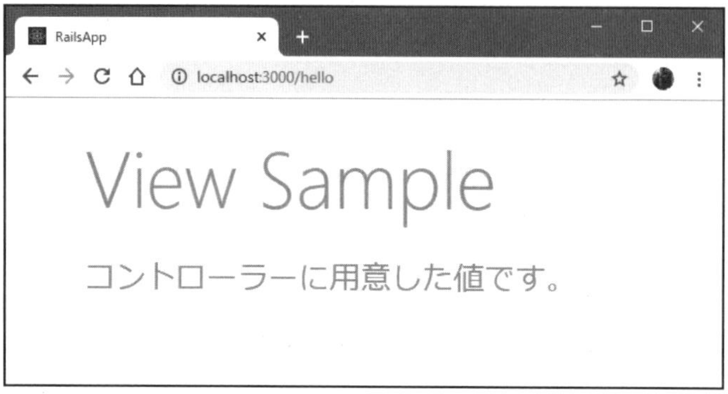

図2-16　@titleと@msgの変数をビューに表示する。

リダイレクトとパラメータ送付

あるアクション内から別のアクションに処理を転送することを「リダイレクト」といいます。たとえば、aというアクションにアクセスしたら、必要な処理をして自動的にbアクションに移動する、といったことをさせたいときにリダイレクトを使うのですね。

では、リダイレクトを実際に使ってみましょう。ここでは、otherというアクションを新たに用意してみます。otherにアクセスしたら、そのままindexにリダイレクトさせることにしましょう。

ただし、単純にリダイレクトしてindexが表示されるだけでは面白くないので、indexにアクセスしたときとotherからリダイレクトでindexに移動したときとで表示が変わるようにしてみましょう。

では、HelloControllerクラス(hello_controller.rb)を修正します。以下のように書き換えてください。

リスト2-16

```
class HelloController < ApplicationController

  def index
    if params['msg'] != nil then
      @title = params['msg']
    else
```

```
      @title = 'index'
    end
    @msg ='this is redirect sample...'
  end

  def other
    redirect_to action: :index, params: {'msg': 'from other page'}
  end
end
```

redirect_toについて

ここでは、otherメソッドの中で「redirect_to」というメソッドを実行しています。これは以下のように呼び出します。

```
redirect_to action: アクション名 , params:{……ハッシュ……}
```

action:というオプションで、リダイレクト先のアクションを指定します。他のコントローラーのアクションに移動したいときは、「controller: コントローラー名」という引数も用意できます。また、パラメータを用意するparams:というオプションもここでは用意してみました。これで必要な値をリダイレクト先に渡そう、というわけです。

index側の処理を見てみると、msgというパラメータが送られてきたら@titleに決まった値を設定しています。

```
if params['msg'] != nil then
  @title = params['msg']
```

見ればわかるように、値を扱っているのはparamsハッシュです。このようにリダイレクトの場合も、パラメータを用意して渡すことで、どこからリダイレクトされてきたかがわかるのでしょう。このように、paramsはクエリーパラメータのみならず、その他のパラメータ送付にも使うことができます。

routes.rbの修正

これで完成！……といいたいところですが、実はまだやることが残っています。新しいアクションを作成したら、やっておくことがありましたね。そう、routes.rbにアクションのルート情報を追加することですね。

では、routes.rbを開き、Rails.application.routes.draw doとendの間に以下の一文を追加してください。

リスト2-17

```
get 'hello/other'
```

これで、HelloControllerクラスのotherアクションメソッドが利用できるようになりました。では、試してみましょう。普通に/helloにアクセスすると「Index」とタイトル表示されますが、/hello/otherにアクセスすると、/helloにリダイレクトされ、「from Other page」とタイトルが表示されます。どちらも同じWebページのはずですが、タイトルが変わるようになっています。

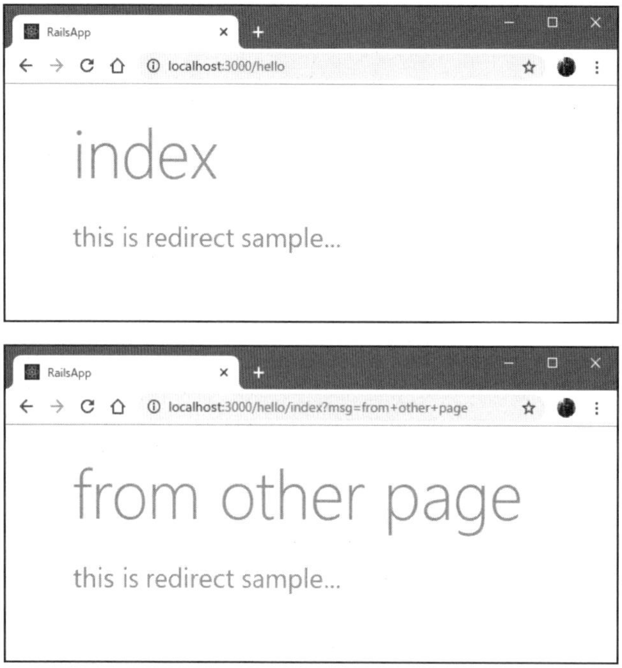

図2-17　/helloにアクセスしたときと、/hello/otherにアクセスしてindexにリダイレクトされるときで、同じページでありながら表示されるタイトルが変わる。

フォームの送信

パラメータによる値の送信は、プログラム内からアクセスするような場合にはとても便利です。が、ユーザーから入力をしてもらうような場合は、フォームを利用するのが基本です。では、Railsでのフォーム利用がどのようになるのか、確かめてみましょう。

まずは、テンプレートを修正します。index.html.erbを開き、以下のように書き換えてください。

リスト2-18

```
<h1 class="display-4"><%= @title %></h1>
<p><%= @msg %></p>
<form method="POST" action="/hello/index">
  <input type="text" class="form-control"
    name="input1" value="<%= @value %>">
  <input type="submit" class="btn btn-primary">
</form>
```

とてもシンプルなフォームですね。入力フィールドと送信ボタンがあるだけです。送信先は、/helloにPOST送信する形になっています。

それぞれ、classに"form-control"と"btn btn-primary"という値が設定されていますが、これらはBootstrapのクラスです。これにより、フォームをデザインされたものにしています。

コラム GETとPOST Column

POSTというのは、フォームなどを送信する際の基本となる送信方式です。これは、Webにアクセスする際に使われるHTTPというプロトコル(送信や受信の細かな手続きを決めたルールのようなもの)で決められているものです。

普通にWebサイトにアクセスするとき、Webブラウザは「GET」という方式でアクセスをしています。GETはアクセスの基本と考えていいでしょう。これに対し、「POST」というのは、フォームの送信などに用いられる方式です。

GETは、「いつ、どこからどうアクセスしても常に同じ結果が返される」というようなものに使います。普通にWebページにアクセスすると、誰がどこからいつアクセスしても同じ表示になりますね？ これに対し、POSTは「そのとき、その状況での表示」を行なうような場合に使われます。

よく、フォームなどを送信して表示される画面で、リロードしようとすると、「フォームを再送信しようとしている」というような警告が現れることがありますね？ フォーム送信した後に現れる画面というのは、そのときのフォーム送信に固有の表示であったりします。他のブラウザから他の内容で送信しても結果は同じとは限りません。こんな具合に、「そのとき一度限りのアクセス」のようなものにPOSTは用いられます。

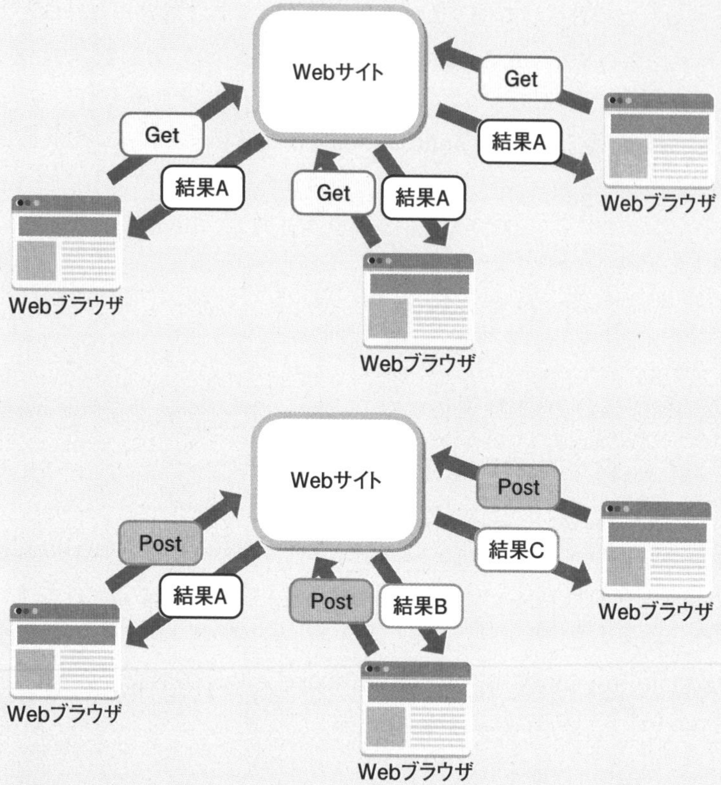

図2-18 GETはどこからアクセスしても同じ結果が得られる。POSTはアクセスごとに固有の結果が得られる。

GETとPOSTで処理を分ける

ここでは、/helloで表示したフォームをそのまま/helloにPOSTで送信しています。普通に/helloにアクセスしたときはGETアクセスですから、「GETか、POSTか」をチェックして、それによって処理を変えるような仕組みを考える必要があります。

では、HelloControllerクラスを修正しましょう。

リスト2-19

```
class HelloController < ApplicationController
```

```
  def index
    if request.post? then
      @title = 'Result'
      @msg = 'you typed: ' + params['input1'] + '.'
      @value = params['input1']
    else
      @title = 'Index'
      @msg = 'type text...'
      @value = ''
    end
  end

end
```

Chapter 1
Chapter 2
Chapter 3
Chapter 4
Chapter 5
Addendum

requestとpost?について

では、スクリプトを見てみましょう。ここでは、indexメソッドの最初に次のようなif文が用意されています。

```
if request.post? then
```

この「request」というのは、クライアント(Webブラウザ)からサーバーに送られた情報をまとめたオブジェクトです。どういう形でアクセスをしたのか、その細かな情報がこの中に入っています。

そして「post?」というのは、「POST送信したかどうか」を示すメソッドです。これがtrueならPOSTアクセスしており、falseならばPOSTではない、ということになります。この結果を元に、POST送信とそうでないとき(つまり、GET送信)の処理を分ければいいのです。

肝心の「送信されたフォーム」の内容ですが、これはお馴染みの「params」で得ることができます。たとえば、name="input1"の入力コントロールの値は、params['input1']で取り出せます。

こんな具合に、クエリーパラメータでもフォーム送信でも、送られてきた値はすべてparamsの中を見れば全部入っている、というのがRailsの大きな特徴です。paramsだけ見ればいいんですから、実にわかりやすいですね。

ルーティング設定を追加

これで完成……ではありませんよ。何か忘れてませんか？ そう、ルーティングの設定です。routes.rbを開き、Rails.application.routes.draw doとendの間に以下の文を追加してください。

リスト2-20

```
post 'hello', to: 'hello#index'
post 'hello/index'
```

これで、/helloと/hello/indexにPOSTのアクセスが許可されます。

これまで、ルーティングの設定には「get '/hello/index'」といった文を書いていました。が、この「get」というのは、実は「GETによるアクセス」を意味していたのです。そして、POSTでアクセスする場合は、「post ○○」という具合に書くのですね。

InvalidAuthenticityTokenとCSRF対策

これで、必要なものはすべて揃ったはずです。では、アクセスしてフォームの送信を試してみましょう。すると、予想外の結果となります。フォームはちゃんと表示され、テキストを書いて送信できるのですが、「ActionController::InvalidAuthenticityToken」というエラーが表示されてしまうのです。

このInvalidAuthenticityTokenというエラーは、「CSRF対策」のために発生したものなのです。

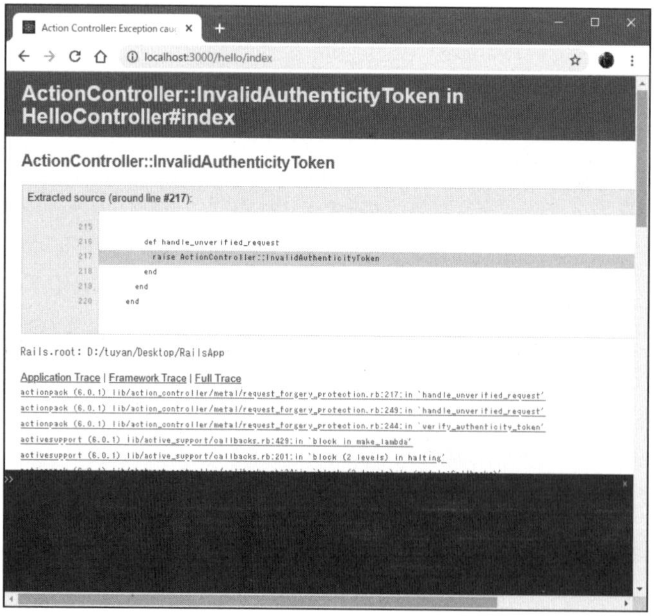

図2-19　送信すると、こういうエラー画面になる。

コラム CSRFってなに？ Column

このCSRFというのは、「Cross Site Request Forgery」の略で、外部のサーバーからフォームなどに送信するサイト攻撃のことです。フォームの送信は、実はフォームそのものから送信しなくても処理できてしまいます。外部のサーバーから、フォームの送信と同じ情報を送ることでフォームの送信を偽装できるのです。
そこでRailsでは、フォームの利用に関する特別な機能を持っていて、決まった方式でフォームを用意しないと送信を受け付けないようになっているのです。ただフォームを送信しただけでは、「CSRF対策でエラーを発生させるよ」という仕組みになっているんですね。

CSRF対策を通過する

Railsのフォーム利用についてはこの後で説明するとして、とりあえずここではRailsに組み込まれているCSRF対策を通過するように修正してみましょう。

リスト2-21

```
class HelloController < ApplicationController
   protect_from_forgery

  def index
    if request.post? then
      @title = 'Result'
      @msg = 'you typed: ' + params['input1'] + '.'
      @value = params['input1']
    else
      @title = 'Index'
      @msg = 'type text...'
      @value = ''
    end
  end

end
```

これが修正したソースコードです。クラスのすぐ下に「protect_from_forgery」という文が追加されました。これは、CSRF対策でエラーになる場合の対応を設定するものです。単にprotect_from_forgeryだけを書くと、そのまま処理が通過するようになります。

/hello にアクセスして、フォームを送信してみましょう。今度はちゃんと結果が表示されるようになりますよ。

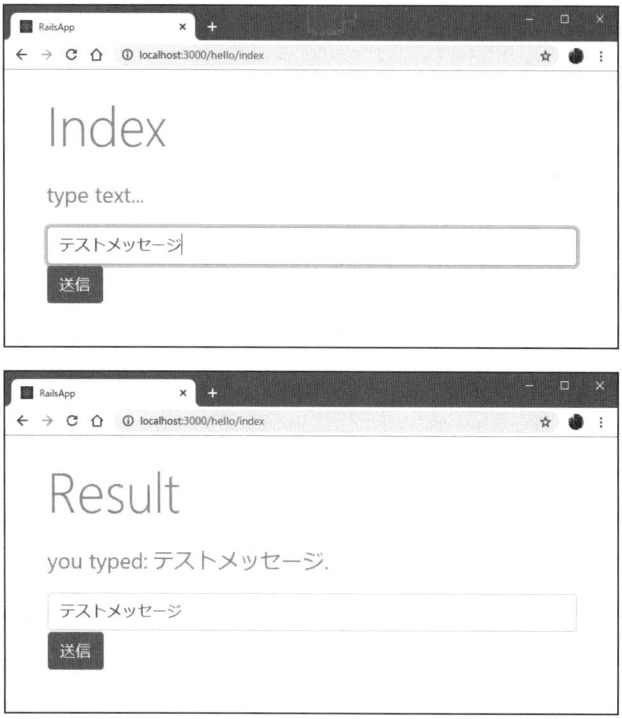

図2-20　送信すると、送られた結果が表示されるようになった。

Section 2-4 フォームヘルパーを使おう

フォームヘルパーでフォームを作る

とりあえず、フォームを送信し処理する基本はわかりました。が、protect_from_forgeryはHTMLタグでフォームを書いたときの対処法であり、実はRails本来のフォーム利用の方法ではありません。やはりここはRailsのきちんとしたフォームの使い方を覚えておく必要があります。

Railsには、フォームの作成を支援する「フォームヘルパー」という機能が用意されています。「ヘルパー」というのは、ビューで利用できる便利な機能のプログラムです。フォーム関係のタグを生成するためのヘルパーが、フォームヘルパーというわけですね。

このフォームヘルパーは、テンプレートにHTMLのタグと同じ感覚で記述して使います。テンプレートでは、<%= %>タグを使ってRubyの文を埋め込むことができました。これを利用して、フォームのタグを出力するフォームヘルパーのメソッドを記述していくのです。

これは、サンプルを見て説明したほうがわかりやすいでしょう。index.html.erbを開き、以下のように内容を書き換えてください。

リスト2-22

```
<h1 class="display-4"><%= @title %></h1>
<p><%= @msg %></p>
<%= form_tag(controller: "hello", action: "index") do %>
  <%= text_field_tag("input1") %>
  <%= submit_tag("Click") %>
<% end %>
```

続いて、HelloControllerクラスに記述した、以下の文をカットしてCSRF対策を通過する処理を取り除いておきましょう。この文ですね。

リスト2-23

```
protect_from_forgery
```

これらを保存したら、Webページを表示してみましょう。先ほどと同様に、入力フィールドと送信ボタンのフォームが表示されます。このままテキストを記入してボタンを押せば、結果が表示されます。CSRF対策はきちんと機能していますが、フォームからの送信を「問題なし」と判断し、結果を表示するようになっていることがわかります。

図2-21　フォームを送信すると、問題なく結果が表示されるようになる。

Chapter 1
Chapter 2
Chapter 3
Chapter 4
Chapter 5
Addendum

フォームヘルパーの働き

では、ここでフォームを作成するのに使われているフォームヘルパーについて見ていくことにしましょう。ここでは計4つの<%= %>タグがフォームのために用意されています。

<form>タグの生成

```
<%= form_tag(controller: "hello", action: "index") do %>
```

最初のこの文は、フォームの<form>タグを生成するためのものです。<form>タグの生成では、以下のような形でメソッドを用意します。

```
form_tag(controller: コントローラー名 , action: アクション名 )
```

引数に、controller:とaction:という項目が用意されていますね。これらで、送信先のコントローラーとアクションを指定するのです。これで、そのアクションに送信するための<form>タグが生成されるわけです。

入力フィールド

```
<%= text_field_tag("input1") %>
```

<input type="text">による入力フィールドのタグを生成するのが、「text_field_tag」というメソッドです。これは、引数にIDの値を指定して実行します。

送信ボタン

```
<%= submit_tag("Click") %>
```

フォームを送信する<input type="submit">ボタンは、「submit_tag」メソッドで生成します。引数には、送信ボタンに表示するテキストを指定します。

フォームの終了

```
<% end %>
```

最後に、フォームの終了をします。これは、<%= %>タグではなく、<% %>というタグを使います(イコールがついていません)。

この<% %>というタグは、結果を表示するのではなく、単にRubyの文を実行するためのものです。ここでは、endという文を実行しています。これは、form_tagの後についている「do」に対応するものなのです。

フォームの生成というのは、整理するとこんな形になっているのです。

```
form_tag(○○) do
   ……コントロール関係を出力する文……
end
```

form_tagの後に、do〜endという構文があり、このdoとendの間にフォームのコントロール関係を用意するようになっているのですね。の<% end %>は、フォームの終了を表すendだった、というわけです。

Chapter 1
Chapter 2
Chapter 3
Chapter 4
Chapter 5
Addendum

フォームヘルパーで属性を指定する

表示されたフォームは、先ほどヘルパーを使わずに作ったものとは少し表示が違っています。これは、class属性の違いです。classにBootstrapのクラスを指定していなかったためにフォームの表示が異なっていたのですね。

Bootstrapは、デフォルトでもそれなりに見やすいフォームを表示しますから、これで十分と思う人も多いでしょう。が、Bootstrap独自のクラスを指定してフォームを作りたい場合は、フォームヘルパーで「属性」を指定する方法を知っておく必要があるでしょう。これは、以下のような形で入力フィールドを作ります。

```
<%= text_field_tag(《ID》, デフォルト値 , ……属性の設定……) %>
```

第1引数にID、そして第2引数にはデフォルトの値をそれぞれ用意します。そして第3引数に、そのHTML要素に用意する属性の情報を指定します。これはハッシュの形になっており、属性名をキーにして値を用意します。もし、class属性を使いたいときは、第3引数内に{class:"クラスの内容"}というように値を用意すればいいわけですね。

送信ボタンのsubmit_tagも同様に属性を引数に指定することができます。

```
<%= submit_tag(《ID》, ……属性の設定……) %>
```

こちらはデフォルト値はないので更に簡単です。属性の指定は、やはり属性名をキーとするハッシュの形でまとめたものを用意しておきます。属性のまとめ方さえわかれば、そう難しくはありませんね。

Bootstrapのクラスを割り当てる

では、利用例として、フォーム関連にBootstrapのクラスを指定することにしましょう。index.html.erbの内容を以下のように修正してください。

リスト2-24

```
<h1 class="display-4"><%= @title %></h1>
<p><%= @msg %></p>
<%= form_tag(controller: "hello", action: "index") do %>
  <%= text_field_tag("input1","", {class:"form-control"}) %>
  <%= submit_tag("Click", {class:"btn btn-primary"}) %>
<% end %>
```

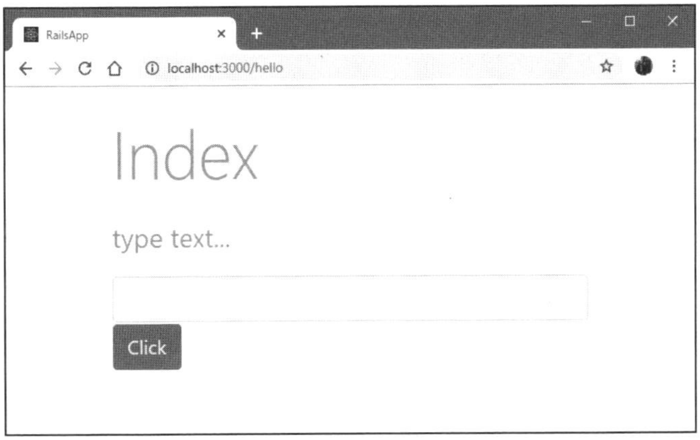

図2-22 修正したフォーム。Bootstrapのクラスが適用されるようになった。

ここでは、text_field_tagには{class:"form-control"}、submit_tagには{class:"btn btn-primary"}といった具合にclass属性を値として指定してあります。フォームヘルパーでは、こんな具合にタグの属性として用意する値をまとめて引数に用意しておくことができます。

コラム なぜ、CSRF対策を通過できるの？ Column

ここまでのフォームヘルパーのメソッドを見ると、単純にフォーム関係のタグを書き出すだけのもののように見えます。だったら、直接<form>タグを書いても同じなんじゃ？ と思った人も多いかもしれません。

実は、同じではありません。<form>タグを直接書くと、CSRF対策でエラーになりましたが、フォームヘルパーを使うとエラーは発生しません。CSRF対策の処理を無事に通過するからです。

では、なぜフォームヘルパーを使うとCSRF対策を通過するのでしょう。普通に<form>タグを書くのとは何が違うのでしょう。

その疑問を解決するために、フォームヘルパーを使って表示されたフォームのソースコードがどうなっているか見てみましょう。わかりやすいように、class属性を設定する前のソースコードを挙げておきます。

リスト2-25

```
<form action="/hello" accept-charset="UTF-8" method="post">
  <input name="utf8" type="hidden" value="&#x2713;" />
  <input type="hidden" name="authenticity_token"⏎
    value="……ランダムな文字列……" />
  <input type="text" name="input1" id="input1" />
  <input type="submit" name="commit" value="Click" data-disable-
with="Click" />
</form>
```

なんだか見覚えのない<input type="hidden">タグが2つ追加されているのがわかりますね。ここで、フォームに必要な情報を付け足していたのです。フォームを送信されたコントローラー側では、これらの値をチェックし、それがRailsアプリに用意されているフォームから送信されたものであることを確認してからフォーム受信の処理を行なうようになっていたのです。

「そんな処理、どこでやっていたんだ？」と思うでしょうが、そうした仕組みそのものを持っているのが、フレームワークというプログラムなのです。

ここで説明したような詳しい理屈は、別に理解する必要はありません。フレームワークは、私たちが気がつかないようなところでいろいろな作業を行ない、私たちは必要最小限のことだけを行なえばいいようにしているのです。私たちがCSRF対策なんて知らなくても、安全な処理が行なえるようにしてくれているのですね。

チェックボックスの利用

フォームヘルパーの基本がわかったところで、テキストの入力フィールド以外のコントロール類の使い方を見ていきましょう。まずはチェックボックスです。

これは、「check_box_tag」というメソッドで生成します。では、実際の利用例を見てみましょう。index.html.erbを以下のように修正します。

リスト2-26

```
<h1 class="display-4"><%= @title %></h1>
<p><%= @msg %></p>
<%= form_tag(controller: "hello", action: "index") do %>
  <%= check_box_tag("check1") %>
  <%= label_tag("check1", "check box") %>
  <%= submit_tag("Click") %>
<% end %>
```

ここでは、check_box_tag("check1") というようにしてチェックボックスの出力をしています。引数には、このチェックボックスに割り当てるIDを指定しています。

```
check_box_tag( ID )
```

このような形ですね。そのすぐ下には、「label_tag」という文があります。これは、<label>タグを出力するためのもので、以下のように実行します。

```
label_tag( 割り当てるID , 表示テキスト )
```

ここではチェックボックスにラベルを設定するので、最初の引数にcheck_box_tagに設定してcheck1を割り当てておきます。

indexアクションを修正する

では、HelloControllerクラスを修正しましょう。hello_controller.rbを以下のように書き換えてください。

リスト2-27

```
class HelloController < ApplicationController

  def index
    if request.post? then
      @title = 'Result'
      if params['check1'] then
        @msg = 'you Checked!!'
      else
        @msg = 'not checked...'
      end
    else
      @title = 'Index'
      @msg = 'check it...'
    end
  end

end
```

Chapter 1
Chapter 2
Chapter 3
Chapter 4
Chapter 5
Addendum

アクセスすると、チェックボックスが1つだけ表示されます。これをON/OFFして送信すると、チェックの状態が表示されます。

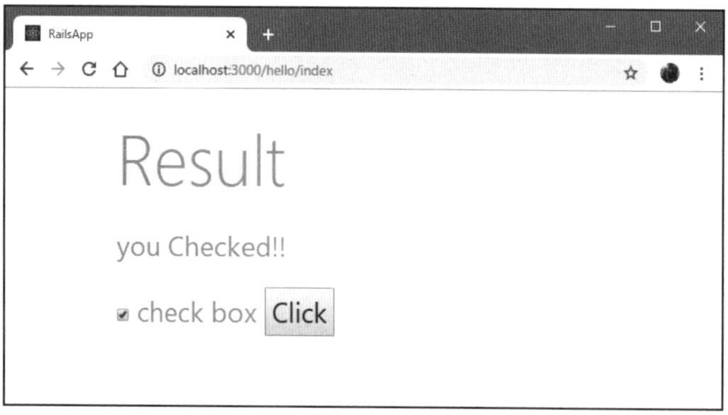

図2-23 チェックボックスをON/OFFして送信すると、チェックの状態が表示される。

コラム チェック状態とparamsの値 Column

ここでは、check1というIDでチェックボックスを作るようにしています。送信された値は、params['check1']で得られることになります。デフォルトでは、value="1"と設定されるようになっているため、チェックがONなら「1」が送られます。が、チェックがOFFだった場合、このcheck1の値そのものが送られません。
したがって、チェックボックスのON/OFF状態は、params['check1']の値がいくつかではなくて、「params['check1']があるかどうか？」を調べればわかるわけです。値があればチェックはON、なければOFFというわけです。

ラジオボタンを利用する

続いて、ラジオボタンです。ラジオボタンは、複数の項目から1つを選択するのに用いられます。これは<input type="radio">タグを使って作成しますが、複数項目で1つのグループとして動くようにするため、同じグループのものどうしは同じnameに設定するようになっています。ラジオボタンを作成する場合は、この点に注意しないといけません。

ラジオボタンは、「radio_button_tag」というメソッドを使って作成できます。これは以下のように記述します。

```
radio_button_tag( name値 , value値 )
```

このラジオボタンに設定するnameの値と、選択したときに得られるvalueの値をそれぞれ引数に用意します。「IDは指定しないのか？」と思うでしょうが、実はIDはnameとvalueから自動的に設定されます。フォームヘルパーでは、ラジオボタンは「name値_value値」というIDで設定されるのです。たとえば、radio_button_tag('r1', 'a') といった形で作成したら、そのラジオボタンのIDは「r1_a」というものになります。

ラジオボタンのフォームを作る

では、実際に使ってみましょう。まずはフォームを用意します。index.html.erbを以下のように書き換えてください。

リスト2-28

```
<h1 class="display-4"><%= @title %></h1>
<p><%= @msg %></p>
<%= form_tag(controller: "hello", action: "index") do %>
  <%= radio_button_tag("r1", "radio 1") %>
  <%= label_tag("r1_radio_1", "Radio Button 1") %><br>
  <%= radio_button_tag("r1", "radio 2") %>
  <%= label_tag("r1_radio_2", "Radio Button 2") %><br>
  <%= submit_tag("Click") %>
<% end %>
```

ここではそれぞれのラジオボタンにラベルをつけています。ラベルでは、label_tag("r1_radio_1", "Radio Button 1") というように、r1_radio_1 といったIDに設定しています。ここでは、radio_button_tag("r1", "radio 1") とラジオボタンを作成していますので、IDは「r1_radio_1」となるわけです(半角スペースはアンダーバーに変換されます)。

コントローラーの修正

続いて、HelloControllerクラスの修正です。ここでは以下のように書き換えておきましょう。修正したら、Webブラウザからアクセスして動作を確認してください。

リスト2-29

```
class HelloController < ApplicationController

  def index
    if request.post? then
      @title = 'Result'
      if params['r1'] then
        @msg = 'you selected: ' + params['r1']
      else
        @msg = 'not selected...'
      end
    else
      @title = 'Index'
      @msg = 'select radio button...'
    end
  end

end
```

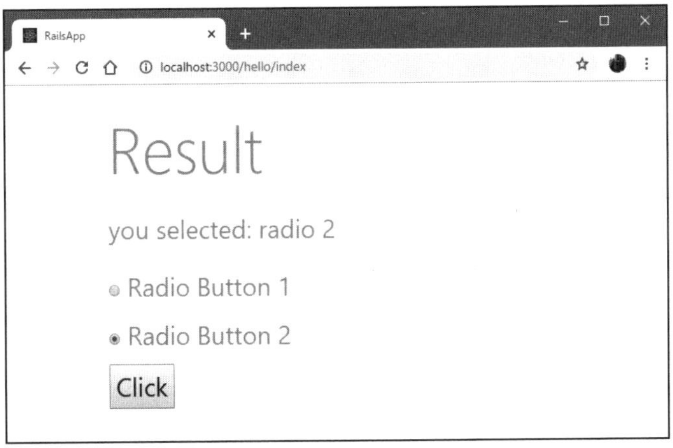

図2-24 ラジオボタンを選択し、送信すると、選択した項目を表示する。

コラム paramsの処理について Column

ラジオボタンは、選択したラジオボタンのvalueの値が送られてきます。ですから、paramsで値をそのまま取り出して利用すればいいのです。ただし！ ラジオボタンでは「どれも選択されていない」という場合もあるので注意しないといけません。この場合、params['r1']は、値そのものが存在しない(nil)ことになります。したがって、まず if params['r1'] then で値が存在するかどうかをチェックし、それから設定された値をチェックして処理を行なうのが良いでしょう。

選択リストを使う

続いて、<select>タグによる選択リストです。これは、「select_tag」というメソッドで作成をします。これは以下のように呼び出します。

```
select_tag( ID値 , 表示する項目 )
```

2番目の引数には、<select> 〜 </select>の間に用意する<option>タグを記述します。これは、<option>タグそのものをテキストで記述することもできますが、これはあまりスマートなやり方ではないでしょう。「options_for_select」というメソッドを使うと、配列から自動的に<option>タグを作ることができます。

```
options_for_select( 配列 )
```

このようにすると、配列の各要素を<option>タグにしたものを作ってくれます。これを組み合わせ、

```
select_tag( ○○, options_for_select( 配列 ))
```

こんな具合に書いてやれば、配列を項目に持つ選択リストができあがる、というわけです。

選択リストのフォームを作る

では、選択リストを使ってみましょう。まずはテンプレートを用意します。index.html.erbを以下のように書き換えてください。

リスト2-30

```
<h1 class="display-4"><%= @title %></h1>
<p><%= @msg %></p>
<%= form_tag(controller: "hello", action: "index") do %>
  <%= select_tag('s1',
    options_for_select(["Windows", "macOS", "Linux"])) %>
  <%= submit_tag("Click") %>
<% end %>
```

ここでは、select_tagを使ってリストを作成していますね。options_for_selectで、Windows、macOS、Linuxという項目の配列を渡し、これらのリストを作成しています。

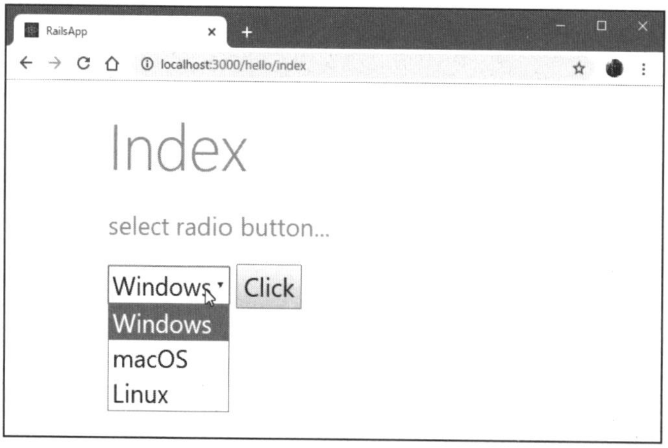

図2-25　select_tagで生成されるリスト。ただし、この後のスクリプトを用意したら完成する。

コントローラーの修正

続いて、コントローラーを修正します。hello_controller.rbを開いて、以下のように書き換えてください。

リスト2-31

```
class HelloController < ApplicationController

  def index
    if request.post? then
      @title = 'Result'
      if params['s1'] then
        @msg = 'you selected: '+ params['s1']
      else
        @msg = 'not selected...'
      end
    else
      @title = 'Index'
      @msg = 'select List...'
    end
  end

end
```

これで修正は終わりです。アクセスして動作を確認しましょう。プルダウンメニューの形で表示されるリストから項目を選び、ボタンを押すと、選択した項目名が表示されます。

select_tagによる選択リストは、そのままparams['s1']で選択した項目の値を取り出すことができます。後は、これまで使ったコントロール類と処理は同じですね。

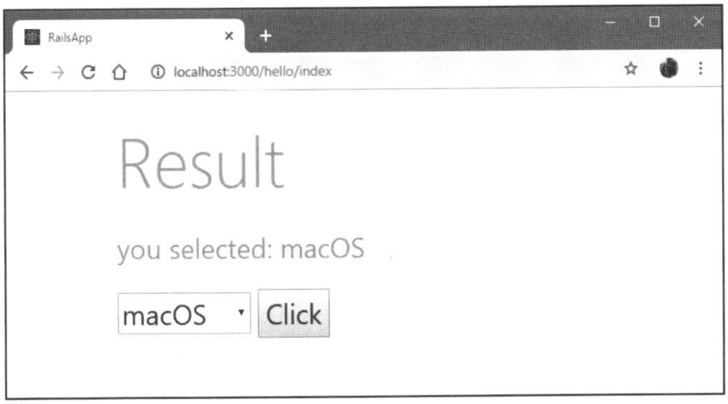

図2-26 選択して送信すると、選択した項目を表示する。

複数選択可なリスト

ただ項目を選んで選択するだけなら、これで問題ありません。が、<select>タグは、複数の項目を選択することもできました。これはどうやればいいのでしょう。

select_tagメソッドでは、<option>の項目データを用意する引数の更に後に、細かな設定情報を用意することができます。これは、属性名と値をハッシュの形にまとめたものになります。これで、複数項目を選択可能にするmultipleや、項目の表示数を指定するsizeなどの属性を用意してやれば、複数項目を選択するリストを作ることができます。

やってみましょう。index.html.erbを以下のように書き換えてください。

リスト2-32

```
<h1 class="display-4"><%= @title %></h1>
<p><%= @msg %></p>
<%= form_tag(controller: "hello", action: "index") do %>
  <%= select_tag('s1',
    options_for_select(["Windows", "macOS", "Linux"]),
    {size:5, multiple:true, class:"form-control"}) %>
  <%= submit_tag("Click") %>
<% end %>
```

ここでは、select_tagのoptions_for_selectで<option>タグの設定を行なった更にその後に、以下のような値が用意されていることがわかります。

```
{size:5, multiple:true, class: "form-control"}
```

size, multiple, classという3つの値を持つハッシュが用意されています。multipleは、trueにすることで複数選択が可能になります。またsizeで表示する項目数を変更しています。2つ以上表示されるように値を変更すれば、プルダウンメニューからリストへと表示スタイルが変わります。

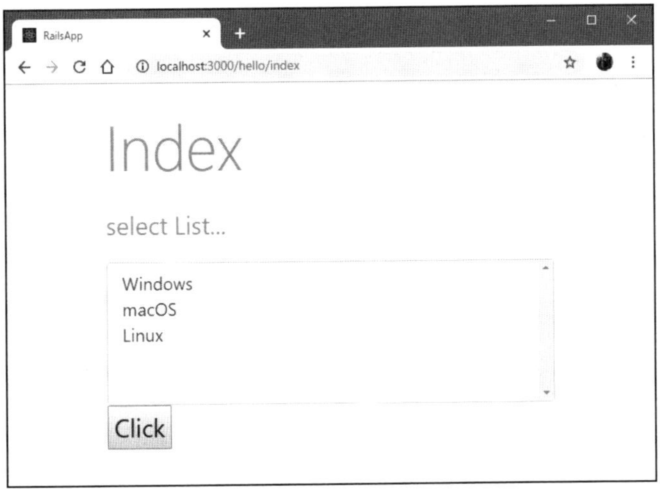

図2-27 複数項目を選択可能にし、サイズを5に増やした状態。次のHelloControllerクラスの修正をしてからでないと動作しないので注意。

コントローラーを修正する

では、HelloControllerクラスを修正しましょう。hello_controller.rbを以下のように書き換えてください。

リスト2-33

```
class HelloController < ApplicationController

  def index
    if request.post? then
      @title = 'Result'
      if params['s1'] then
        @msg = 'you selected: '
        for val in params['s1']
          @msg += val + ' '
        end
      else
        @msg = 'not selected...'
      end
    else
      @title = 'Index'
      @msg = 'select radio button...'
    end
  end

end
```

修正したら、実際にアクセスして動作を確認しましょう。今回は、複数の項目が選択できるリストが表示されます。ここで項目を選択し送信すると、選択した項目をすべて表示します。

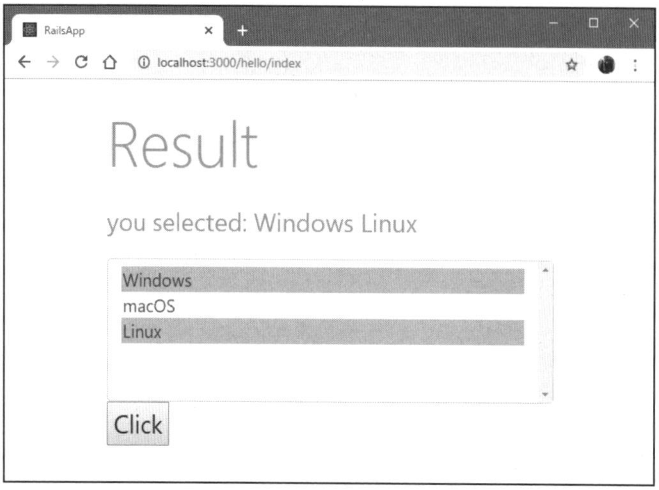

図2-28　複数の項目を選択し送信すると、選択したすべての項目が表示される。

複数選択の処理

送信されたリストの値は、やはりparamsで得られます。params['s1']とすれば、選択された値が得られます。

ただし、複数項目を禁じていた場合は、paramsの値は単純に選択した項目の値だったのに対し、複数項目を許可した場合は「選択した項目の配列」になる、という点に注意しないといけません。配列ですから、繰り返しを使い値を順に取り出して処理を行なわないといけないのです。

```
@msg = 'you selected: '
for val in params['s1']
  @msg += val + ' '
end
```

これが、その部分です。最初に@msgという変数を用意し、for inを使ってparams['s1']の中から順番に値を取り出しています。このようにして、複数選択された項目のすべてを取り出し処理するのです。

1つしか選択されていない場合も、multipleだった場合はやはり配列で値が得られます。1つだけだからといって（配列ではない）普通の値で渡されたりすることはありません。

その他のヘルパー機能

主なコントロールを作成するヘルパーの使い方を紹介しました。フォームヘルパーには、この他にもさまざまなコントロールタグ生成の機能が用意されています。最後にそれらについてまとめておきましょう。

● テキストエリア（複数行のテキスト）

```
<%= text_area_tag( 名前, "初期テキスト", size: "文字数x行数" ) %>
```

● パスワード入力

```
<%= password_field_tag( 名前 ) %>
```

● 非表示フィールド

```
<%= hidden_field_tag( 名前, "値" ) %>
```

● 検索フィールド

```
<%= search_field( 名前 ) %>
```

● 電話番号の入力

```
<%= telephone_field( 名前 ) %>
```

● 日時に関する入力

```
<%= date_field( 名前 ) %>
<%= datetime_local_field( 名前 ) %>
<%= time_field( 名前 ) %>
<%= month_field( 名前 ) %>
<%= week_field( 名前 ) %>
```

● URLの入力

```
<%= url_field( 名前 ) %>
```

● メールアドレス入力

```
<%= email_field( 名前 ) %>
```

● 色の選択

```
<%= color_field( 名前 ) %>
```

● 指定範囲の数値の入力

```
<%= number_field( 名前, 初期値, in: 最小値..最大値, step: ステップ数 ) %>
<%= range_field( 名前, 初期値, in: 最小値..最大値 ) %>
```

これらは、別に覚える必要はありませんよ。フォームを作成するときに、「そういえばこういう値のためのヘルパーがあったな」と思いだしてここを読み返す、ぐらいに考えておけばいいでしょう。

また、これらの多くは、HTML5という新しい規格からサポートされたものです。古いWebブラウザなどでは正しく表示されない場合もあるので注意しましょう。

Section 2-5 レイアウトを考える

レイアウトファイルについて

Railsアプリケーションに作成したhelloコントローラーを使い、いろいろとサンプルを作ってみました。これらのサンプルでは、テンプレートに<body>の部分だけを記述していました。

では、なぜ<body>部分だけを用意すればWebページ全体が表示されたのか。それは、Rails自身にページをレイアウトするための機能が組み込まれていたからです。

Railsには、ページ全体のHTMLテンプレートが用意されており、アクションのテンプレートはこのページ全体のテンプレートの中にはめ込まれるようにして表示されます。このため、それぞれのアクションでは<body>部分だけテンプレートを用意すればよかったのです。

レイアウトはどこにある?

では、このページ全体をレイアウトするテンプレートはどこにあるのでしょうか。これは、「app」の「views」フォルダの中にある「layouts」というフォルダです。これがレイアウト用のテンプレートを保管しておくフォルダなのです。

このフォルダを開くと、デフォルトで既に3つのファイルが用意されていることがわかります。これらは以下のようなものです。

application.html.erb	これがRailsアプリケーションでデフォルトで使われるWebページのレイアウトです。
mailer.html.erb	これはメール送信用に用意されたもので、HTMLメールのレイアウトとして用いられます。
mailer.text.erb	こちらはテキストメールのレイアウトとして用意されています。

これらのうち、「mailer.○○.erb」というのはメール送信の際に用いるものですので、当分は使うことはないでしょう。Railsアプリケーションで実際に利用されているのは、application.html.erbです。これがRailsのWebページの基本レイアウトといえます。

application.html.erb

では、application.html.erbの中身がどのようになっているのか見てみましょう。以下のようなコードが記述されています(先にリスト2-11で修正をしましたが、ここでは修正する前の状態をリスト掲載しておきます)。

リスト2-34

```
<!DOCTYPE html>
<html>
  <head>
    <title>RailsApp</title>
    <%= csrf_meta_tags %>
    <%= csp_meta_tag %>
    <%= stylesheet_link_tag 'application', media: 'all',
        'data-turbolinks-track': 'reload' %>
    <%= javascript_pack_tag 'application',
        'data-turbolinks-track': 'reload' %>
  </head>

  <body>
    <%= yield %>
  </body>
</html>
```

Chapter 1
Chapter 2
Chapter 3
Chapter 4
Chapter 5
Addendum

コード内には、<%= %>タグを使っていろいろとRailsの処理が埋め込んでありますね。これらについて簡単にまとめておきましょう。

CSRFメタタグの出力

```
<%= csrf_meta_tags %>
```

これは、CSRF対策のためのタグを出力するものです。覚えてますか、CSRF対策って？そう、外部のサイトから害のあるアクセスをされる場合の対策でしたね。このタグは、レンダリング時に次のようなタグとして出力されます。

```
<meta name="csrf-param" content="authenticity_token" />
<meta name="csrf-token" content="……ランダムな文字列……" />
```

これらのタグと、ここに書き出されるランダムな文字列によって、Railsのこのページから次のページへのアクセスが行なわれていることがRailsのシステムによってチェックされるようになっています。まぁ、この具体的な仕組みまでは理解する必要はありませんが、「Railsで表示されるページでは、こうした対策が自動的に組み込まれるようになっているんだ」ということは覚えておきましょう。

CSPメタタグの生成

```
<%= csp_meta_tag %>
```

これは、Content Security PolicyというJavaScriptのセキュリティに関する機能のためのものです。CSPは、外部の安全が保証されないスクリプトの利用を禁ずるなど、スクリプトに関するヘッダーを出力するためのものです。

スタイルシート用タグの出力

```
<%= stylesheet_link_tag    'application', media: 'all',
  'data-turbolinks-track': 'reload' %>
```

次にあるこのタグは、スタイルシート関係のタグを出力するためのものです。Railsでは、単にそのページ用のスタイルシートを読み込むだけでなく、アプリケーション全体のスタイル設定をするためのスタイルシートも読み込みます。そのための<link>タグを生成するのが、stylesheet_link_tagメソッドです。これは以下のようなタグを出力します。

```
<link rel="stylesheet" media="all" href="/assets/application…….css"⏎
  data-turbolinks-track="reload" />
```

/assets/内にあるapplication.○○.cssというファイルを使うようになっています(○○の部分にはランダムな文字列が入ります)。実際のファイル名は、hello.scssとappication.cssですが、それらをcssファイルにまとめたものを生成しリンクしています。

スクリプトタグの出力

```
<%= javascript_pack_tag 'application', 'data-turbolinks-track':
  'reload' %>
```

JavaScriptのスクリプトファイルは、Railsでは非常に多くのものが必要となります。そのページやアプリケーションで利用するスクリプトファイルだけでなく、jQueryやTurboLinkなどRailsが必要とするJavaScriptライブラリをロードするためのタグも書かなければいけないのです。

それらを自動生成するのが上記の<%= %>タグです。このタグにより、以下のようなタグが自動作成されます。

```
<script src="/packs/js/application-…….js"
  data-turbolinks-track="reload"></script>
```

これも、利用するJavaScriptファイルを1つのファイルにまとめたものを読み込んで使うようになっています。

ページコンテンツの出力

```
<%= yield %>
```

肝心の「そのアクションで表示されるページ内容」をはめ込んでいるのが、このタグです。そのアクションで表示されるページ内容(そのアクションのテンプレートのことです)は、yieldというメソッドで出力されます。ですから、<body>部分の内容は、これ1つだけあればいいのです。

オリジナルのレイアウトを作ろう

レイアウトの内容がだいたいわかったら、自分なりにオリジナルのレイアウトも作れるはずですね。では、実際にやってみましょう。といっても、まったく同じでは面白くないので、ヘッダーとフッターを別々のパーツとして用意し、3つのレイアウト用ファイルを組み合わせて表示を作ってみます。

メインのレイアウトを作る

まず、メインのレイアウトファイルを作成しましょう。Visual Studio Codeの場合は、左側のエクスプローラーから「layouts」フォルダを選択し、「RAILSAPP」のところにある「新しいファイル」アイコン(一番左側のもの)をクリックします。

これで新しいファイルが作成され、ファイル名を入力する欄が現れます。ここでは、「hello.html.erb」という名前をつけておきましょう。

Visual Studio Codeを使っていない場合は、「layouts」フォルダの中に直接「hello.html.erb」というファイル名でテキストファイルを作成してください。

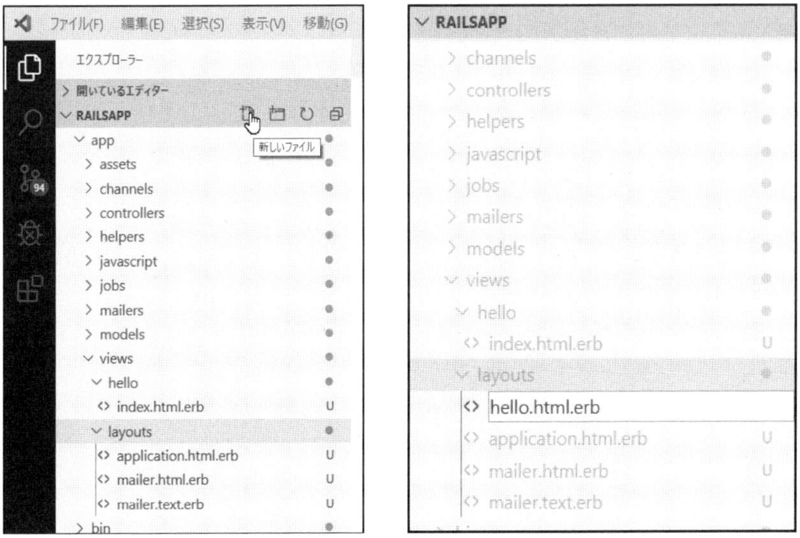

図2-29　新しいファイルを作成し、「hello.html.erb」としておく。

hello.html.erbのソースコード

では、作成したhello.html.erbのソースコードを記述しましょう。以下のように用意してください。

リスト2-35

```
<!DOCTYPE html>
<html>
<head>
  <title><%= @title %></title>
  <%= csrf_meta_tags %>
  <%= csp_meta_tag %>
```

```
  <link rel="stylesheet"
  href="https://stackpath.bootstrapcdn.com/bootstrap/4.3.1/css/⏎
    bootstrap.css">
  <%= stylesheet_link_tag 'application',
    media: 'all', 'data-turbolinks-track': 'reload' %>
  <%= javascript_pack_tag 'application',
    'data-turbolinks-track': 'reload' %>
</head>

<body class="container text-body">
  <%= render template:'layouts/hello_header' %>
  <%= yield %>
  <%= render template:'layouts/hello_footer' %>
</body>
</html>
```

renderでヘッダー・フッターを表示

このサンプルでは、先ほどのapplication.html.erbと比べるといくつか追加されている文があります。まずヘッダー部分では、<title>部分に<%= @title %>と追加し、@titleの値をタイトルに設定していますね。

そしてボディ部分では、ヘッダーとフッターの2つのテンプレートをレンダリングしページ内に出力をしています。この部分ですね。

●ヘッダーの出力

```
<%= render template:'layouts/hello_header' %>
```

●フッターの出力

```
<%= render template:'layouts/hello_footer' %>
```

どちらも、以前コントローラーで使った「render」というメソッドを使っています。renderでは、指定したテンプレートファイルの内容を読み込み、レンダリングして書き出すことができました。

ここでは、「layouts」フォルダの中にある「hello_header」と「hello_footer」というテンプレートをそれぞれ読み込み、出力をしています。この2つのファイルにヘッダーとフッターの表示内容を用意してやれば、これらを組み合わせて画面を作成できるというわけです。

ヘッダー／フッターを作る

では、ヘッダーとフッターを作成しましょう。Visual Studio Codeを利用している場合は、エクスプローラーで「layouts」フォルダを選択し、「新しいファイル」アイコンをクリックしてファイルを作ります。そして、「hello_header.html.erb」というファイル名を設定してください。これがヘッダーのテンプレートファイルとなります。

続けて、フッターのテンプレートを作ります。同様に「layouts」フォルダ内に、「hello_footer.html.erb」という名前でファイルを作成してください。

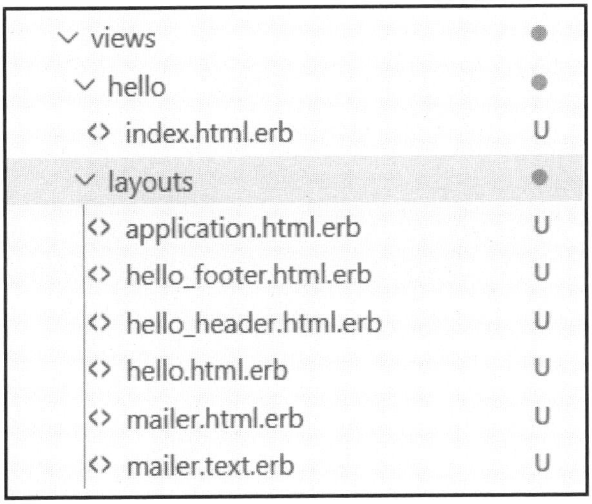

図2-30 「layouts」フォルダの中に、「hello_header.html.erb」と「hello_footer.html.erb」の２つのファイルを追加する。

ソースコードを記述する

ファイルを作成したら、それぞれにヘッダーとフッターの内容を記述しましょう。ここでは以下のように用意しました。

リスト2-36 hello_header.html.erb

```
<h1 class="display-4 text-center mt-1 mb-4 text-primary">
  <%= @header %>
</h1>
```

リスト2-37 hello_footer.html.erb

```
<div class="mt-5 text-right small text-dark border-bottom border-dark">
  <%= @footer %>
```

```
</div>
```

ヘッダーでは、@headerというインスタンス変数を出力しています。フッターは同様に@footerという変数を表示します。コントローラー側でこれらの変数に値を設定しておけば、その値がヘッダーとフッターに表示できるというわけです。

また、コンテンツの表示部分である「index.html.erb」も以下のように修正しておきましょう。

リスト2-38 index.html.erb

```
<p><%= @msg %></p>
```

単純に、@msgを表示するだけのものです。ヘッダー、フッター、コンテンツのそれぞれの表示を確認するだけですので、シンプルにしておきましょう。

コントローラーを修正して完成！

では、コントローラーを修正しましょう。HelloControllerクラスを以下のように書き換えてください。これで完成です。

リスト2-39

```
class HelloController < ApplicationController
  layout 'hello'

  def index
    @header = 'layout sample'
    @footer = 'copyright SYODA-Tuyano 2020.'
    @title = 'New Layout'
    @msg = 'this is sample page!'
  end

end
```

作成したら、実際にアクセスしてみましょう。作成したヘッダーとフッター、アクションのコンテンツが組み込まれて表示されていることがわかるでしょう。

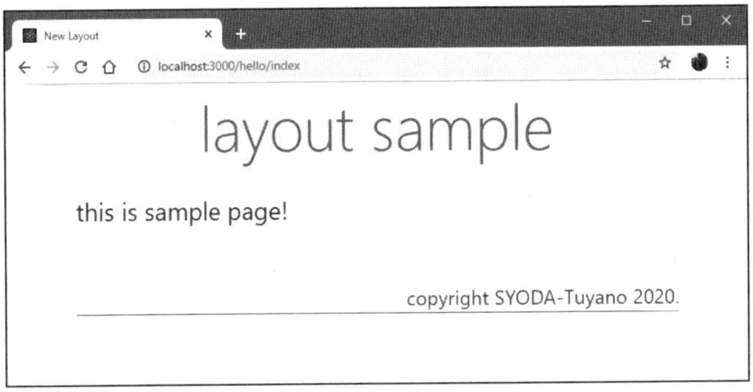

図2-31　helloレイアウトで表示したWebページ。ヘッダーとフッターが表示されている。

layoutについて

ここでは、クラスの最初に「layout」というものが用意されています。これが、このコントローラーで使用するレイアウトを設定する値です。ここに「hello」と設定することで、「layouts」フォルダ内のhello.html.erbがレイアウトとして使われるようになります。このlayoutを「application」にすれば、application.html.erbが使われるようになります。

コラム　layoutは、いらない？　Column

使用するレイアウトは、layoutの値を変更することでオリジナルのものを使うことができるようになりました。では、layoutを用意していないとどうなるのでしょうか？
実は、layoutを書いていなくとも、ちゃんとWebページは表示されるのです。Railsでは、layoutの指定がなければ、アプリケーションのデフォルトレイアウト（application.html.erbのこと）を使うようになっています。ですから、layoutが書いてないからといって、レイアウトが使われないということはないのです。
独自にレイアウトを用意しないなら、layoutは用意する必要はありません。これはオリジナルのレイアウトを利用するときにのみ使うもの、と考えましょう。

Section 2-6 メッセージボードを作ろう

テキストファイル利用のメッセージボード

これで、コントローラーとビューの基本的な部分は使えるようになりました。では、これらを使って、簡単なWebアプリケーションを作ってみましょう。といっても、まだ本格的なアプリ開発には必須のデータベース関係の機能をまったくやっていないので、それほど高度なものは作れません。

が、データベースがわからなくても、データを保存したりすることはできます。そう、Rubyにある機能を使ってテキストファイルなどに保存すればいいのです。

では簡単な例として、「メッセージボード（伝言板）」を作ってみましょう。これは名前・メールアドレス・メッセージといった項目のフォームを持つシンプルなWebアプリケーションです。投稿したメッセージは、フォームの下に一覧リストで表示されます。

このメッセージボードに投稿したメッセージは、24時間経過すると自動的に削除されます。単純ですが、割と実用になるミニプログラムです。

図2-32 メッセージボード。投稿したメッセージが順番に表示される。1日（24時間）経過するとメッセージは自動的に削除される。

コントローラーを作成する

では、Webアプリケーションを作っていきましょう。といっても、このためにまた新たにRailsのアプリケーションを作っていくのは結構大変です。そこで、先ほどまでのサンプルに、新しいコントローラーとしてメッセージボードを追加することにしましょう。作り方がわかれば、それぞれのRailsアプリケーションに簡単に組み込めますから、いろいろと応用できるでしょう。

では、コマンドプロンプト／ターミナルを起動してください。そして、cdコマンドでRailsアプリケーションのフォルダに移動し、以下のコマンドを実行しましょう。

```
rails generate controller msgboard index
```

ここでは、「msgboard」という名前でコントローラーを作っています。名前の後に「index」とありますが、これはデフォルトで用意しておくアクションです。rails generate controllerでは、コントローラー名の後にアクション名を続けて記述しておくことで、最初から必要なアクションを作成しておくことができます。

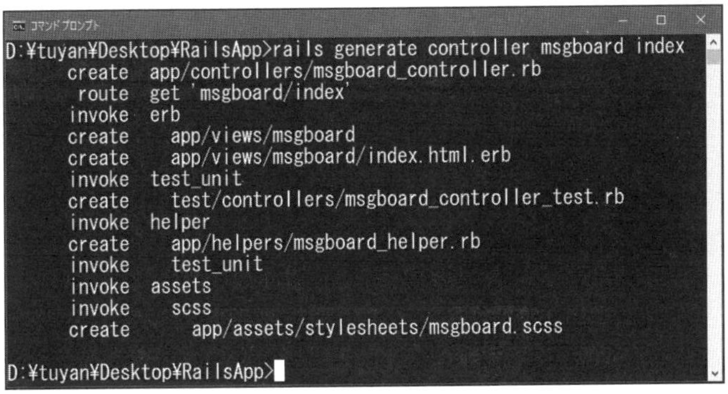

図2-33 msgboardコントローラーを作成する。indexアクションを追加しておく。

コラム アクションを追加すると何が用意される？ Column

generate controllerコマンドを実行する際、アクションを付けるとそのアクションが作成されます。「アクションが作成される」って、具体的にどういうことなんでしょうね？

これは、3つのものが用意されます。1つは、アクションメソッド。コントローラークラス内にメソッドが最初から用意されます。2つ目は、ビューテンプレート。アクション名のテンプレートファイルがデフォルトで用意されます。そして3つ目は、ルート設定。routes.rbに、指定のアクションのGETルート設定が追加されます。

これだけのことを全部やってくれるんですから、最初からどういうアクションを作るか決まっているときは、generate controllerでアクションを作っておきましょう！

index.html.erbを記述する

では、作成をしていきましょう。まずは、ビューのテンプレートからです。「views」フォルダ内には、「msgboard」というフォルダが新たに作成されています。この中の「index.html.erb」を開いて、以下のように記述をしましょう。

リスト2-40

```
<%= form_tag(controller: "msgboard", action: "index") do %>
  <div class="form-group">
    <label for="name">名前</label>
    <%= text_field_tag("name","",{class:"form-control"}) %>
  </div>
  <div class="form-group">
    <label for="name">メール</label>
    <%= text_field_tag("mail","",{class:"form-control"}) %>
  </div>
  <div class="form-group">
    <label for="name">メッセージ</label>
    <%= text_area_tag("msg","",{class:"form-control"}) %>
  </div>
  <%= submit_tag("Click", {class:"btn btn-primary"}) %>
<% end %>

<table class="table mt-4">
  <tr>
    <th style="width:50%">メッセージ</th>
    <th>名前</th>
    <th>メール</th>
    <th>投稿日時</th>
  </tr>
  <% @msg_data.each do |key,obj| %>
  <tr>
    <td class="msg"><%= obj['msg'] %></td>
    <td class="name"><%= obj['name'] %></td>
    <td class="mail"><%= obj['mail'] %></td>
    <td class="time"><%= Time.at(key.to_i) %></td>
  </tr>
```

```
  <% end %>
</table>
```

ハッシュをテーブルに展開する

このテンプレートでは、主に2つの表示を用意しています。1つ目は、フォームの表示。そして2つ目は、投稿したメッセージをテーブルにした表示です。フォームについては、既に基本的な使い方は説明しました。ここでは、テーブルの表示部分がどうなっているか見てみましょう。

```
<% @msg_data.each do |key,obj| %>
<tr>
  <td class="msg"><%= obj['msg'] %></td>
  <td class="name"><%= obj['name'] %></td>
  <td class="mail"><%= obj['mail'] %></td>
  <td class="time"><%= Time.at(key.to_i) %></td>
</tr>
<% end %>
```

ここでは、@msg_dataというインスタンス変数の中身を取り出してテーブルのセルとして記述する、といったことを繰り返しています。@msg_dataは、「ハッシュ」のデータです。ハッシュというのは、それぞれの値に名前をつけて保管する配列のようなものでしたね。

投稿したデータはハッシュとしてまとめて保管されています。このハッシュから順にキー(名前)と値を取り出し処理していくのに、ここでは「each」というメソッドを使っています。これは、以下のような形で利用します。

```
《ハッシュ》.each do | 変数1 , 変数2 |
  ……取り出した値の処理……
end
```

ハッシュから順に値を取り出し、その値のキーを変数1に、取り出した値を変数2に代入してendまでの処理を実行します。ここでは取り出した値のオブジェクトから、name、mail、msgといった値を取り出してそれらをテーブルの<td>タグにまとめて書き出しています。

Time.atについて

最後に、キーの値から投稿日時を表示する部分について補足しておきましょう。ここですね。

```
<%= Time.at(key.to_i) %>
```

@msg_dataでは、キーはその投稿がされた日時のタイムスタンプを示す整数が設定されています。

「Time.at」というメソッドは、引数のタイムスタンプからTimeオブジェクトを生成するものです。引数にキーのタイムスタンプを整数として渡すと、その値を元にオブジェクトを作成し、それを書き出します。「to_i」は、整数として価を取り出すメソッドです。

Chapter 1
Chapter 2
Chapter 3
Chapter 4
Chapter 5
Addendum

コラム タイムスタンプって？ Column

「タイムスタンプ」というのは、1970年1月1日午前零時からの経過秒数で日時を表す数字です。これは、日時を表すTimeオブジェクトから取り出したり、タイムスタンプの値を元にTimeインスタンスを作ったりできます。

タイムスタンプの値は、Timeのto_iで得ることができますが、秒数の小数点以下の値（ミリ秒数）まで得たい場合はto_fで浮動小数の値として取り出すといいでしょう。

msgboardレイアウトを作る

続いて、全体を表示するためのレイアウトを作りましょう。「layouts」フォルダの中に、新たに「msgboard.html.erb」という名前でファイルを作成してください。そして以下のように記述をしましょう。

リスト2-41

```
<!DOCTYPE html>
<html>
<head>
  <title><%= @title %></title>
  <%= csrf_meta_tags %>
  <%= csp_meta_tag %>
  <link rel="stylesheet"
    href="https://stackpath.bootstrapcdn.com/bootstrap/4.3.1/css/⏎
```

```
  bootstrap.css">
</head>

<body class="container text-body">
  <h1 class="mb-4 display-4 text-primary">MsgBoard</h1>
  <%= yield %>
  <div class="mt-4 text-center small text-dark border-top border-dark">
  copyright SYODA-Tuyano. 2020</div>
</body>
</html>
```

基本的な部分は、すべてhello.html.erbにあったものをそのまま流用しています。タイトルの<h1>タグと、フッター部分の<div>タグを追加してあるだけですから、説明するまでもないでしょう。なお、今回はスタイルシートファイルやJavaScriptファイルなどを一切使わないため、そのあたりの記述は省略してあります。

コントローラーを作成する

これで、ビュー関係のファイルは完成しました。後は、コントローラーの作成だけです。では、「controllers」フォルダ内に作成されている「msgboard_controller.rb」を開き、ソースコードを以下のように書き換えてください。

リスト2-42

```
class MsgboardController < ApplicationController
  layout 'msgboard'

  def initialize
    super
    begin
      @msg_data = JSON.parse(File.read("data.txt"))
    rescue
      @msg_data = Hash.new
    end
    @msg_data.each do |key,obj|
      if Time.now.to_i - key.to_i > 24*60*60 then
        @msg_data.delete(key)
      end
    end
    File.write("data.txt", @msg_data.to_json)
  end
```

```
  def index
    if request.post? then
      obj = MyData.new(msg:params['msg'], name:params['name'],
        mail:params['mail'])
      @msg_data[Time.now.to_i] = obj
      data = @msg_data.to_json
      File.write("data.txt", data)
      @msg_data = JSON.parse(data)
    end
  end

end

class MyData
  attr_accessor :name
  attr_accessor :mail
  attr_accessor :msg

  def initialize msg:msg, name:name, mail:mail
    self.name = name
    self.mail = mail
    self.msg = msg
  end
end
```

Chapter 1
Chapter 2
Chapter 3
Chapter 4
Chapter 5
Addendum

ルーティングの設定

コントローラーの説明に進む前に、ルーティングの設定も行なっておきましょう。routes.rbを開いて、msgboard関係のルーティングをチェックしてください。おそらく、「get msgboard/index'」という項目だけが追加されているはずです。

ここでは、以下のような項目をすべて用意しておきます。Rails.application.routes.draw doとendの間に追記をしてください。

リスト2-43

```
get 'msgboard', to: 'msgboard#index'
post 'msgboard', to: 'msgboard#index'
get 'msgboard/index'
post 'msgboard/index'
```

Webサーバーを起動する

すべてできたら、コマンドプロンプト／ターミナルを開き、cdコマンドでRailsアプリケーションのフォルダに移動してください。そして「rails server」を実行し、Webアプリケーションを起動しましょう。

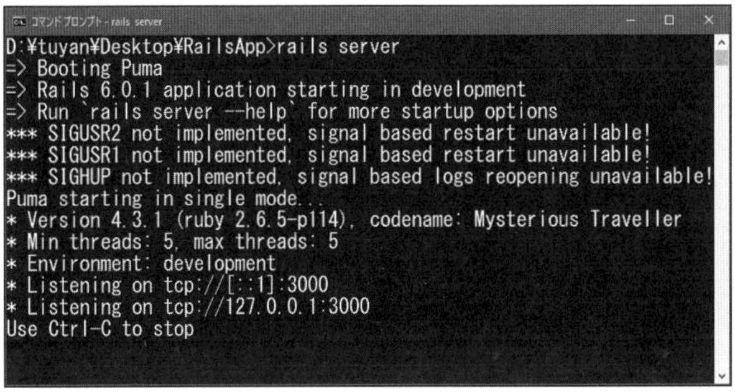

図2-34 rails serverコマンドを実行する。

動作をチェック！

起動したら、Webブラウザからアクセスをしてみましょう。以下のアドレスにアクセスしてください。

```
http://localhost:3000/msgboard
```

これで、メッセージボードの画面が現れます。デフォルトでは、データは何もありません。適当にメッセージを書いて送信すると、それがフォームの下のテーブルに表示されるようになります。投稿したデータは、特に何もしなくても24時間後には削除されます。

図2-35 完成したメッセージボード。

MyDataクラスについて

では、作成したソースコードをチェックしましょう。今回のmsgboard_controller.rbには、2つのクラスが用意されています。コントローラーであるMsgboardControllerクラスと、その下の方にあるMyDataクラスです。

MyDataクラスは、保管するデータをまとめるために用意したクラスです。フォームから送信されたデータは、このMyDataクラスのインスタンスにまとめて保管します。といっても、まとめられたデータはテキストファイルに保存する関係で、常にMyDataインスタンスの形になってはいません(実は、ハッシュとして保管されています)。それならMyDataなんていらないんじゃないか、と思うでしょうが、「すべてのデータが決まった型式でまとまっている」ことを保証するためにMyDataは必要なのです。

attr_accessorについて

このMyDataクラスでは、attr_accessorというものが用意されています。これは、インスタンス変数にアクセスするメソッド(アクセサ)を用意するためのもので、ここではname、mail、msgといったインスタンス変数のアクセサを用意しています。このattr_accessorで、これらのインスタンス変数が用意され、外部から利用できるようになります。

データの保存

今回の最大のポイントは、送信したフォームのデータを保存し、それを読み込んで表示する、という処理でしょう。まずは、データの保存から見てみましょう。

indexアクションメソッドでは、if request.post? then でPOST送信されたかどうかをチェックし、trueだったならば送信されたフォームの処理を行なっています。

MyDataの作成

まずは、送信されたフォームの値を元にMyDataインスタンスを作成します。この部分ですね。

```
obj = MyData.new(msg:params['msg'], name:params['name'],
  mail:params['mail'])
```

これで、MyDataインスタンスが変数objに用意できました。後は、データを保管しているインスタンス変数@msg_dataにこれを保管します。

```
@msg_data[Time.now.to_i] = obj
```

@msg_dataは、ハッシュです。このハッシュは、現在のタイムスタンプの値をキーにしてMyDataインスタンスを保管します。タイムスタンプは、Time.nowで現在の日時を示すTimeインスタンスを作成し、そのto_iメソッドを呼び出せば得ることができます。この値をキーに指定して、objを保管します。

JSONでデータを保管する

データは、JSONを利用して保存しています。JSONは、JavaScript Object Notationの略で、もともとはJavaScriptのオブジェクトを保管するために考えられたフォーマットです。

Rubyには、RubyオブジェクトをJSON型式のテキストに変換したりJSONテキストからRubyオブジェクトを生成する仕組みが用意されています。Rubyのオブジェクトをテキストで保存するには、JSONはとても便利なのです。

```
data = @msg_data.to_json
```

まず、@msg_dataのハッシュをJSON型式のテキストとして取り出します。これは、ハッシュの「to_json」メソッドを呼び出すだけで簡単に行なえます。

```
File.write("data.txt", data)
```

後は、これをテキストファイルで保存するだけです。テキストファイルの保存は、Fileクラスの「write」メソッドで行なえます。第1引数にはファイル名、第2引数に保存するテキストを指定するだけで、これまた簡単に行なえます。

```
@msg_data = JSON.parse(data)
```

最後に、JSON型式のテキストデータを元に、Rubyのオブジェクトを生成して@msg_dataに収め直します。@msg_dataは、もともとテキストファイルから読み込んだJSONデータを元に作られています。これに新たにMyDataを追加したりしていますので、データの一部が元も状態から書き換わった状態になっているわけですね。そこで、JSON.parse(data)で改めてテキストからRubyオブジェクトを作りなおし、ファイルから読み込んだ状態に戻しています。

（※このあたりの問題については、後ほどコラムで改めて説明します）

データの読み込み

続いて、テキストファイルからデータを読み込む処理です。これは、initializeメソッドで行なっています。ここで行なっているのは、ファイルからテキストを読み込み、それをRubyのオブジェクトに変換する作業です。

```
begin
  @msg_data = JSON.parse(File.read("data.txt"))
rescue
  @msg_data = Hash.new
end
```

これがその部分です。テキストファイルを読み込むのは、Fileクラスにある「read」メソッドで行なえます。引数にファイル名を指定すると、そのファイルからテキストを読み込んで返します。

そして、JSONクラスの「parse」は、JSON型式のテキストを元にRubyオブジェクトを生成する働きをします。この2つを組み合わせることで、ファイルからRubyのオブジェクトを読み込むことができる、というわけです。

コラム 例外処理について Column

このFile.readで注意しないといけないのは、「ファイルの読み込みに失敗することがある」という点です。ファイルが存在してないと、読み込めませんから。そこで、例外処理の構文を使って記述をしています。これは、以下のような形をしています。

```
begin
  ……例外が発生する可能性のある処理……
rescue
  ……例外発生時の処理……
end
```

これで、begin ~ rescue間で何か問題が発生すると、rescueのところにジャンプし、そこにある処理を実行して先に進むようになります。ここでは、ファイルの読み込み時に問題が発生したら、Hash.newで新しいハッシュを@msg_dataに収めるようにしています。

1日経過したデータを削除する

@msg_dataにハッシュを設定したら、ハッシュの値をチェックし、24時間以上経過したものを取り除いていきます。これは以下のように行なっています。

```
@msg_data.each do |key,obj|
  if Time.now.to_i - key.to_i > 24*60*60 then
    @msg_data.delete(key)
  end
end
```

eachを使い、@msg_dataから順にキーと値を取り出していきます。そして、Time.nowで現在の日時を調べ、保管されているデータのキー（タイムスタンプが保管されている）と現在の日時の差が1日の秒数より大きくなっていたら、保存してから1日以上経過したと考え、deleteメソッドでそのデータを取り除きます。

```
File.write("data.txt", @msg_data.to_json)
```

最後に、File.writeで改めてハッシュをファイルに保存しなおして、完了です。これで古いデータが取り除かれたものがdata.txtに保管されることになります。

GET/POSTとファイルの保存がポイント

ここでは、「GETで表示」「POSTで送信」「Fileを使った読み書き」という、3つの機能を組み合わせています。この3つがわかれば、実はごく単純なWebアプリケーションは作れるようになるのです。今回作ったメッセージボードぐらいのものでも、いろいろと応用すれば面白いものが作れるはずですよ。

この章では、コントローラーとビューの基本について説明をしました。この2つは、Railsのもっとも基本となる機能です。そして、これにデータを保管するための機能が加われば、もうWebアプリケーション開発に必要なものは揃ってしまうことがわかったでしょう。

この「データの保管」は、メッセージボードではテキストファイルを使いました。が、ファイルの代りにデータベースを自由に使えるようになれば、できることはぐっと広がります。そのために用意されているのが、「モデル(Model)」なのです。

次は、いよいよこのモデルについて考えていくことにしましょう。

Chapter 1
Chapter 2
Chapter 3
Chapter 4
Chapter 5
Addendum

コラム JSON型式データとRubyオブジェクト Column

ここでは、JSON型式でデータをファイルに保存しています。これはとても便利なのですが、注意しないといけない点があります。それは、「クラスのインスタンスは、ハッシュに変わってしまう」という点です。

もともとJavaScriptというのは、クラスや継承の概念のない言語でした。そのオブジェクトをテキストとして扱うJSONは、「オブジェクト＝プロパティやメソッドが保管されているもの」という感覚しかないのです。実際、JavaScriptのオブジェクトは、基本的にJavaScriptのハッシュと区別がつかないのです。

このため、RubyのオブジェクトをJSON型式で保存すると、「そのオブジェクトの中に用意されているもの」はちゃんと保存できるのですが、それがなんというクラスのインスタンスか、といった情報は記録されません。このため、JSONからRubyオブジェクトを生成すると、オブジェクトはみんなハッシュになってしまうのです。

このため、サンプルでは、「オブジェクトの作成はMyData.newして作るが、@msg_dataに入れたらJSONテキストから@msg_dataのハッシュを作りなおして使う」というようにしてあったんですね。こうすることで、保管したMyDataを全部ハッシュに変換したものを用意しておくようにしているのです。

ちょっとわかりにくいかもしれませんが、indexアクションメソッドのif request.post? then内の最後にある@msg_data = JSON.parse(data)を行なわないとどうなるか、試してみるとその働きが少しわかってくるかもしれません。

この章のまとめ

今回は、ずいぶんとたくさんの内容を取り上げました。「全部覚えきれない！」という人も多かったことでしょう。いろいろ覚えることがあったので、何が一番重要で何が後回しにしてもいいのかわかっていないと、情報の洪水に溺れそうになってしまいます。

では、この章で説明したことのポイントをまとめておきましょう。

コントローラーの書き方

コントローラーは、Railsアプリケーションのもっとも中心となる部分です。コントローラーのクラスの中には、アクションのためのメソッドが用意されています。ここに必要な処理を書いていくのでした。

アクションでは、画面の表示を作らないといけません。これは、renderというメソッドを呼び出して行なうことができます。また、アクションと同じ名前のテンプレートファイルを用意してあるなら、何もしなくとも自動的にそれが読み込まれます。

テンプレートの書き方

テンプレートは、普通にHTMLのタグを使って書きます。その中に、<%= %>タグを使って、Rubyの変数や文などを用意し、値を書き出すこともできます。

テンプレートで値などを表示したい場合は、あらかじめコントローラー側で、値を「インスタンス変数」として用意しておきます。これは、変数名の最初に@をつけたものです。

ルーティングの書き方

コントローラーに用意したアクションは、ルーティングの設定を用意しておかないとアクセスしても呼び出されません。これは、routes.rbに記述します。GETとPOSTの基本的なルーティング情報の書き方をしっかり覚えておきましょう。

以上の3点について、しっかりと理解しておきましょう。これらは、コントローラーとビューの基本中の基本です。これらがしっかり頭に入っていれば、自分でコントローラーやビューを作れるようになりますよ！

Chapter

3

Modelと データベースを使おう！

モデル（Model）は、データベースとのやりとりを担当する重要な部品です。これを使うには、データベースがどういうものか知り、どのような操作が必要になるかを理解しなければいけません。ここでは、データベースの基礎知識と、モデルを使ったCRUD（Create, Read, Update, Delete）操作について説明しましょう。

Section 3-1

SQLiteデータベースを使おう

データベースとSQL

前回、テキストファイルを使ってデータを保管する方法を学びました。これでも簡単なデータ保存は行なえますが、それ以上に便利なのは「データベース」を利用することです。

データベースというのは、文字通りデータを保管しておくための専用プログラムです。これにはさまざまな種類があるのですが、もっとも広く使われているのは「SQL」というものを利用したデータベースです。

SQL = データアクセス言語

SQLというのは、データベースにアクセスし必要なデータを検索するための「言語」です(データアクセス言語と呼ばれます)。このSQLを使って、データベースから必要なデータを取り出すための命令文を書き、それをSQLを使うデータベースに送ると、結果を受け取ることができる、というわけです。

このSQLを使ったデータベースは広く普及していて、複雑な検索を必要とするようなシーンで使われています。ただ、SQLという言語を使いこなせるようにならないと複雑な検索はできないので、プログラムの開発とは別に、「データベースの専門家」にならないといけません。

このデータベースの利用の複雑さが、データベースを使ったWebアプリケーション開発のネックとなっていました。データベースはデータを蓄積していくため、どこかで間違った処理をしていると、データが破損したりすることもあります。正確なデータベースアクセスを行なうように注意して作らないといけないのです。

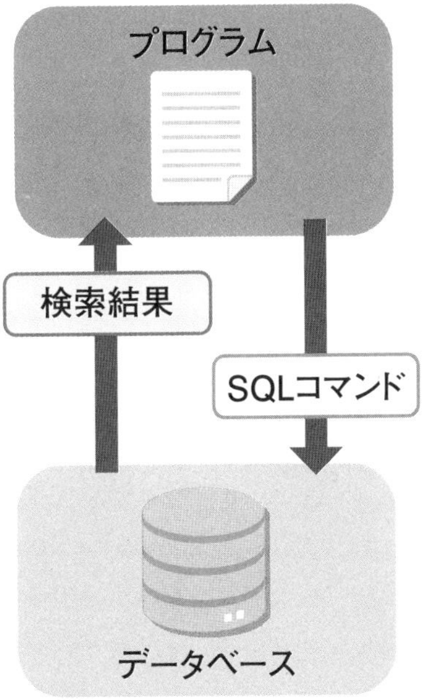

図3-1 SQLデータベースでは、SQL言語で書かれたコマンド(命令)をデータベースに送ると、検索結果のデータが返される。

モデル(Model)について

こうした「データベース利用の面倒さ」を取り除くために、MVCアーキテクチャーの中で考案されたのが「モデル(Model)」という考え方です。

モデルは、データベースにアクセスするための処理を抽象化したものです。直接、「○○というデータベースの××にアクセスして△△の条件に合致したものを検索する」というように具体的なアクセス方法を書いていくのではなく、「△△を検索」とすれば、あらかじめ用意された情報によって○○データベースの××から検索する作業を自動的に行なってくれるのです。そこには、SQLの命令などは登場しません。Rubyのメソッドなどを呼び出すだけで行なえるのです。

また、モデルはデータベースに保管されるデータの内容も定義します。検索されたデータは、モデルのインスタンスの形になっており、その中に用意されているインスタンス変数にアクセスすれば必要なデータが取り出せます。データベースのことをあまり考えず、Rubyのオブジェクトを操作する感覚でデータを扱えるようになっているのです。

もちろん、実際にはモデルでもSQLコマンドを使ってデータベースにアクセスをしていますが、その部分はフレームワークの内部で行なわれ、私たちが目にすることはありません。私たちが作成するのは、ただモデルのクラスを定義し、そこから必要なメソッドを呼び出すという処理だけです。純粋に、Rubyの処理だけを考え、SQLのことは考えなくていいのです。

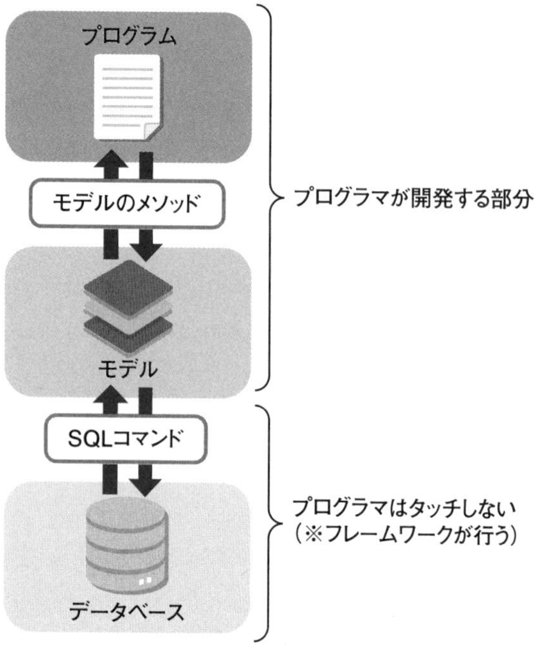

図3-2 プログラマは、モデルを用意し、そこにあるメソッドを呼び出す処理だけを作成すればいい。モデルからデータベースにアクセスする処理はフレームワークの中で行なわれ、私たちには見えない。

SQLiteについて

「SQLのことは考えなくていい」とはいっても、当たり前ですがSQLデータベースがないとデータベースは使えません。では、どんなデータベースを用意すればいいのでしょう。

ここでは、「SQLite」というものを使います。これは、RailsでSQLデータベースを使うなら最適なデータベースプログラムです。なぜなら、Railsをインストールしてある皆さんのパソコンには、もう入っているからです。Windowsの場合、Ruby Installerでインストールする際にSQLiteも組み込まれています。またmacOSの場合はそもそも最初から搭載済みです。

SQLiteは、「Lite」とついていることから想像がつくように、とても小型軽量のデータベースプログラムです。SQLデータベースには、そのプログラムの構造から見て大きく2つの種類に分けられます。

● サーバー型

これが、一般に広く使われているデータベースプログラムです。これはデータベース専用のサーバーで、Webからデータベース・サーバーにアクセスしてデータを取得したりするのです。つまり、データベースを利用するには、Webサーバーとは別にSQLデータベースサーバーを起動して、2つの間でアクセスしあうんですね。

● ライブラリ型

これは単体のプログラムとして動くのではなく、機能だけを提供するライブラリとして用意されるデータベースです。Rubyなど各種のプログラミング言語の中から呼び出してデータベースファイルにアクセスをします。

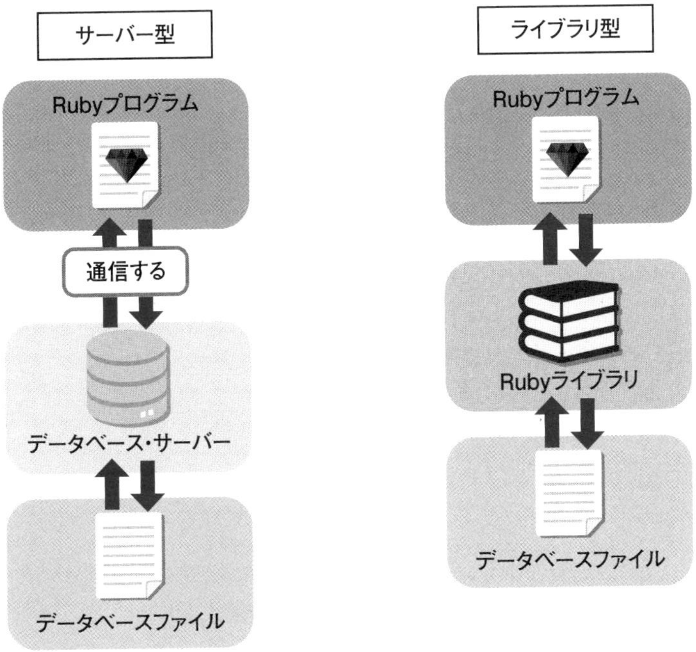

図3-3 サーバー型とライブラリ型の違い。サーバー型は、データベースサーバーにアクセスしてデータベースを利用する。ライブラリ型はプログラムからライブラリを呼び出し直接データベースファイルにアクセスする。

SQLiteの用意

SQLiteは、「ライブラリ型」のデータベースプログラムです。SQLiteというプログラムを実行して操作するのでなく、Rubyのプログラムの中から直接SQLiteのデータベースファイルにアクセスして利用します。

SQLiteのプログラム自体は、macOSならば最初から入っていますからインストールの必要はありません。Windowsの場合は、以下のサイトからファイルをダウンロードしましょう。

https://sqlite.org/download.html

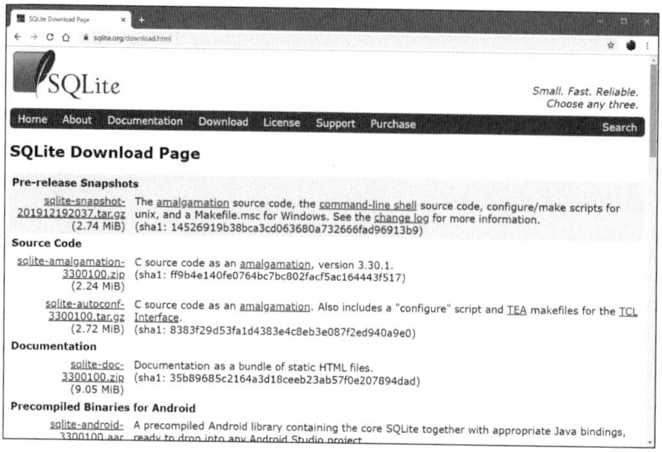

図3-4 SQLiteのダウンロードページ。

ここから「Precompiled Binaries for Windows」というところにあるZipファイルのリンクをクリックしてダウンロードします。「sqlite-dll-win64-x64-xxx.zip」と「sqlite-tools-win32-x86-xxx.zip」(xxxは任意のバージョン)という2つのファイルをダウンロードして下さい。

これらを展開すると、保存されたフォルダ内に以下のファイルが見つかります。

```
sqlite3.dll
sqlite3.exe
```

この2つのファイルを、環境変数Pathに記述されている場所に配置します。よくわからなければ、「Windows」フォルダ内にある「system32」フォルダの中に入れておくとよいでしょう。

なお、Railsで必要となるのは「sqlite3.dll」のファイルのみです。sqlite3.exeは、コマンドプロンプトから実行するsqliteコマンドのプログラムです。Railsの開発では、sqliteコマンドは特に使いません。「使えたほうが、直接データベースを操作できて何かと便利」ということなんですね。「sqliteコマンドは利用しない」という人は、これは必要ありません。

sqlite3パッケージのインストール

SQLite本体プログラムではなく、RubyからSQLiteを利用するためのパッケージも必要になります。これは、コマンドプロンプトまたはターミナルから以下を実行してインストールできます。

```
gem install sqlite3
```

既にsqlite3パッケージがインストールされている場合は、改めてコマンドを実行する必要はないでしょう。

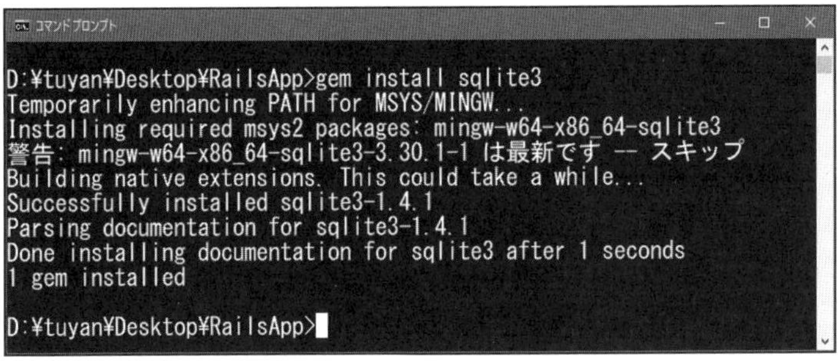

図3-5 gem install sqlite3でSQLite3パッケージをインストールできる。

データベースの設定

Railsでは、もちろんSQLiteしか使えないわけではありません。その他のデータベースも使うことができます。そして重要なのは、「どんなデータベースを使っても、書くコードは変わらない」という点です。アプリケーションで作成するプログラムは、データベースがどんなものでも同じなのです。つまり、特定のデータベースに向けた処理などは書かないように設計されているのです。

けれど、データベースはすべて同じではありません。SQLデータベースであっても、種類が違えば利用の仕方は違ってきます。アクセスするためのライブラリ、アクセスするデータベースの名前、ユーザー名やパスワードなど、データベースを利用するためにはそのデータベースを利用するための固有の情報がたくさんあり、それらを使ってデータベースにアクセスをしなければいけません。それなのに、どうしてRailsでは、「どんなデータベースであっても書く処理は同じ」なのでしょう？

それは、それぞれのデータベース固有の情報は、すべてプログラム本体とは別の設定ファイルに切り離されているからです。Railsでは、設定ファイルに記述した内容を元に、データベースにアクセスをします。この部分を書き換えることで、アクセスするデータベースの種類やアクセス先などを変更できるようになっているのです。

この設定ファイルさえきちんと書いてあれば、それ以外のプログラム本体はどんなデータベースでもみんな同じように書けるのです。

database.ymlについて

このデータベースの設定ファイルは、「config」フォルダの中にある「database.yml」として用意されています。

この「.yml」という拡張子のファイルは、YAML（ヤムル）というフォーマットで書かれたテキストファイルです。YAMLというのは、構造的なデータをテキストで表すためのフォーマットで、スペースを使ってインデント(テキストの開始位置を右にずらすこと)をつけることでデータを構造的に記述できます。

では、このファイルがどうなっているのか、中身を覗いてみましょう。

リスト3-1

```
# SQLite. Versions 3.8.0 and up are supported.
#   gem install sqlite3
#
#   Ensure the SQLite 3 gem is defined in your Gemfile
#   gem 'sqlite3'
#
default: &default
  adapter: sqlite3
  pool: <%= ENV.fetch("RAILS_MAX_THREADS") { 5 } %>
  timeout: 5000

development:
  <<: *default
  database: db/development.sqlite3

# Warning: The database defined as "test" will be erased and
# re-generated from your development database when you run "rake".
# Do not set this db to the same as development or production.
test:
  <<: *default
  database: db/test.sqlite3

production:
  <<: *default
  database: db/production.sqlite3
```

なんだかいっぱい書かれていますが、#で始まる行はコメント文なのでカットしてOKです。残りの部分を整理すると、こんな具合に書かれていることがわかるでしょう。

```
default: &default
  ……設定内容……

development:
  ……設定内容……
```

```
test:
  ……設定内容……

production:
  ……設定内容……
```

● **各項目の役割**

default	すべてに共通する設定です。
development	開発時の設定です。
test	テスト用の設定です。
production	正式リリース時の設定です。

いくつもの項目が用意されているのは、Railsアプリケーションを実行するのにさまざまな形があるからです。正式リリースしたときの設定は、「production:」にありますが、開発中の設定は「development:」にあります。Webアプリケーションの開発では、開発時はダミーのデータベースを用意してそれを使い、正式リリース時にはデータを登録してある正式なデータベースを使う、といったこともあります。こうした場合も、この設定でそれぞれの内容を用意しておけば問題なく対応できるのです。

いずれの場合も、基本的なデータベースの設定は「default:」というところに用意されていて、正式リリース時と開発時、テスト時などで変化する部分だけがそれぞれの項目に用意されていることがわかります。

用意されている項目

この設定ファイルには、データベースアクセスに関する設定がいろいろと用意されています。これらは、SQLiteを利用する上で必要最小限の項目です。後々、設定を変更したりするときに役立つよう、これらの働きを簡単にまとめておきましょう。

● **adapter:**

データベースアクセスに使われる「アダプター」というプログラムを指定するものです。これは、それぞれのデータベースごとに用意されています。ここでは「sqlite3」としていますが、これはSQLite3のアダプターになります。他のデータベースを使いたいときは、このアダプターの名前を、使いたいデータベース用のものに変更します。

Chapter 1
Chapter 2
Chapter 3
Chapter 4
Chapter 5
Addendum

● pool:

データベースにアクセスするためのもので、「5」とすると、最大で5ユーザーが同時にデータベースにアクセスできます。

● timeout:

データベースの結果を受け取るまでの最大待ち時間を指定します。サーバー型のデータベースの場合、サーバーに問い合わせてから結果を受け取らないといけません。その結果を受け取るまで、どれぐらい待たされても大丈夫か？ を指定するものです。デフォルトでは「5000」になっており、これは「5000ミリ秒まで待つ」ということです。あまり長くすると、アクセスが遅くなってしまいますが、あまり短すぎるとデータの取得に失敗することが多くなります。

● <<: *default

これは、「default」に用意した設定をそのまま読み込んで利用することを示しています。これは、修正してはいけません。そのままにしておいてください。

● database:

データベースファイルの保存場所とファイル名を指定するものです。ここでは、たとえば「db/development.sqlite3」といった具合に値を記述していますが、これはアプリケーション内にある「db」フォルダの中に「development.sqlite3」というファイル名で保存することを示します。保存する場所やファイル名を変更したいときはここを書き換えます。

この他、SQLite以外のデータベースを使う際に、以下のような設定項目を用意することもあります。

host	サーバー型のデータベースを使う場合、ここでアクセスするデータベースサーバーのアドレスを指定します。
username	サーバー型の場合、アクセスするアカウント名を用意します。
password	サーバー型の場合に、アクセスに使うアカウントのパスワードを指定します。
encoding	テキストのエンコーディング名を指定します。

これらの設定をきちんと行なえば、SQLite以外のデータベースも使えるようになりますし、SQLiteでもデータベースの保管場所を変更したりすることも簡単に行なえるようになります。

SQLite以外のデータベースは？

SQLite以外にも、Webアプリケーションでよく利用されるデータベースというのはあります。もっとも広く使われるのは「MySQL」と「PostgreSQL」でしょう。実際に開発を行なっている現場では、これらのデータベースを利用しないといけないこともよくあります。そこで、これらのデータベースを使う際に、database.ymlに用意しておく設定項目をまとめておきましょう。

▼MySQLの場合

adapter	mysql2
database	データベース名
host	ホスト名(localhostなど)
username	アカウント名
password	パスワード
encoding	utf8

▼PostgreSQLの場合

adapter	postgresql
database	データベース名
host	ホスト名(localhostなど)
username	アカウント名
password	パスワード
encoding	utf8

adapterが異なる以外は基本的に用意する項目は同じですね。adapterの名前さえ間違えなければ、それほど大変な作業ではありません。むしろ、たったこれだけ書き換えるだけで、アプリケーションから利用するデータベースを変更できるなんて！

また、これらの設定がわかれば、「開発時はSQLiteを使い、正式リリース時にはMySQLを利用する」というような設定も可能になります。

SQLiteを使ってみよう

さて、これでRailsでモデルを使ってデータベースを利用することはできるようになったのですが、「データベースがどういうもので、どうやって動くのか」がまったくわからないというのでは、ちょっと開発に入るのは不安ですね。もし万が一、何かトラブルがあったとき、自分でデータベースにアクセスして中身をチェックしたりすることができなければいけません。そこで、SQLiteの簡単な使い方を頭に入れておきましょう。

コマンドプロンプトまたはターミナルを起動し、そこから「sqlite3」と実行してください。これでSQLite3（SQLiteのバージョン3)が起動し、入力待ちとなります。デフォルトでは、メインメモリにデータベースを用意して実行します。つまり、ファイルなどには保存せず、メモリ内だけで値を保管します。

これで、SQLite3が起動したのですが、見たところはそれまでとまったく変わらず、テキストを入力する状態のままです。SQLite3は、SQLデータベースの一種です。つまり、SQLのコマンドを実行してデータベースを操作します。ですから、SQLite3を起動すると、SQLコマンドを入力する状態になるのです。Windowsの場合は、「sqlite3.exe」が入っていないとコマンドプロンプトからSQLite3のコマンドは実行できないので注意して下さい。

なお、ここでの説明は、あくまで「SQLite3を使ってみよう」というものであり、Railsの開発とはまったく関係ないものです。Railsでの開発では、SQLiteコマンドを使ってSQLを実行したりする必要はまったくありません。ですから、「別にSQLなんて今覚えなくていい」と思う人は、この説明を飛ばして先に進んで構いませんよ。

図3-6　コマンドプロンプト／ターミナルから「sqlite3」を実行する。

テーブルを作成する

データベースを使うために、最初に行なうこと。それは「テーブルを用意する」ということです。テーブルというのは、データベース内に用意されるデータの保管場所です。テーブルには、そのテーブルにはどういう値が保管できるかをあらかじめ定義しておきます。

データベースと一口にいっても、利用するデータにはどんなものがあるか、それはさまざまです。自分が利用したいデータベースではどういうものを保管できるようにしたいかをテーブルに定義しておき、このテーブルにデータを保管しておくのです。

では、サンプルとして簡単なテーブルを作ってみましょう。

Chapter 1
Chapter 2
Chapter 3
Chapter 4
Chapter 5
Addendum

リスト3-2

```
create table sampledata (id integer, name text, mail text);
```

これで、「sampledata」という名前のテーブルが作成されます。テーブルが用意できているかどうかは、以下のコマンドを実行すればわかります。

```
.table
```

これで、sampledataというテーブル名が表示されます。これが表示されたらテーブルが用意されていることが確認できます。

図3-7 テーブルsampledataを作成する。

create tableコマンド

テーブルの作成は、「create table」というコマンドを使っています。これは、こんな形で書きます。

```
create table テーブル名 ( 項目名 タイプ, 項目名 タイプ, …… );
```

テーブルには、「どういう値を保管するか」をあらかじめ指定しておかないといけません。それぞれの保管する値には、名前とタイプを用意する必要があります。「タイプ」というのは、「どういう種類の値か」を示すもので、数字とかテキストとか、そういった内容を区別するものです。

ここでは、以下の3つの項目を用意しています。

id integer	ID（1つ1つのデータに割り振る番号）の項目です。これは数字の値です。
name text	名前を保管する項目です。テキストの値です。

mail text	メールアドレスを保管する項目です。テキストの値です。

sampledataには、これら3つの値をひとまとめにしたデータを保管することができる、というわけです。

データの保存

作成したテーブルに、データを保存してみましょう。ダミーとして3つほど作ってみます。以下のようにコマンドを実行してみましょう。

リスト3-3

```
insert into sampledata values (1, 'taro', 'taro@yamada');
insert into sampledata values (2, 'hanako', 'hanako@flower');
insert into sampledata values (3, 'sachiko', 'sachico@happy');
```

これで、3つのデータがテーブルに保管されました。値の内容などは、それぞれでいろいろと修正して構いません。

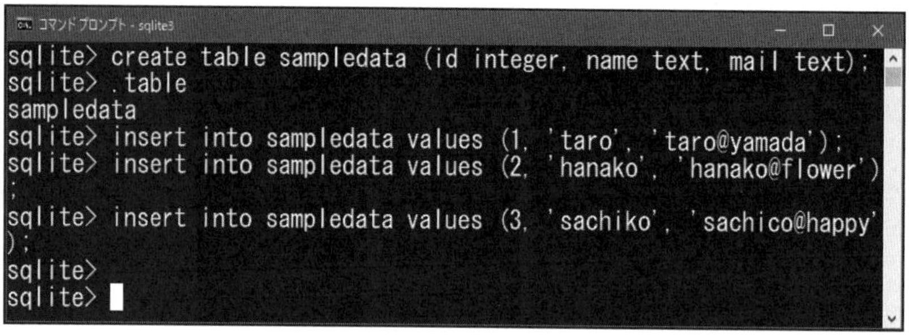
コマンド プロンプト - sqlite3
sqlite> create table sampledata (id integer, name text, mail text);
sqlite> .table
sampledata
sqlite> insert into sampledata values (1, 'taro', 'taro@yamada');
sqlite> insert into sampledata values (2, 'hanako', 'hanako@flower')
;
sqlite> insert into sampledata values (3, 'sachiko', 'sachico@happy'
);
sqlite>
sqlite>

図3-8 insert intoを使い、ダミーデータをいくつかテーブルに保存する。

insert intoコマンド

データの保存は、「insert into」というコマンドを使います。これは、以下のように書きます。

```
insert into テーブル名 values ( 値, 値, …… );
```

保管するテーブルと、各項目の値をvaluesの後の()でまとめて記述するだけです。値は、テキストの場合は、前後にシングルクォート(')をつけて、'taro'というように書きます。数字はそのまま書いて構いません。

全データを表示

では、ちゃんとデータが保存されているのか見てみましょう。テーブルに保管されているデータは、以下のように実行すると見ることができます。

リスト3-4

```
select * from sampledata;
```

これを実行すると、その下にこんな具合にテキストが書き出されます。

```
1|taro|taro@yamada
2|hanako|hanako@flower
3|sachiko|sachico@happy
```

テーブルに保管したデータが一覧で表示されているのがわかりますね。各項目の値は、| 記号で分けてあります。1|taro|taro@yamadaというのは、「1」「taro」「taro@yamada」という3つの値が並べて書いてあるわけですね。

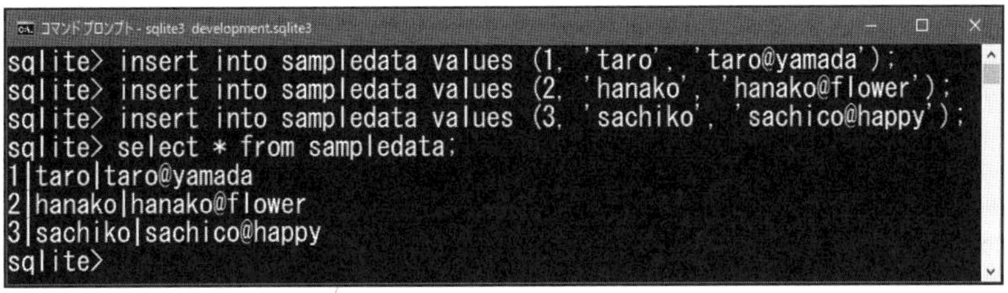
コマンド プロンプト - sqlite3 development.sqlite3
sqlite> insert into sampledata values (1, 'taro', 'taro@yamada');
sqlite> insert into sampledata values (2, 'hanako', 'hanako@flower');
sqlite> insert into sampledata values (3, 'sachiko', 'sachico@happy');
sqlite> select * from sampledata;
1|taro|taro@yamada
2|hanako|hanako@flower
3|sachiko|sachico@happy
sqlite>

図3-9 selectでテーブルに保管したデータを見る。

selectコマンド

テーブルに保管されているデータを取り出すのは「select」コマンドを使います。これは、テーブルにある全データを丸ごと取り出すなら割と簡単です。

```
select * from テーブル名;
```

こんな具合に実行してやります。これで、テーブルのデータがすべて得られます。ただし、データベースを利用する場合、あまりこんな具合に「全部をまとめて取り出す」ということはしないかもしれません。

データの検索

データベースからデータを取り出す場合、一番多いのは「検索」です。特定の条件を指定して、それに合うものだけをピックアップしてくるのですね。

ごく簡単な例として、「idの値が1のデータだけ表示する」ということをやってみましょう。

リスト3-5

```
select * from sampledata where id = 1;
```

このように実行すると、「1|taro|taro@yamada」というようにデータが表示されます。id(最初の項目)の値が1になっていますね？

コマンドプロンプト - sqlite3
1|taro|taro@yamada
2|hanako|hanako@flower
3|sachiko|sachico@happy
sqlite> select * from sampledata where id = 1;
1|taro|taro@yamada
sqlite>

図3-10 idが1のデータを検索する。

検索とwhere

データの検索は、先ほどのselectコマンドに「where」というものを追加して行ないます。こんな具合です。

```
select * from テーブル名 where 条件;
```

whereの後には、検索の条件を指定します。今回の例では、「id = 1」というものが条件として用意されていました。こんな具合に、条件となる式などを用意することで、たくさんのデータの中から特定のものだけをピックアップできます。

データベース使いこなしのポイントは？

ざっとSQLiteの基本的な使い方について説明しました。これだけでは、データベースを使いこなすことはできないでしょうが、少なくとも「SQLデータベースがどんな形で作られ、利用されるのか」という基本的な仕組みはなんとなくわかったのではないでしょうか。

Railsでは、データベースに直接SQLコマンドを送らなくてもデータベースを利用できます。が、それは「だからデータベースのことなんて知らなくていい」ということではありません。データベースがどうやって動いているのか、どう利用するものなのか、そうしたことがわかっていたほうが、よりRailsのデータベース機能を理解できるようになるはずです。

データベースの最大のポイントは、「検索」にあります。データの作成などは、基本的な使い方さえわかれば誰でもできるようになります。が、検索は、そうはいきません。そのときに必要なデータを適格に探し出せるようになるためには、高度なテクニックが必要になるでしょう。そこがデータベースの奥の深いところでもあり、面白いところでもあります。

これからRailsのデータベース機能について本格的に説明をしていきますが、どんなに便利になっても、その背後では「SQLコマンドを送ってデータベースを操作する」という作業が行なわれているのだ、ということを忘れないでください。そして、自分が利用するデータベースがどのようになっているのか、きちんと理解できるようになりましょう。それが、実はRailsのデータベース機能を使いこなせるようになるための、一番の近道なのですから。

Section 3-2 モデルの基本を覚えよう

モデルを作ろう！

さて、SQLiteの説明で少し寄り道をしてしまいましたが、Railsの「モデル」を作成することにしましょう。

モデルの作成は、コントローラーなどと同じくコマンドプロンプト／ターミナルからコマンドを実行して行なえます。これは、以下のように実行します。

```
rails generate model モデル名 ……用意する項目の情報……
```

「rails generate model」というコマンドの後にモデルの名前を書き、その後に、モデルに用意する項目の情報を記述していきます。これは「名前：タイプ」というように、項目名とそこに保管する値の種類をコロン記号(:)でつなげたものになります。複数の項目がある場合は、スペースでつなげていくつでも書いていけます。

Personモデルを作る

では、サンプルとして「Person」というモデルを作ってみましょう。コマンドプロンプトまたはターミナルを開いてください。先ほどまでのSQLiteがまだ実行中の場合は、Ctrlキー＋「C」キーを押してSQLiteの実行を終了し、通常の入力状態に戻りましょう。

コマンドプロンプトまたはターミナルで、まだ「RailsApp」フォルダが開かれていない場合は、cdコマンドで「RailsApp」フォルダ内に移動してから、以下のように実行してください。

```
rails generate model person name:text age:integer mail:text
```

これで、Personモデルとそれに関連するファイル類が生成されます。ここでは、personというモデル名の後に、以下の3つの項目を用意しているのがわかるでしょう。

```
name:text
age:integer
mail:text
```

name, age, mailという3つの項目で、nameとmailはテキスト、ageは整数の値を指定しています。これで、3つの項目を持つモデルが作られました。

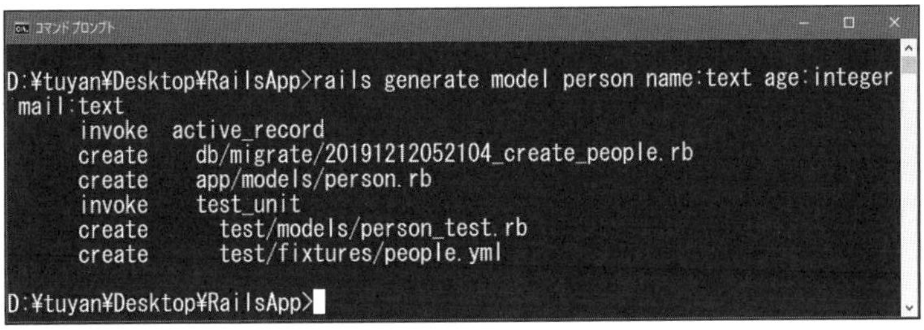

図3-11 rails generateで、personモデルを作成する。

作成されるファイルについて

このrails generate modelコマンドでは、全部で4つのファイルが作成されます。どのようなものか簡単に整理しましょう。

● person.rb

これは「app」フォルダ内の「models」フォルダの中に作られます。これがモデルのソースコードになります。

● xxx_create_people.rb

xxxには生成した日時を表す数字が入ります。これは、「db」フォルダ内の「migrate」フォルダの中に作成されるもので、「マイグレーション」というデータベースの更新に関する処理のためのファイルです。

● person_test.rb

テストのためのソースコードです。「test」フォルダ内の「models」フォルダの中に作成されます。

● people.yml

これもテストに関する情報を記述したファイルです。「test」フォルダ内の「fixtures」フォルダの中に作成されます。

見ればわかるように、モデルのファイルは「person.rb」というもの1つだけです。コントローラーの場合は、「名前Controller」というように名前がつけられましたが、モデルの場合は「モデル名＝クラス名＝ファイル名」です。正確には「クラス名は最初の文字が大文字になる」など多少の違いはありますが、基本的に「全部同じ名前」なのでわかりやすいですね。

その他に作成されているファイル類は、データベースやテストの実行に関するものです。とりあえず、モデルのファイル(person.rb)についてだけ理解しておけばいいでしょう。他のものは、後で必要になったら調べればいいでしょう。

コラム なんで「people」なの？ Column

生成されたファイルを見ると、「person」ではなくて、「people」という単語が使われているものが見られます。これはなぜでしょう？

実は、これらのファイル名は「モデル名の複数形」を指定するようになっているからです。person（人）の複数形は、一般にpeople（人々）になります。それでpeopleという単語が使われているんですね。

Personモデルのソースコード

では、モデルを見てみましょう。モデルは、「app」フォルダ内にある「models」というフォルダの中に用意されます。今回は、「person.rb」というファイルとして作成されています。これを開くと、以下のように記述されています。

リスト3-6

```
class Person < ApplicationRecord
end
```

見ればわかるように、実は具体的な処理などは何もない、クラスの入れ物の部分が用意されているだけです。

ここでは、「Person」という名前でクラスが作成されていることがわかります。このPersonは、「ApplicationRecord」というクラスを継承して作られています。モデルのクラスは、すべてこのApplicationRecordを継承して作られます。

肝心のクラス内に用意するものは、実は何もありません。単に、モデルを作ってデータベースのテーブルを利用するだけなら、モデルクラスには何も用意しなくていいのです。ただクラスを用意するだけで、ちゃんとモデルは使えるようになります。簡単でいいですね！

コラム モデルクラスはActiveRecord Column

モデルクラスの元になっているApplicationRecordというのは、実はRailsに最初から組み込まれているものではありません。「models」フォルダの中を見ると、application_record.rbというファイルが作成されているのがわかるでしょう。ここに、ApplicationRecordクラスが書かれているんです。

このクラスは、ActiveRecord:Baseというクラスを継承して作られています。つまり、モデルの元を辿れば、このActiveRecordという機能のクラスを利用しているのです。

Railsについてインターネットで検索すると、この「ActiveRecord」という名前が頻繁に登場するはずです。これはつまり、「モデルの元になっている機能」のことだったんですね。詳しいことはわからなくてもいいので、この名前だけは覚えておきましょう。

マイグレーションの実行

これでデータベースはもう使えるようになる！……かというと、実はそうではありません。コマンドプロンプトまたはターミナルから「rails server」を実行し、http://localhost:3000にアクセスしてみましょう。すると、エラー画面が現れます。

なぜ、エラーになってしまったのか。それは、「モデルに必要なテーブルがデータベースに用意されていないから」です。モデルは作りましたが、SQLiteのデータベースにはテーブルは用意されていませんから実行してもエラーになるのです。

では、どうすればいいのか？ SQLiteを実行して、モデルで使うのと同じように設計されたテーブルを作らないといないのか？

そんなことはありません。「マイグレーション」という作業を行なえばいいのです。

マイグレーションというのは、わかりやすくいえば「データベースのアップデート作業」のことです。データベースの修正などの情報をあらかじめ用意しておき、それを元にデータベースを最新の状態に更新するのがマイグレーションです。

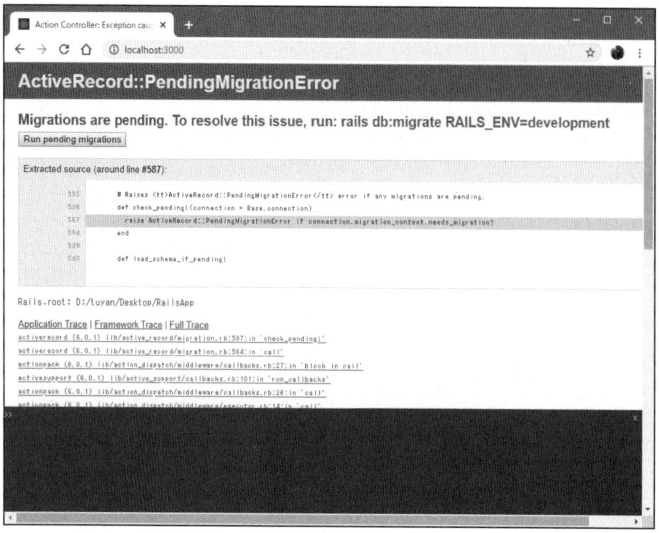

図3-12　rails serverで実行してhttp://localhost:3000にアクセスすると、さっきまで動いていたアプリケーションがエラーになって動かない。

マイグレーションを実行しよう

このマイグレーションの実行は、2つの方法があります。アクセスして表示されているエラー画面をよく見てください。するとエラーメッセージのところに「Run Pending migrations」というボタンが見えるでしょう。これをクリックすると、未実行だったマイグレーションが実行されデータベースに適用されます。

もう1つの方法は、railsコマンドを利用するものです。コマンドプロンプトまたはターミナルでRailsAppフォルダ内に移動した状態で、以下のコマンドを実行しましょう。

```
rails db:migrate
```

これで、マイグレーションが実行され、データベースにモデル用のテーブルなどが作成されます。モデルを作成する際、「rails generate modelでモデルを作ったら、すぐにrails db:migrateしておく」と覚えておくといいですね。そして万が一、忘れたまま実行してしまったときは、エラー画面から「Run Pending migrations」ボタンを押して実行すればOK、というわけですね。

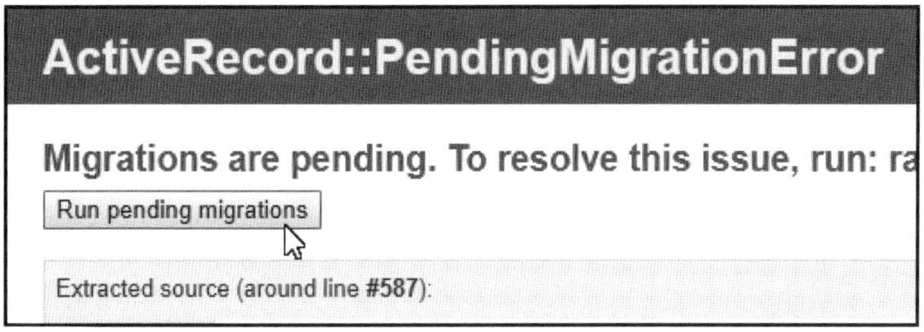
ActiveRecord::PendingMigrationError
Migrations are pending. To resolve this issue, run: ra
Run pending migrations
Extracted source (around line #587):

図3-13 「Run Pending migrations」ボタンをクリックすると、自動的にマイグレーションが実行される。

マイグレーションファイルをチェックする

このマイグレーションは、「db」フォルダにある「migrate」というフォルダの中にあるファイルを元に実行されます。この中には、「xxx_create_people.rb」(xxxは日時を表す数字)という名前のファイルが作成されていますね。これの中身を見てみましょう。

リスト3-7

```
class CreatePeople < ActiveRecord::Migration[6.0]
  def change
    create_table :people do |t|
      t.text :name
      t.integer :age
      t.text :mail

      t.timestamps
    end
  end
end
```

こんなものが作成されているはずです。これは、データベースの変更に関する処理を記述したものなのです。整理すると、以下のように書かれていることがわかるでしょう。

```
class クラス名 < ActiveRecord::Migration[6.0]
  def change
    create_table :テーブル名 do |変数|
      ……テーブルの内容を記述……
    end
  end
end
```

「def change」というのが、このクラスに用意されている唯一のメソッド、「change」メソッドです。この中で実行しているのは、「create_table」というメソッドです。このdo～end部分で、タイプと名前を指定して項目を設定しています。

まぁ、ここでの処理はモデル作成時に自動生成されるものですので、私たちが自分で理解してコードを書くことはありません。ですから、これらの書き方をきっちりと理解する必要はありません。

が、「どんなことをしているのか？」ぐらいは、なんとなくわかるようになっておきましょう。データベースの内容がどうなっているか調べないといけないときは、これを見ればだいたいわかりますから。

シードを作る

これでテーブルの準備などはできました。が、このままだと、まだ何のデータもないので、コントローラーなどを作って動かしても何も表示されません。開発を行なう際には、ダミーのデータをあらかじめ用意しておいたほうが、データベースの動きがよくわかります。そこで、ダミーデータを用意しましょう。

これは「シード」と呼ばれるものを作って行ないます。「db」フォルダの中に、「seeds.rb」というファイルが用意されていますので、これを開きましょう。デフォルトでいろいろ書かれていますが、これは説明のコメント文です。

一番最後の部分を改行して、以下の文を追記してください。

リスト3-8

```
Person.create(name:'Taro', age:38, mail:'taro@yamada')
Person.create(name:'Hanako', age:34, mail:'hanako@flower')
Person.create(name:'sachiko', age:56, mail:'sachiko@happy')
```

これは、3つのダミーデータを作成する処理です。内容については、後でモデルの使い方を説明するところで改めて触れますので、ここでは「これでデータを作成できるのだ」ということだけ頭に入れておいてください。

rails db:seedの実行

では、作成したseeds.rbをシードとして実行しましょう。これもコマンドプロンプトから行ないます。以下のように実行してください。

```
rails db:seed
```

これで、seeds.rbに記述した文が実行され、データベースにデータが追加されます。実行しても何も表示されないので不安かもしれませんが、何もエラーなどが表示されなければ、ちゃんと実行されていると考えましょう。

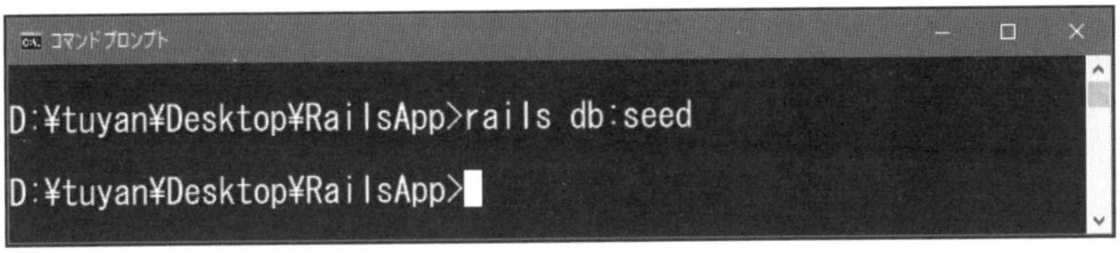

図3-14 rails db:seedを実行する。

コントローラーを作成する

さて、これでようやくデータベースとモデルを利用する準備が整いました。では、Personモデルを利用するコントローラーを作成しましょう。

コマンドプロンプトから、以下のように実行をしてください。

```
rails generate controller people index
```

これで、peopleコントローラー（people_controller.rb）が作成されます。合わせて、indexアクションとテンプレート（index.html.erb）も用意されます。

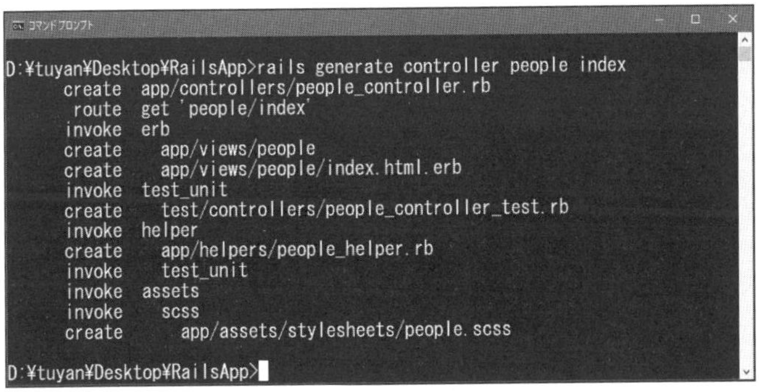

図3-15 rails generate controllerでpeopleコントローラーを作る。

コラム なんで「People」コントローラー? Column

Personモデルを利用するためのコントローラーを作るのに、なんで「Person Controller」じゃなくて、「PeopleController」なんでしょう?
モデルと、モデルを利用するコントローラーを作る場合、Railsでは「モデルは単数形」「コントローラーは複数形」という形で作成する、という命名規則があります。そこで、コントローラーではpersonの複数形としてpeopleを使っていた、というわけです。

indexアクションでデータを表示する

では、PeopleControllerクラスを使って、Personモデルを操作してみましょう。まずは、ダミーとして保管してあるデータを取り出し、表示してみます。

「controllers」フォルダから「people_controller.rb」を開き、中のソースコードを以下のように書き換えましょう。

リスト3-9

```
class PeopleController < ApplicationController

  def index
    @msg = 'Person data.'
    @data = Person.all
  end

end
```

デフォルトでは、indexアクションメソッドが用意されているはずですね。ここに、@data = Person.all という文を追加するだけです。@msgは、簡単なメッセージです。

allメソッドで全部取り出す!

ここでは、Personクラスにある「all」というメソッドを利用しています。このallは、そのモデルのデータをすべて取り出すものです。モデルクラスのデータを取り出す場合は、以下のようにモデルから直接allを呼び出します。

```
変数 = 《モデルクラス》.all
```

これで、データをすべてひとまとめにした配列のようなものが得られます。後はテンプレート側で、この@dataから順にデータを取り出して表示するようなタグを用意すればいい、というわけです。

allで得られるのは、なに？ Column

ここでは「配列のようなもの」といいましたが、正確にはActiveRecord::Relationというオブジェクトが得られます。これはEnumerableといって、配列のように値を順番に取り出し処理できるようになっています。

まぁ、ActiveRecord::Relationという正確なクラス名を覚えないと困る、ということはそれほどないので、当面は「配列のようなもの」が得られる、と考えておいていいでしょう。

テンプレートを作成する

では、テンプレートを用意しましょう。「views」フォルダ内には「people」というフォルダが作成され、その中に「index.html.erb」というファイルが作成されています。これが、PeopleControllerクラスに用意されたindexアクション用のテンプレートですね。

では、このファイルを開いてソースコードを修正しましょう。

リスト3-10

```
<h1 class="display-4 text-primary">People#index</h1>
<p><%= @msg %></p>
<table class="table">
  <tr>
    <th>Id</th><th>Name</th><th>Age</th><th>Mail</th>
  </tr>
  <% @data.each do |obj| %>
  <tr>
    <td><%= obj.id %></td>
    <td><%= obj.name %></td>
    <td><%= obj.age %></td>
    <td><%= obj.mail %></td>
  </tr>
  <% end %>
</table>
```

@dataをテーブル表示する

ここでのポイントは、アクションメソッドで、Person.allにより得られたデータをどうやってテーブルにまとめて表示するか？でしょう。@dataに保管されているデータは、配列やハッシュと同じように、繰り返し処理を使って順にデータを取り出していくことができます。それを行なっているのが、以下の文です。

```
<% @data.each do |obj| %>
  ……objを処理する……
<% end %>
```

テンプレートの中に書いてあるので、それぞれ<% %>がついていてわかりにくいですが、これは要するに以下の様なことを実行しているということですね。

```
@data.each do |obj|
  ……objを処理する……
end
```

これで、@dataから順にデータを取り出して変数objに入れ、その後のendまでの部分を実行する、という作業を繰り返していきます。

取り出されるのはPersonオブジェクト！

ここで、@dataから取り出して変数objに代入されるデータというのは、どういうものなのか？ 実は、「Person」クラスのインスタンスなのです。モデルを利用してデータベースから取り出されるデータは、すべて「モデルのインスタンス」になっているんですね。

モデルは、テーブルに用意されている項目が保管されていて、すべて取り出せます。テンプレートで、繰り返し部分で行っていることを見てみると、

```
<td><%= obj.id %></td>
<td><%= obj.name %></td>
<td><%= obj.age %></td>
<td><%= obj.mail %></td>
```

こんな具合に、objの中にあるnameやageといった値を表示していることがわかります。こうやって、取り出したデータの値を順に表示していたのですね。

コラム 「Id」って、なに？ Column

objの中から取り出している値を見ると、見覚えのないものがあります。name、age、mailは確かにモデルを作る際に用意しました。けれど、Idって？ こんなもの、いつ作ったんでしょう？

実は、これはモデルを作成する際、Railsによって自動的に追加された項目なのです。Railsでは、モデルを作成する際、最低限必要となる項目として以下のものが自動追加されます。

id	それぞれのデータに自動的に割り振られる番号です。すべてのデータで異なる番号が割り当てられます。
created_at	データの作成の日時を表す値です。
updated_at	データの最終更新の日時を表す値です。

/people/indexにアクセスしよう

テンプレートの作成ができたら、「rails server」を実行してアプリケーションを起動し、アクセスしてみましょう。今回はpeopleというコントローラーとして用意したので、以下のアドレスになります。

```
http://localhost:3000/people/index
```

アクセスすると、ダミーとして用意しておいたデータがテーブルにまとめられて表示されます。ちゃんとデータベースからデータを受け取って表示できていることがわかりますね！

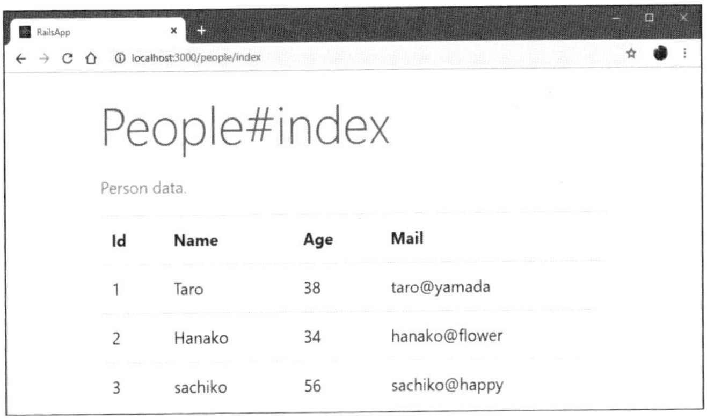

図3-16 アクセスすると、保存されているデータがテーブルにまとめて表示される。

ルーティングの設定

今、/people/indexにアクセスしてデータの一覧を表示しましたが、考えてみるとルーティングの設定はしていませんでしたね？ routes.rbがどうなっているか見てみましょう。以下のような文が追加されているはずです。

```
get 'people/index'
```

これは、rails generate controllerでindexアクションを指定したときに自動的に追加されていたのですね。このため、/people/indexにアクセスするとちゃんとWebページが表示されていたのです。

これでもいいのですが、indexをつけなくても表示されるようにしたほうがより使いやすくなりますね。そこで、以下の文を更に追記しておきましょう。

リスト3-11

```
get 'people', to: 'people#index'
```

これで、/peopleにアクセスすると、indexアクションが実行され、データの一覧が表示されるようになります。

データベース利用は「モデル」の使い方次第

以上で、「データベースにアクセスしてレコードをモデルのインスタンスとして取り出し表示する」という一連の処理が作成できました。データベース利用のポイントを整理すると、以下の2つにまとめられるでしょう。

- **コントローラー側では、いかにしてモデルのメソッドを使ってデータベースからレコードを取り出すか、がポイント。**
- **ビュー側では、いかにして取得したモデルから必要な値を取り出して利用するか、がポイント。**

つまり、コントローラーもビューも「モデルの使い方」が最大のポイントとなっているわけですね。「モデルを制する者は、データベースを制す」というわけです。

Section 3-3 CRUDをマスターしよう

IDでデータを検索

モデルを作って、コントローラーからアクセスする基本がわかったところで、データベースの基本的なアクセスを作っていくことにしましょう。

まずは、「IDを指定してデータを取り出す」ということからです。データベースは、検索が命です。いかにうまく検索を行なうかがデータベースを使いこなす最大のポイントといえます。検索のもっとも基本となるものとして、指定したIDのデータを取り出す、ということをやってみましょう。

showアクションメソッドの追加

IDを指定して検索する処理は、showというアクションとして用意することにします。showアクションメソッドをコントローラーに追加し、show.html.erbというテンプレートを新たに作成すればいいでしょう。

では、showアクションメソッドから作りましょう。PeopleControllerクラス(people_controller.rb)に、以下のメソッドを追加してください(indexメソッドのendの下を改行して追加するとよいでしょう)。

リスト3-12
```
def show
  @msg = "Indexed data."
  @data = Person.find(params[:id])
end
```

findメソッドについて

ここでは、モデルクラスの「find」というメソッドを使っています。これは決まったIDのデータを取り出すためのもので、以下のように呼び出します。

```
変数 = 《モデル》.find( ID番号 )
```

引数にID番号を入れて呼び出すと、その番号のデータが取り出せます。検索できるのは、IDのみです。findでは、それ以外の項目で検索は行なえません(findとは別に、もっと複雑な検索のためのメソッドが用意されています)。

ここでは、params[:id]が引数に指定されていますね。これは、「idというパラメータの値」です。このiパラメータを受け取って、その番号を引数にして検索をしているのですね。idパラメータについては、後でルーティングのところで説明します。

返されるデータは、モデルクラスのインスタンスとなっています。今回の例なら、Personクラスのインスタンスが返されます。また、指定したIDのデータが見つからないとエラーになるので注意しましょう。

Chapter 1
Chapter 2
Chapter 3
Chapter 4
Chapter 5
Addendum

show.html.erbテンプレートを作る

では、テンプレートを作りましょう。「views」フォルダの中の「people」フォルダ内に、「show.html.erb」という名前でファイルを作成してください。そして以下のように記述しましょう。

リスト3-13

```
<h1 class="display-4 text-primary">People#show</h1>
<p><%= @msg %></p>
<table class="table">
  <tr><th>Id</th>
    <td><%= @data.id %></td></tr>
  <tr><th>Name</th>
    <td><%= @data.name %></td></tr>
  <tr><th>Age</th>
    <td><%= @data.age %></td></tr>
  <tr><th>Mail</th>
    <td><%= @data.mail %></td></tr>
  </tr>
</table>
```

これで、コントローラー側で用意した@dataの内容を表示するテンプレートが用意できました。これで、showアクションは完成です。

routes.rbの追記

といっても、まだアクセスはできませんよ。そう、ルーティングの設定が終わっていません。routes.rbを開き、以下の文を追記しましょう。これは、people関係の一番下に記述してください。

リスト3-14

```
get 'people/:id', to: 'people#show'
```

ここでは、アドレスとして「people/:id」という値が指定されていますね。最後の「:id」は、idという値がここに指定されることを示します。わかりやすくいうと、「people/○○」とアクセスすると、この○○の部分がidという値としてパラメータに渡される、ということなのです。

前にshowアクションのところで、findに「id」というパラメータの値を設定していましたね？ これが、このアドレスに書かれている値だったのです。

id = 1の値を表示しよう

では、実際にアクセスをしてみましょう。例として、以下のようにアドレスを指定してアクセスをしてみてください。

```
http://localhost:3000/people/1
```

こうすると、id = 1のデータが画面に表示します。アドレスを見ると、「/people/1」と記述してありますね？ この「1」がidというパラメータで渡され、find(params[:id]) のところで、find(1) を実行して id = 1 のデータが取り出され表示されていた、というわけです。

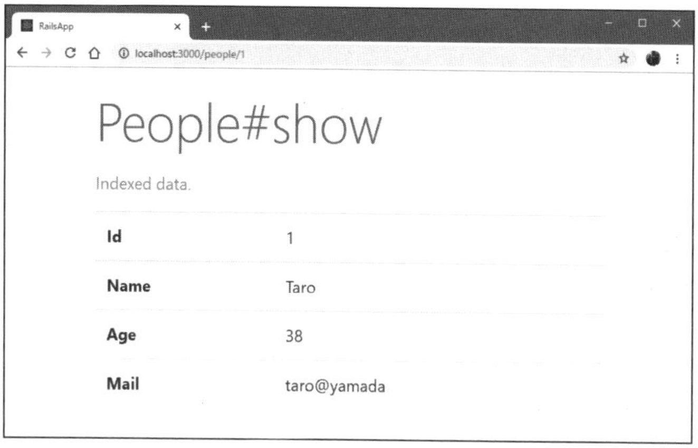

図3-17 id = 1のデータが表示される。

Chapter 1
Chapter 2
Chapter 3
Chapter 4
Chapter 5
Addendum

index.html.erbを修正しよう

これでshowアクションを使ってデータを表示できるようになりました。といっても、いちいちアドレスにID番号を打ち込んでアクセスしたのでは面倒でたまりません。そこで、indexアクションのテーブルに、showへのリンクを用意してみましょう。

index.html.erbを以下のように書き換えてみてください。

リスト3-15

```
<h1 class="display-4 text-primary">People#index</h1>
<p><%= @msg %></p>
<table class="table">
  <tr>
  <th>Id</th><th>Name</th>
  </tr>
  <% @data.each do |obj| %>
  <tr>
  <td><%= obj.id %></td>
  <td><a href="/people/<%= obj.id %>">
    <%= obj.name %></a></td>
  </tr>
  <% end %>
</table>
```

/peopleにアクセスすると、IDと名前だけがテーブルに表示されます。ここから名前をクリックすると、そのIDのデータが表示されます。どうです、だいぶ使いやすくなったでしょう？

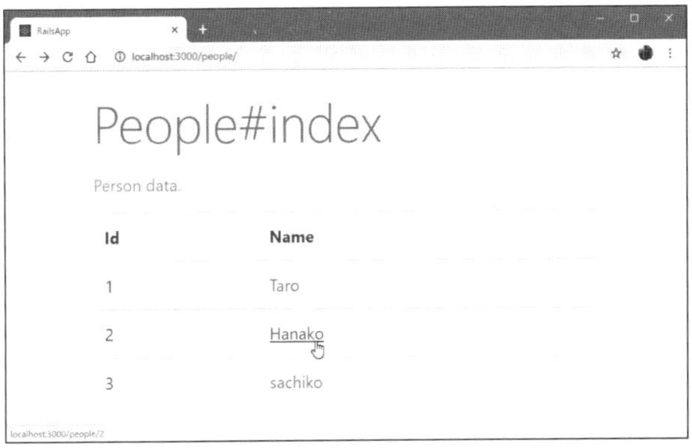

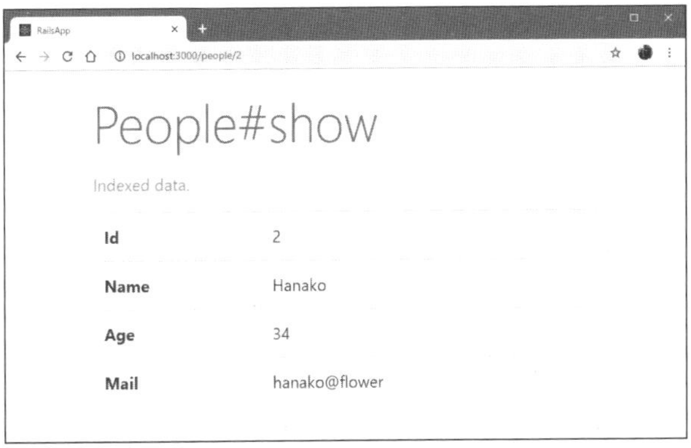

図3-18 /peopleのリストから名前をクリックすると、そのデータが表示されるようになる。

データの新規作成

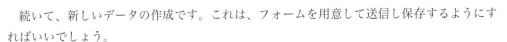

続いて、新しいデータの作成です。これは、フォームを用意して送信し保存するようにすればいいでしょう。

今回は、「add」と「create」というアクションを用意して、データの新規作成を実装します。addでフォームを表示し、そこから送信するとcreateで保存を行なう、という流れで考えてみます。まぁ、addの中でgetとpostの両方の処理を実装してもいいのですが、今回はわかりやすく別々に分けておくことにします。

add.html.erbの作成

では、テンプレートを作成しましょう。「views」内の「people」フォルダ内に「add.html.erb」という名前でファイルを作成してください。そして以下のようにソースコードを記述しましょう。

リスト3-16

```
<h1 class="display-4 text-primary">People#add</h1>
<p><%= @msg %></p>
<%=form_tag(controller:'people', action:'add') %>
  <div class="form-group">
    <label for="name">Name</label>
    <%= text_field_tag("name","",{class:"form-control"}) %>
  </div>
  <div class="form-group">
    <label for="age">Age</label>
    <%= text_field_tag("age","",{class:"form-control"}) %>
  </div>
  <div class="form-group">
    <label for="mail">Mail</label>
    <%= text_field_tag("mail","",{class:"form-control"}) %>
  </div>
  <input type="submit">
<% end %>
```

ここでは、form_tag(controller:'people', action:'add')とフォームヘルパーを使って<form>タグを作成し、送信したらそのまま/people/addにPOST送信されるようにしています。

またname, age, mailの3つの入力フィールドをフォームに用意しておきます。Personモデルには、他にidやtimestampsといった項目の値も用意されていましたが、これらの値は用意する必要はありません。Rails側で自動的に値を用意するので、フォームから値を送信する必要はないのです。

コントローラーの作成

では、コントローラーを作成しましょう。PeopleControllerクラス(people_controller.rb)に、addとcreateメソッドを新たに追加します。以下のソースコードをPeopleControllerクラスに追加してください。showメソッドの下あたりでいいでしょう。

リスト3-17

```
def add
  @msg = "add new data."
end

def create
  if request.post? then
```

```
    obj = Person.create(
      name: params['name'],
      age:params['age'],
      mail:params['mail']
    )
  end
  redirect_to '/people'
end
```

データの新規作成

データの新規作成は、モデルクラスにある「create」というメソッドを使います。これは、実は既に使っています。「シードを作る」のところで、seeds.rbにダミーデータを作成する処理を記述しましたね？ あそこで使っていたのでした。

このcreateは、以下のように実行をします。

```
《モデルクラス》.create( 項目名: 値, 項目名: 値, …… )
```

createの後の()内に引数として保存するデータの値を用意します。これは、データの項目名とその値をセットで記述していきます。このPersonクラスならば、こんな具合になります。

```
Person.create( name:名前, age:年齢, mail:メールアドレス )
```

名前と年齢、メールアドレスをそれぞれ指定してcreateを実行すれば、新しいデータがSQLiteのテーブルに保管されます。idやtimestampsなど、Railsによって自動追加された項目は、特に値は用意する必要ありません。

リダイレクトについて

モデルの作成後、トップページにリダイレクトして戻ります。これは、redirect_toを使って行ないますが、前に登場したときとはちょっと呼び出し方が違っています。

```
redirect_to アドレス
```

こんな具合に、直接アドレスを指定してリダイレクトしています。action:などを指定するやり方もいいのですが、こんな具合にアドレスを指定してリダイレクトもできます。たとえば他のサイトなどにリダイレクトするようなときは、こっちの書き方が基本になります。

ルーティングを設定して動かす！

最後にルーティング情報を追加します。routes.rbを開き、以下の文を追記しましょう。

リスト3-18
```
get 'people/add'
post 'people/add', to: 'people#create'
```

注意したいのは、先に追加しておいた「get 'people/:id', to: 'people#show'」よりも前に記述しておく、という点です。こちらが前にあると、people/addにアクセスするとpeople/:idが先に認識され、「:id = "add"」判断して処理されてしまいます。

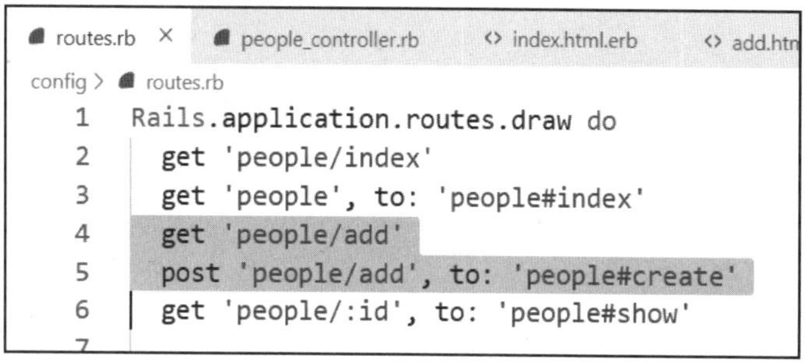
routes.rb
people_controller.rb
index.html.erb
add.htm
config > routes.rb
Rails.application.routes.draw do
get 'people/index'
get 'people', to: 'people#index'
get 'people/add'
post 'people/add', to: 'people#create'
get 'people/:id', to: 'people#show'

図3-19　addのルーティング情報は、people/:idの記述よりも手前に書いておく。

addにアクセスしてみる

一通り記述したら、アクセスして動作を確認しましょう。/people/addにアクセスをしてください。用意したフォームが現れます。ここに必要な情報を記述し、送信すると、データが追加されます。

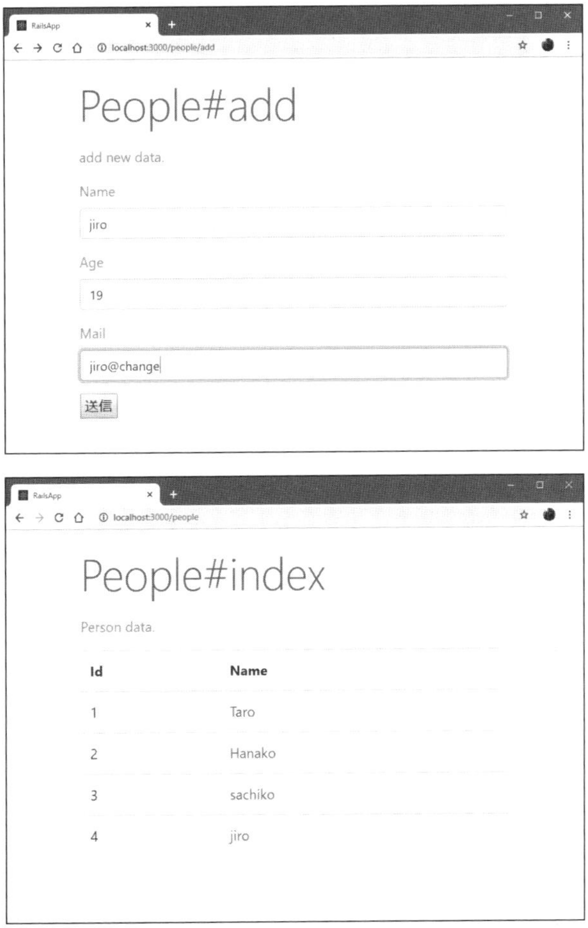

図3-20　フォームに入力して送信するとデータが追加される。

モデルをフォームに適用する

テンプレートにフォームを用意して送信しデータを新規作成する流れはこれでわかりました。けれど、モデルを利用するフォームをフォームヘルパーで作成する場合、もう少し違ったやり方をするのが一般的です。では、そのやり方を説明しましょう。

まずは、テンプレートを修正します。add.html.erbを以下のように書き換えてください。

リスト3-19

```
<h1 class="display-4 text-primary">People#add</h1>
<p><%= @msg %></p>
<%= form_for(@person, url:{controller:'people', action:'create'}) ⏎
  do |form| %>
  <div class="form-group">
```

```
    <label for="name">Name</label>
    <%= form.text_field :name, class:"form-control" %>
  </div>
  <div class="form-group">
    <label for="age">Age</label>
    <%= form.text_field :age, class:"form-control" %>
  </div>
  <div class="form-group">
    <label for="mail">Mail</label>
    <%= form.text_field :mail, class:"form-control" %>
  </div>
  <%= form.submit class:"btn btn-primary" %>
  <% end %>
```


form_forについて

ここではフォームの作成にフォームヘルパーを使っていますが、ちょっと以前やったのとは違うやり方をしているのに気づいたでしょう。

フォームヘルパーを使ったフォームの生成は、ざっと以下のように記述します。

```
form_for(○○) do |変数|
  ……変数.text_field などでコントロールを生成……
end
```

フォームの冒頭は、「form_for」というメソッドを使っています。これは以下のように記述します。

```
form_for( モデル , url:{controller: コントローラー名 , action: アクション名 } )
```

引数の最初にはモデルのインスタンスを指定します。これはアクションメソッド側でインスタンス変数として用意しておくことになるでしょう。このfom_forは、用意したモデルをフォームにバインドする働きをします。モデルに保管されている値がそのままフォームの入力項目にデフォルトの値として設定されたり、送信されたフォーム情報がそのままモデルとして扱えるようになっているのです。

form_forの後には、必要な情報を用意していきます。おそらく必ず用意することになるのは、「url」という値でしょう。これはフォームの送信先を指定するものです。この値はハッシュになっており、controllerとactionという値が用意されています。これで、どのコントローラーのどのアクションにフォームを送るかを指定します。

後は、doの後に用意されている変数に代入されるオブジェクトの中からメソッドを呼び出してフォームのコントロールを生成していきます。今回は、「text_field」と「submit」の2つのメソッドを呼び出しています。これらは、入力フィールドと送信ボタンを生成するためのメソッドです。

フォームヘルパーが生成するもの

このフォームヘルパーを利用したフォームでは、フォーム内にいくつかの情報が追加されます。その情報がサーバー側に送信され、その内容をチェックすることでフォームが正しく処理できるようになっているのです。

Webブラウザから、Webページのソースコードを表示して生成されたフォームの内容をチェックしてみると、以下のように書き出されていることがわかります(Webブラウザによって操作は違いますが、たとえばChromeではページを右クリックし、現れたポップアップメニューから＜ページのソースを表示＞メニューを選ぶとソースコードを開くことができます)。

(※わかりやすいように、フォーム関係以外のタグは省略してあります)

Chapter 1 Chapter 2 Chapter 3 Chapter 4 Chapter 5 Addendum

リスト3-20

```
<form class="new_person" id="new_person" action="/people/add"
    accept-charset="UTF-8" method="post">
  <input type="hidden" name="authenticity_token" value="……略……" />
  <input class="form-control" type="text"
    name="person[name]" id="person_name" />
  <input class="form-control" type="text"
    name="person[age]" id="person_age" />
  <input class="form-control" type="text"
    name="person[mail]" id="person_mail" />
  <input type="submit" name="commit"
    value="Create Person" class="btn btn-primary"
    data-disable-with="Create Person" />
</form>
```

名前が「authenticity_token」という名前の非表示フィールドが用意されているのがわかります。また、<input type="text">のタグを見ると、name="person[name]" というように、"person[○○]" という名前が設定されていることがわかります。

このフォームが送信されると、受け取ったアクションでは、params[:person] というところに、送られたフォームの内容がハッシュとしてまとめられることになります。フォームの内容をハッシュとしてまとめるために、name="person[○○]" といった形で名前が設定されていたのですね。

コントローラーの修正

では、テンプレートが完成したら、コントローラーを修正しましょう。前回、addとcreateメソッドをPeopleControllerクラス(people_controller.rb)に追加しましたが、これらを変更して利用することにしましょう。下のリストのようにメソッドを修正追加してください。

リスト3-21

```
# 以下は、既にあるメソッドを修正する

def add
  @msg = "add new data."
  @person = Person.new
end

def create
  if request.post? then
    Person.create(person_params)
  end
  redirect_to '/people'
end

# 以下は新たに追加するメソッド

private
def person_params
  params.require(:person).permit(:name, :age, :mail)
end
```

修正ができたら、アクセスして動作を確認しましょう。/people/addにアクセスし、フォームに記入してデータが新たに保存されることを確認してください。ちゃんと動作しますね。送信フォームのテキストが「Create Person」と変わりBootstrapのスタイルが適用されていますが、他は表示も動作も先ほどのサンプルと同じように動きます。

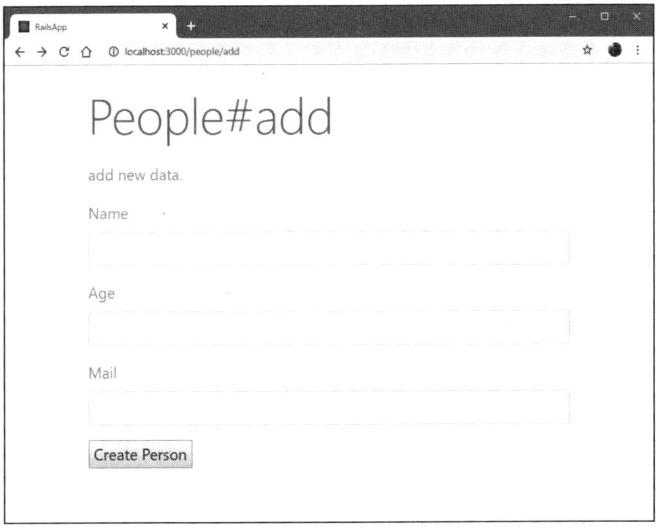

図3-21 修正したフォーム。送信ボタンの表示が少し変わったが、見た目も動作も先ほどの例とほぼ同じだ。

コラム 「private」ってなに？ Column

ここでは、新たに追加したperson_paramsメソッドの前に「private」というものがつけられています。これって、なんでしょう？

これは、「メソッドのアクセスを制約するためのキーワード」です。クラスに用意したメソッドは、インスタンスを作っていつでも呼び出すことができます。が、このprivateの後に書かれたメソッドは、クラスの中からしか呼び出せません。外から勝手に呼び出されては困るような場合に、これをつけておきます。

paramsのパーミッション

ここでは、データを新たに作成し保存する処理に少し変わったことをしています。POST送信されたら、createメソッドで以下のような処理を実行しているのです。

```
Person.create(person_params)
```

createの引数に、person_paramsというものが指定されています。これは何か？というと、その下のほうにあるperson_paramsというメソッドなのです。このメソッドの戻り値が引数に指定されていた、というわけです。

普通にcreateしてはダメ？

しかし、これまではデータの保存はcreateメソッドにparamsから送られてきた値をそのまま使っていました。先ほど、フォームの内容はparams[:person]にまとめられて送られる、と先ほど説明しましたね。なら、こんな感じでもいいはずです。

```
Person.create(params[:person])
```

Person.create(person_params)の部分を、このように書き換えて実行してみましょう。すると、エラーが発生して保存ができないことがわかります。なぜ、普通にcreateにparamsの値を指定してはダメなんでしょう。先ほどフォームヘルパーを使っていなかったときは問題なかったのに。

その理由は、「paramsのパーミッションがないから」です。

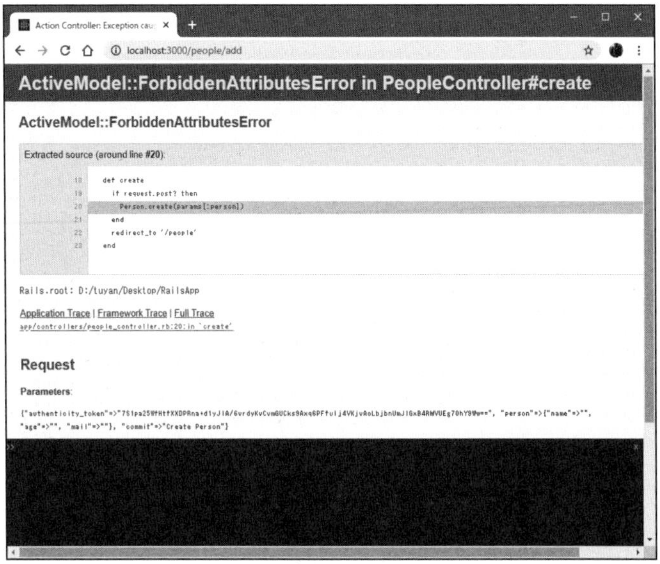

図3-22 送信すると、こんなエラーが発生する。

パーミッションを設定したparamsを利用する

送信されたフォームの値をそのままデータベースに保存する場合、フォームの内容が正しく用意されていなかったら問題を起こしてしまいます。そこで、送られてきたparamsの状態をチェックし、「これなら使ってOK！」というお墨付きを得ていないとモデルの作成や保存ができないようにしているのです。

ここでは、こんな具合に送信されたフォームのデータを保存していました。

```
Person.create(person_params)
```

引数のperson_paramsメソッドでは、どんなことを行なっているのか。メソッドを見ると、以下のような処理が実行されていることがわかります。

```
params.require(:person).permit(:name, :age, :mail)
```

paramsにあるメソッドを使っています。「require」は、paramsの中に指定の値が存在することをチェックしています。require(:person)なら、params[:person]という値があることをチェックしているわけです。

その戻り値では「permit」というメソッドが呼び出されています。これは引数に指定されている項目が用意されていることをチェックするものです。つまり、この文で、「paramsの中に:personという項目があり、その中に:name, :age, :mailという項目が用意されている」ということがチェックされていたわけです。

こうしてチェック済みのparamsをcreateに渡すことで、無事データがデータベースに保存されるようになった、というわけです。

データの更新

続いて、データの更新です。データの更新は、フォームを使ってデータを送信するという点では新規作成と同じですが、「既に保存されているデータを扱う」という点が異なります。

つまり、フォームには既にデータベースに保存されているデータが表示されていて、これを送信すると(新たに追加するのではなく)データベースに保存されているデータを送信された値に書き換えて保存する、という作業を行なうわけです。

ですから、同じ「フォームを用意して送信」といっても、処理の仕方はだいぶ違ってくるのですね。

index.html.erbの修正

まず最初に考えるべきは、「どうやって、既にあるデータを指定して編集するか」というインターフェイスの問題です。ここでは、トップページ(index.html.erb)のデータの一覧表示部分に、編集用のリンクをつけて、これをクリックしたらそのデータを編集するページが現れるようにしましょう。

では、index.html.erbを開き、以下のように書き換えてください。

リスト3-22

```
<h1 class="display-4 text-primary">People#index</h1>
<p><%= @msg %></p>
<table class="table">
  <tr>
  <th>Id</th><th>Name</th><th></th>
  </tr>
  <% @data.each do |obj| %>
  <tr>
  <td><%= obj.id %></td>
  <td><a href="/people/<%= obj.id %>">
    <%= obj.name %></a></td>
  <td><a href="/people/edit/<%= obj.id %>">Edit</a></td>
  </tr>
  <% end %>
</table>
```

Chapter 1
Chapter 2
Chapter 3
Chapter 4
Chapter 5
Addendum

今回、修正したのは、テーブルの一番右側に「Edit」という項目を追加した、という点です。アクセスしてみると、テーブルのそれぞれの項目の右側に「Edit」というリンクが見えます。これをクリックすると、その項目を編集するアドレスに移動します。

リンクに設定されるアドレスは、ID番号を末尾につけたものになっています。たとえば、ID = 1のデータなら、

```
http://localhost:3000/people/edit/1
```

このようにリンクが設定されます(まだeditはできてないので、今、ここにアクセスしてもエラーになりますよ)。データの更新は、editというアクションとして用意します。/people/edit/番号 という形でアクセスしたら、送られた番号を元にデータを検索し、その内容をフォームに設定する形で表示させればいいわけですね。

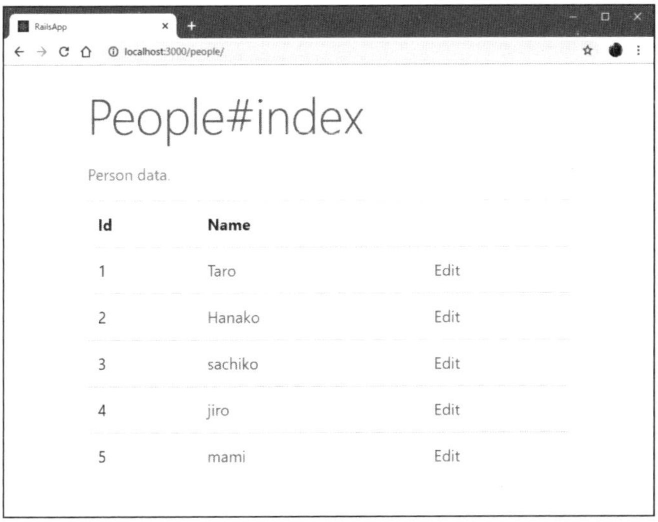

図3-23　修正したindex.html.erb。各データの右側に「Edit」リンクが追加されている。

Chapter 1
Chapter 2
Chapter 3
Chapter 4
Chapter 5
Addendum

edit.html.erbの作成

では、editアクションを作成しましょう。最初にテンプレートを用意します。「views」フォルダ内の「people」フォルダ内に、「edit.html.erb」という名前でファイルを作成しましょう。そして以下のようにソースコードを記述してください。

リスト3-23

```
<h1 class="display-4 text-primary">People#edit</h1>
<p><%= @msg %></p>
<%= form_for(@person, url:{controller:'people',⏎
    action:'update',id:@person.id}) do |form| %>
  <div class="form-group">
    <label for="name">Name</label>
    <%= form.text_field :name, class:"form-control" %>
  </div>
  <div class="form-group">
    <label for="age">Age</label>
    <%= form.text_field :age, class:"form-control" %>
  </div>
  <div class="form-group">
    <label for="mail">Mail</label>
    <%= form.text_field :mail, class:"form-control" %>
  </div>
  <%= form.submit class:"btn btn-primary" %>
```

```
<% end %>
```

form_forの修正

今回も、フォームヘルパーを使ってフォームを作成しています。先にadd.html.erbで作成したものと、実はほとんど違いはありません。唯一違っているのは、form_forの部分です。<%= %>タグで書かれている内容を見ると、以下のようになっていることがわかります。

```
form_for(@person, url:{controller:'people', action:'update',⏎
  id:@person.id}) do |form|
```

url:の値に設定されているハッシュに、「id」という項目が追加されています。値は、@person.idとして、@personオブジェクトのidが設定されていることがわかりますね。それ以外は、基本的にadd.html.erbと同じです。

用意した入力フィールドなどに、取り出したデータの値を設定したりする処理はしなくていいのか？ いいんです、実は。form_forで、@personオブジェクトを設定していますね？これで、@personオブジェクトに保管されている値がそのまま各text_fieldに値として表示されるようになっているのです。

つまり、私たちがそれぞれの入力項目に値を設定する必要はないのです。私たちは、ただ「編集するデータをモデルクラスのインスタンスとして取り出し、インスタンス変数に入れてform_forに渡す」だけです。後はRailsのシステムが、渡されたモデルインスタンスから必要に応じて項目の値を取り出しコントロールに設定してくれます。

Chapter 1
Chapter 2
Chapter 3
Chapter 4
Chapter 5
Addendum

アクションの追加

では、コントローラーにアクションを追加しましょう。PeopleControllerクラス(people_controller.rb)に、以下の2つのメソッドを追加してください。どちらも「private」より上に書くようにして下さい。

リスト3-24

```
def edit
  @msg = "edit data.[id = " + params[:id] + "]"
  @person = Person.find(params[:id])
end

def update
  obj = Person.find(params[:id])
  obj.update(person_params)
```

```
  redirect_to '/people'
end
```

どちらも、これまで作成したアクションメソッドの後に追加しておけばいいでしょう。editが、/editにGETアクセスしたときの処理、updateがPOST送信した際の処理です。

コラム アクションメソッドは「private」より上に書く！ Column

PeopleControllerにeditとupdateのメソッドを記述する際には、メソッドを書く場所に注意してください。前にperson_paramsメソッドを書きましたが、このperson_paramsのすぐ上に、「private」という記述がありますね？ このprivateよりも上にメソッドを追加するようにしてください。これはeditとupdateだけでなく、この後に作成する削除のメソッド(delete)などでも同様です。

Rubyのクラスでは、この「private」より下にあるメソッドは、すべてクラスの内部でのみ利用でき、外部から利用できなくなります。ここに書いてしまうと、アクションとして外部から呼び出せなくなり、「NoMethodError」というエラーになってしまいます。

アクションメソッドは、必ず「private」より上に書く——これは重要ですので忘れないようにしましょう。

editの処理

editメソッドは、/people/editにID番号のパラメータをつけてアクセスした際の処理を行ないます。ここでは、@msgに簡単なメッセージを設定し、それから@personに編集するPersonクラスのインスタンスを設定します。

editにアクセスする際は、/people/edit/番号 というように、ID番号がパラメータとして追加されています。これを取り出して、そのID番号のデータを検索し、テンプレートのフォームに渡すようにしなければいけないのですね。データの検索は、

```
@person = Person.find(params[:id])
```

これでOKです。先に、showアクションでやったのと同じですね。こうして取り出した値は@personに代入されます。この@personが、フォームヘルパーのform_forで使われているわけです。

updateの処理

updateは、フォームを送信された際の処理を行ないます。ここで行なう処理を整理すると、こうなります。

- **1. 送られたIDを元に、データベースから更新するデータをモデルのオブジェクトとして取り出す。**
- **2. オブジェクトの値を更新する。**
- **3. リダイレクトでトップページに戻る。**

データの検索は、Person.findで行なえますね。問題は、データの更新です。送られてきたフォームの値でデータを更新するにはどうするか？ 実は、こんなに簡単です。

```
obj.update(person_params)
```

person_paramsは、前回、createアクションのところで使いましたね。パーミッション済みのparamsを用意するメソッドでした。これでparamsを引数に指定してupdateを呼び出すと、これだけでデータをparamsで送られた内容に更新して保存する、といった作業をすべて行ってくれます。

後は、redirect_toでトップページにリダイレクトするだけです。更新も思った以上に簡単ですね！

ルーティングを追加する

最後に、ルーティングの情報を追記しましょう。routes.rbを開き、以下の文を追記してください。

リスト3-25

```
get 'people/edit/:id', to: 'people#edit'
post 'people/edit/:id', to: 'people#update'
```

これで、変更はできたはずです。編集は、GET時もPOST時も最後にIDの値をパラメータとしてつけて送ります。ですから、いずれも people/edit/:id という形でアドレスを指定しておきます。

記述したら、/people/にアクセスして、「Edit」リンクをクリックしてみましょう。そのデータがフォームに設定された状態で更新ページが現れます。

Chapter 1
Chapter 2
Chapter 3
Chapter 4
Chapter 5
Addendum

図3-24 「Edit」リンクをクリックすると、その更新ページが現れる。

そのまま内容を変更して送信してみてください。すると、意外な結果になります。エラーが発生して止まってしまうのです。これは一体、どういうわけでしょう？

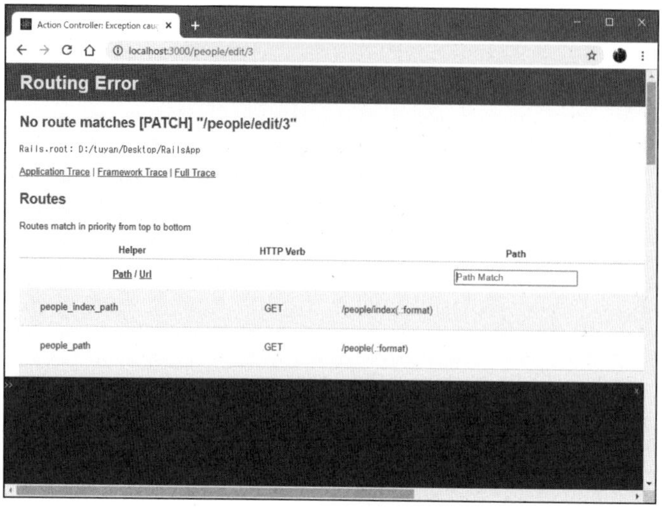

図3-25 フォームを送信すると、こんなエラーになってしまう。

PATCH送信について

エラーメッセージをよく見ると、「No route matches [PATCH] "/people/edit/○○"」と書かれているはずです。これは、「/people/edit/○○というアドレスにPATCH送信するルーティングが見つからない」というエラーなのです。

ルーティングは確かに記述してありました。が、PATCHって？ 用意したのは、GET送信とPOST送信でした。PATCH送信って、何でしょう？

実をいえば、データ更新のためのフォーム送信は、POSTではなく、「PUT」という送信方式を使って送られるようになっているのです。が、PUTは対応していない環境があるため、Railsのシステムで「PATCH」という送信方式を用意し、それを使って送るようになっているのです。

というわけで、データ更新のフォーム送信は、PATCH送信のためのルーティング情報を用意しないとうまく動きません。routes.rbに、以下の文を追記してください。

```
patch 'people/edit/:id', to: 'people#update'
```

先ほど書いたPOST送信のルーティングと内容は同じですね。ただ、「post」が「patch」に変わっているだけです。これで、PATCH送信のルーティングが用意できました。

改めて、データ更新のページからフォームを送信してみましょう。今度はデータが更新され、トップページに戻るようになりますよ。

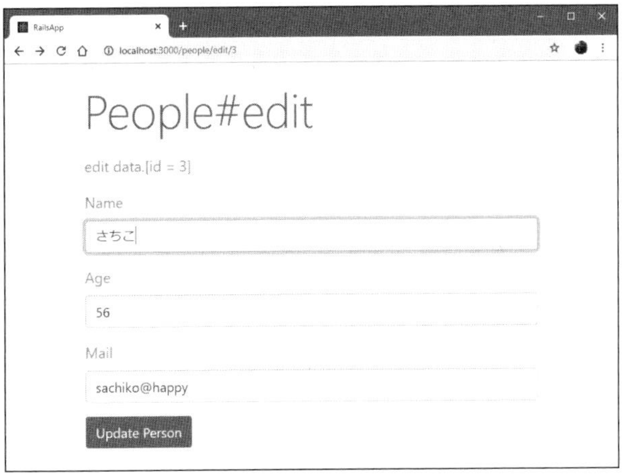

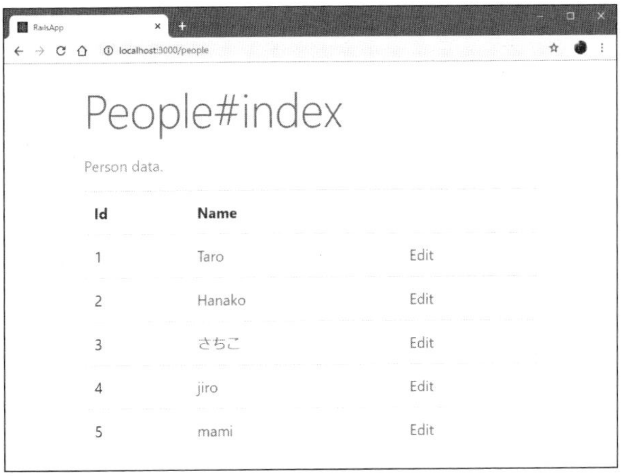

図3-26 更新ページのフォームを書き換えて送信すると、データが変更されるようになった。

データの削除

残るは、データの削除ですね。これは、削除の処理を行なうアクションだけを用意すればいいでしょう。ただし、削除してもいいか確認をしてから実行するほうが安全なので、そのあたりも含めてindex.html.erbを修正し、削除の機能をテーブルに追加することにしましょう。

リスト3-26

```
<h1 class="display-4 text-primary">People#index</h1>
<p><%= @msg %></p>
<table class="table">
```

```
  <tr>
  <th>Id</th><th>Name</th><th></th>
  </tr>
  <% @data.each do |obj| %>
  <tr>
  <td><%= obj.id %></td>
  <td><a href="/people/<%= obj.id %>">
    <%= obj.name %></a></td>
  <td><a href="/people/edit/<%= obj.id %>">
    Edit</a>  
  <a href="javascript:delData(<%= obj.id %>);">
      Delete</a></td>
  </tr>
  <% end %>
</table>
<script>
function delData(num){
  if (confirm('このデータを削除しますか？')){
    document.location = "/people/delete/" + num;
  }
  return false;
}
</script>
```

今回は、JavaScriptを組み合わせて削除の処理を用意しました。テーブルには「Edit」の隣に「Delete」というリンクが追加表示されるようになります。

ここでは、リンクをクリックするとJavaScriptのdelData関数が実行されるようになっています。これは削除の確認アラートを表示し、「はい」を選んだら、/people/delete/番号というアドレスに移動をします。このアドレスが、データの削除を行なうアクションになります。削除するデータは、ID番号をアドレスにパラメータとしてつけて指定します。

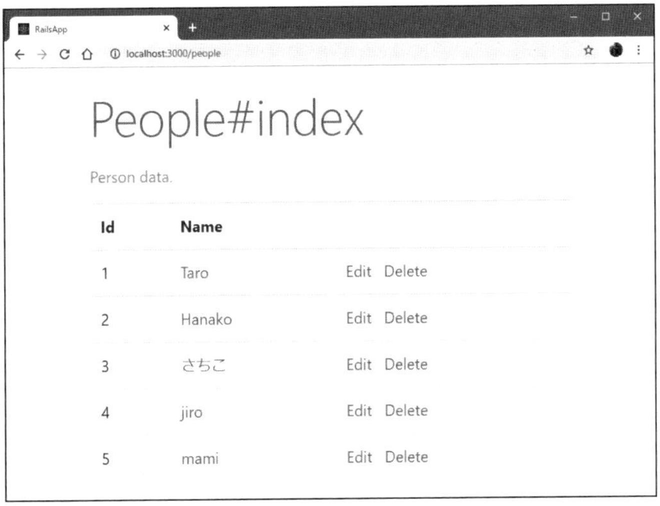

図3-27 「Edit」の隣に「Delete」というリンクを追加した。

deleteアクション

では、deleteアクションを作りましょう。PeopleControllerクラスに、以下のdeleteアクションメソッドを追加しましょう。

リスト3-27

```
def delete
  obj = Person.find(params[:id])
  obj.destroy
  redirect_to '/people'
end
```

ここでは、パラメータで送られたID番号を指定してPerson.findを実行し、データをモデルのインスタンスとして取り出します。そして、その「destroy」メソッドを呼び出しています。これは、そのインスタンスを削除するもので、データベースからそのデータが削除されます。

ルーティングの追記

最後に、ルーティングの情報を追記しましょう。routes.rbに、以下のように追記をしてください。

リスト3-28

```
get 'people/delete/:id', to: 'people#delete'
```

　これで完成です。トップページ(/people)にアクセスし、削除したいデータの「Delete」リンクをクリックしてください。そして現れたアラートで「はい」ボタンを選ぶと、そのデータが削除されます。

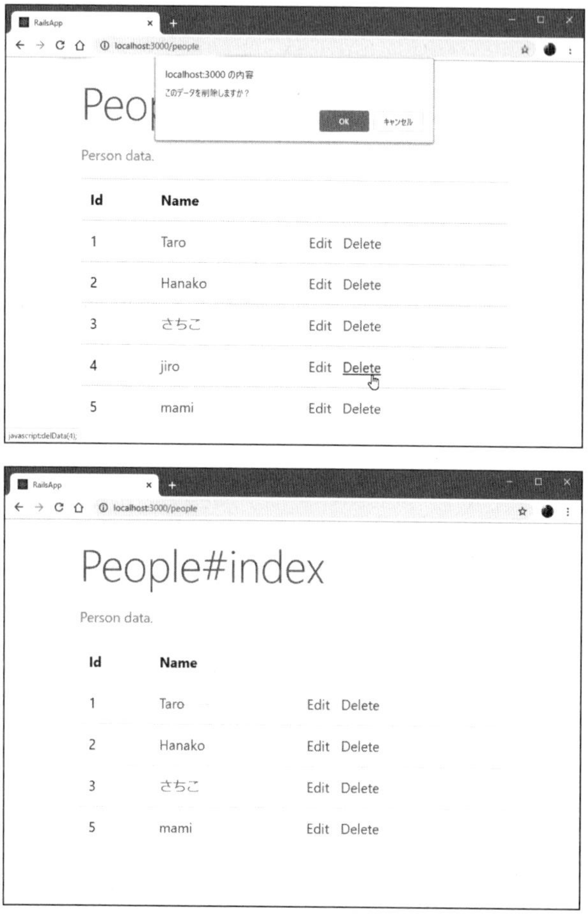

図3-28 「Delete」リンクをクリックし、現れたアラートで「はい」を選ぶと、そのデータが削除される。

CRUDはデータ操作の基本！

これで、データを扱う基本的な操作が一通り用意できました。今回、作成したのは、以下の4種類の操作です。

作成(Create)	データを新しく作り保存します。
表示(Read)	特定のデータを読み込み表示します。
更新(Update)	特定のデータの内容を変更し更新します。
削除(Delete)	特定のデータを削除します。

この作成・表示・更新・削除の4操作は、そのイニシャルから「CRUD」と呼ばれます。これらが一通りできれば、データベースを使った基本的なアプリケーションは作れるようになります。

まずは、このCRUDの作り方についてしっかりと理解しましょう。これらは基本中の基本ですから、ここでしっかり覚えておかないと、この先、本格的にデータベースを利用しようと思ったときに苦労します。時間をかけてもいいので、じっくり自分のものにしてくださいね！

Section 3-4 読書カードを作ろう！

データを蓄積する楽しみ

モデルの基本(CRUD)がざっとわかったところで、簡単なサンプルを作ってみましょう。データベースの醍醐味は、「データを蓄積していくこと」にあります。日々、データを蓄えていく。それがどんどんと溜まっていくと、そこからいろいろなことが見えてくる。それがデータベース活用の面白さです。

まだ、CRUDの基本を覚えただけですから、データベースの蓄積はできるでしょうが、それをうまく活用するところまではなかなか作り込めないでしょう。が、とりあえず基本部分を作ってデータを入力できるようにしておけば、後でもっと学習が進んだところで、そのデータを活用するさまざまな機能を組み込んでいくことができます。まずは、「データの蓄積をスタートする」ことが肝心です。蓄積できる環境さえ整っていれば、その活用法は後でいくらでも考えていけるのですから。

では、ごく基本的な機能だけを使ったサンプルとして、「読書カード」の管理アプリを作ってみることにしましょう。読書カードは、その名の通り、読んだ本のデータをまとめて管理するものです。今回は、既に学習したCRUDの基本を踏まえ、以下のページを用意しましょう。

- **全データの一覧表示ページ(index)**
- **新しいデータの作成ページ(add)**
- **指定データの編集ページ(edit)**
- **指定データの削除ページ(delete)**

このうち、削除については実際には画面に表示されるページは作りません(アクションのみで処理します)。ですから、コントローラーと3つのテンプレートを作成すればいいわけです。

この他、レイアウト用のテンプレート、スタイルシート、スクリプトファイルなどを編集していきます。基本的なファイルの構成は既に一通りやりましたから、それほど悩むことはないでしょう。

図3-29 読書カードのアプリ。データを保存して管理する、ごく基本的なもの。

MVCの作成手順

では、アプリケーションを作っていきましょう。といっても、今回もサンプルで用意したRailsアプリケーションの中に新たなコントローラーを用意して作っていくことにします。

新しいアプリケーションを作成するとき、MVCをどのように作っていけばいいのか？ これは、整理すると以下のようになります。

● 1. テーブルの設計

テーブルの設計を行ないます。データベースを利用するアプリケーションを作るとき、まず最初に考えるべきは、「データベース設計」です。どのようなデータをどういう形で保存していけばいいかを考え、用意しておくべきテーブルの仕様を決めます。ここが一番肝心なところです。

● 2 モデルを設計

モデルを設計します。データベース(テーブル)の仕様が決まれば、それを元にモデルを作成できます。

● 3. コントローラーとビューを生成

モデルを元にコントローラーとビューを生成します。既にやったように、どのようなアクションが必要かわかっていれば、ビューのテンプレートを同時に生成できます。

●4. 処理とテンプレートを作成

各アクションの処理とテンプレートを平行して作成していきます。ここが、アプリ開発の中心的な部分となるでしょう。コントローラー全体を一度に作ろうとせず、1つ1つのアクションごとに必要な処理を整理しながらプログラミングしていくとよいでしょう。

●5. その他残りを作成

残りのもの(スタイルシートやルーティング設定)を作成し、完成です。

このように、MVCすべてを使うアプリケーションを作るときは、まず最初に「データベースの設計」をきっちりと行なうことが大切です。それができればモデルを作成でき、それを元にコントローラーとビューも作れます。逆に、コントローラーを元にモデルを作るのは非常に考えにくいでしょう。

また、データベースの設計をおざなりにしておくと、後で「やっぱりデータベースをこうしておいたほうがいい」と修正が必要になったりします。これは、かなり大変です。単にテーブルの修正を行なうだけでなく、それを利用するコントローラーやビューまですべて手直ししなければいけなくなってしまうでしょう。そうした手間を省くためにも、データベースの設計は念入りに行なう必要があります。

読書カードのテーブル設計

では、今回の読書カードでは、どのようなテーブルを用意する必要があるでしょうか。必要な項目を整理しておきましょう。

- **タイトル**
- **著者名**
- **価格**
- **出版社**
- **メモ書き(コメント)**

ざっと、このぐらいの項目があればよいでしょう。もちろん、「タイトルや著者名にはふりがなをつけたほうが更にいい」とか、「5段階評価などの評価ポイントもあるといい」とか、考えられる項目はまだまだあります。が、あまりに項目が増えてしまうと、入力が面倒になり結局使わなくなってしまったりします。実用的な範囲としては、5項目前後に抑えておいたほうがいいでしょう。

モデルを作成しよう

では、テーブルの基本的な設計ができたところで、モデルを作成しましょう。今回は、「Card」という名前でモデルを作ることにします。

コマンドプロンプトを開き、Railsアプリケーションのフォルダ(ここでは「RailsApp」フォルダ)の中にcdコマンドで移動してください。そして、以下のようにコマンドを実行しましょう。

```
rails generate model card title:text author:text price:integer⏎
publisher:text memo:text
```

これで、Cardモデルと関連するファイル類が生成されます。今回は、以下のような項目をテーブルに用意しています。

title	本の題名です。テキスト値です。
author	本の著者です。テキスト値です。
price	本の価格です。数値(整数)です。
publisher	本の出版社です。テキスト値です。
memo	コマンドなどを記述するところです。テキスト値です。

priceがintegerで、それ以外のものはすべてtextを指定してあります。この他、テーブルにはRailsが自動追加するIdとtimestampsの項目も用意されることになります。

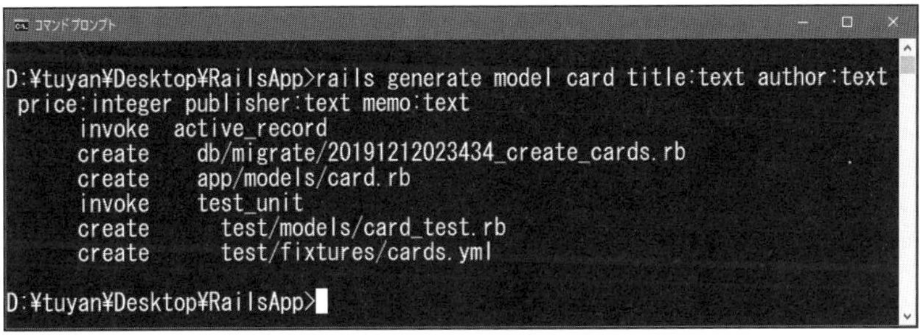

図3-30 rails generate modelコマンドで、cardモデルを生成する。

マイグレーションする

これでCardモデルはできましたが、まだこの段階ではモデルは使えません。何か大切なモノを忘れてませんか？ そう、マイグレーションです！

では、コマンドプロンプトまたはターミナルで、引き続き以下のコマンドを実行しましょう。

```
rails db:migrate
```

これで、マイグレーションが実行されます。ようやくこれでCardモデルが使える状態となりました！

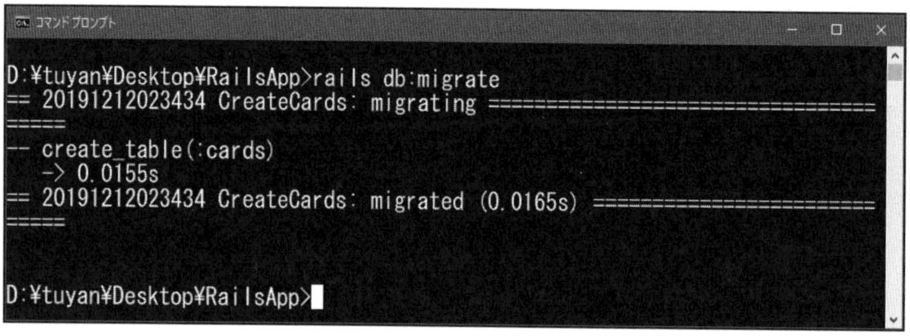

図3-31 rails db:migrateを実行する。

create_cards.rbの中身をチェック！

generate modelでモデルを作成すると、「db」フォルダ内にある「migrate」フォルダの中に、新たに「○○_create_cards.rb」というスクリプトファイルが作成されます(○○の部分は任意の日付を表す値です)。では、この中身がどうなっているかチェックしましょう。

リスト3-29

```
class CreateCards < ActiveRecord::Migration[6.0]
  def change
    create_table :cards do |t|
      t.text :title
      t.text :author
      t.integer :price
      t.text :publisher
      t.text :memo

      t.timestamps
    end
```

```
    end
  end
```

先にPersonモデルを作成したときも、同じようなコードが生成されていました。ここでは、CreateCardsというクラスが用意されています。これは、changeというメソッドを1つ持っており、その中で「create_table」という、テーブルを作成するためのメソッドが用意されています。そこに用意されている項目を見ると、先にrails generate modelコマンドで指定した項目が一通り揃っていることがわかるでしょう。

さあ、これで本当にモデルを使える状態になりました！

コラム seeds.rbはいらないの？ Column

前回、Personモデルを作ったときの手順を見ながら、「あれ？ 次はseeds.rbを書くんじゃないのか？」と思った人もいるでしょう。が、今回、これは必要ありません。

seeds.rbは、最初にデータを登録しておくために使います。今回は、ダミーのデータ等は必要ありませんから、seeds.rbは使いません。これは、あくまでオプションなのです。必要なければ、使わなくてもデータベースの利用にはなんら影響はありません。

コントローラーを作成する

続いて、コントローラーを作成しましょう。これもコマンドラインから行なえます。が、その前に、「どのようなアクションを用意するか？」を整理しておきましょう。

CRUDの基本的な操作について、ここでは以下のようにアクションを用意します。

index	全データの一覧表示を行なうホーム画面です。
show	選択した項目の全内容を表示します。
add	データの追加を行ないます。フォームの表示と、POST送信の両方を処理します。
edit	データの更新を行ないます。フォームによる編集画面と、POST送信後の処理を行ないます。
delete	データの削除を行ないます。テンプレートは不要です。

今回は、addとeditはGETとPOSTの両方を同じアクションで処理することにしました。これらの中で、テンプレートを用意する必要があるのは、index, show, add, editの4つです。

Chapter 1 Chapter 2 Chapter 3 Chapter 4 Chapter 5 Addendum

deleteはテンプレートは不要です。

rails generate controllerコマンドを実行

では、コマンドを実行してコントローラーを作成しましょう。コマンドプロンプトから、以下のように実行をしてください。

```
rails generate controller cards index show add edit
```

今回は、「cards」という名前でコントローラーを作成しています。先に触れたように、コントローラーはモデルの複数形の名前にするのが一般的です。また同時に生成するアクションは、「index」「show」「add」「edit」の4つです。deleteはテンプレートを用意する必要がないので省いてあります。

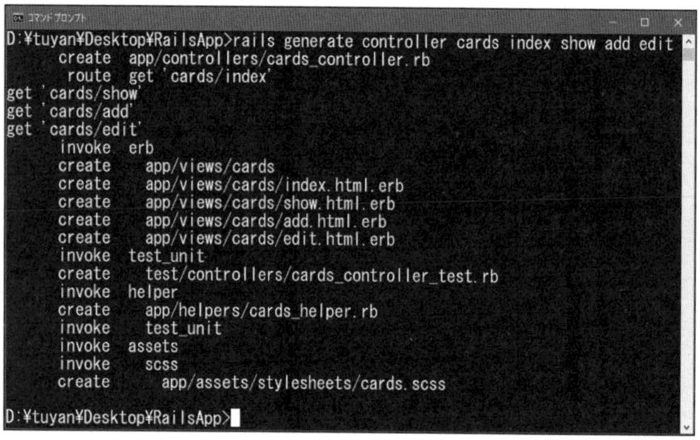
コマンドプロンプト
D:¥tuyan¥Desktop¥RailsApp>rails generate controller cards index show add edit
create app/controllers/cards_controller.rb
route get 'cards/index'
get 'cards/show'
get 'cards/add'
get 'cards/edit'
invoke erb
create app/views/cards
create app/views/cards/index.html.erb
create app/views/cards/show.html.erb
create app/views/cards/add.html.erb
create app/views/cards/edit.html.erb
invoke test_unit
create test/controllers/cards_controller_test.rb
invoke helper
create app/helpers/cards_helper.rb
invoke test_unit
invoke assets
invoke scss
create app/assets/stylesheets/cards.scss
D:¥tuyan¥Desktop¥RailsApp>

図3-32 rails generate controllerコマンドを実行する。

CardsControllerを作成する

では、コントローラーとビューのコードを書いていきましょう。本来、コントローラーの1つ1つのアクションとそのテンプレートをセットで説明していったほうがわかりやすいのですが、既にCRUDの基本はわかっていますから、最初にコントローラーだけ全部ずらっと書いてしまうことにしましょう。

では、「app」フォルダ内の「controllers」フォルダから、cards_controller.rbを開いて、以下のようにソースコードを記述してください。

リスト3-30

```
class CardsController < ApplicationController
  layout 'cards'

  def index
    @cards = Card.all
  end

  def show
    @card = Card.find(params[:id])
  end

  def add
    if request.post? then
      Card.create(card_params)
      goback
    else
      @card = Card.new
    end
  end

  def edit
    @card = Card.find(params[:id])
    if request.patch? then
      @card.update(card_params)
      goback
    end
  end

  def delete
    Card.find(params[:id]).destroy
    goback
  end

  private
  def card_params
    params.require(:card).permit(:title, :author, :price,⏎
      :publisher, :memo)
  end

  def goback
    redirect_to '/cards'
  end

end
```

アクションのポイント

今回は、CRUDの基本的な処理をしているだけですので、それほど複雑なものはありません。前回のPeopleControllerの処理を思い出せば、だいたいわかるでしょう。簡単にポイントだけまとめておきましょう。

index	Card.allでデータを取り出し、@cardsに保管します。
show	idパラメータの値を元に、Card.findでそのIDのデータを取り出し、@cardに保管します。
add	POST送信されていた場合は、card_paramsの値を元にCard.createでデータを作成します。そうでなければ、Card.newで新しいインスタンスを@cardに保管します。
edit	idパラメータの値を元に、Card.findでそのIDのデータを取り出し、@cardに保管します。POST送信されていた場合は、card_paramsを引数に指定してupdateを呼び出し、データを更新します。
delete	idパラメータの値を元に、Card.findでそのIDのデータを取り出し、そのdestroyを呼び出してデータを削除します。

この他、card_paramsとgobackというメソッドが用意されています。card_paramsは、paramsのパーミッションを処理するもので、これは前回も同じようなものを作りましたね。gobackは、redirect_toでホーム画面に戻るものです。同じようなリダイレクトをあちこちのアクションで行ないますから、メソッドにまとめてそれを呼び出すようにしておきました。

index.html.erbを作成する

では、ビューテンプレートの作成に進みましょう。まずは、indexアクションのテンプレートからです。「views」フォルダ内の「cards」内からindex.html.erbというファイルを開いて、以下のように記述しましょう。

リスト3-31

```
<h1 class="display-4 text-primary">Cards#index</h1>
<p>※現在、登録されているデータの一覧です。</p>
<table class="table">
  <tr>
    <th>ID</th><th>題名</th>
      <th>著者</th><th colspan="2"></th>
  </tr>
```

```
  <% @cards.each do |obj| %>
  <tr>
    <td width="35px"><%= obj.id %></td>
    <td width="50%"><a href="/cards/<%= obj.id %>">
      <%= obj.title %></a></td>
    <td><%= obj.author %></td>
    <td width="80px">
      <a href="/cards/edit/<%= obj.id %>">
      編集</a></td>
    <td width="80px">
      <a href="javascript:delData(
        <%= (obj.id.to_s + ",'".to_s +
        obj.title.to_s).html_safe %>');">削除</a></td>
  </tr>
  <% end %>
</table>
<p><a href="/cards/add">
    ※新しいデータを入力 &gt;&gt;</a></p>
<script>
function delData(id,title){
  if (confirm('「' + title + '」のデータを削除しますか？')){
    document.location = "/cards/delete/" + id;
  }
}
</script>
```

Chapter 1
Chapter 2
Chapter 3
Chapter 4
Chapter 5
Addendum

今回は、indexアクション側でCard.allを使って取り出したデータを@cardsとして受け取り、テーブルで一覧表示をしています。@cards.each do |obj| というようにしてデータをobjに取り出し、後はこのobjから値を書き出して表にしています。

show.html.erbを作る

次は、show.html.erbです。これは、showアクションで利用されます。showアクションでは、findで特定のIDのデータを取り出し、@cardに代入していました。テンプレート側は、このオブジェクトから必要に応じて値を取り出し、表示していくことです。

では、「views」内の「cards」フォルダ内からshow.html.erbを取り出し、以下のように記述ください。

リスト3-32

```
<h1 class="display-4 text-primary">Cards#show</h1>
<p>※「<%= @card.title %>」の読書データ</p>
<table class="table">
  <tr><th width="200">Id</th>
    <td><%= @card.id %></td></tr>
  <tr><th>タイトル</th>
    <td><%= @card.title %></td></tr>
  <tr><th>著者</th>
    <td><%= @card.author %></td></tr>
  <tr><th>価格</th>
    <td><%= @card.price %>円</td></tr>
  <tr><th>出版社</th>
    <td><%= @card.publisher %></td></tr>
  <tr><th>コメント</th>
    <td><%= @card.memo %></td></tr>
  </tr>
</table>
<p><a href="/cards">&lt;&lt;
    ※トップページに戻る</a></p>
```


受け取る@cardは、Cardsモデルのインスタンスがそのまま入っているだけですから、下手な処理などする必要はありません。@cardから値を指定してどんどんテーブルに書き出してけばいいだけです。

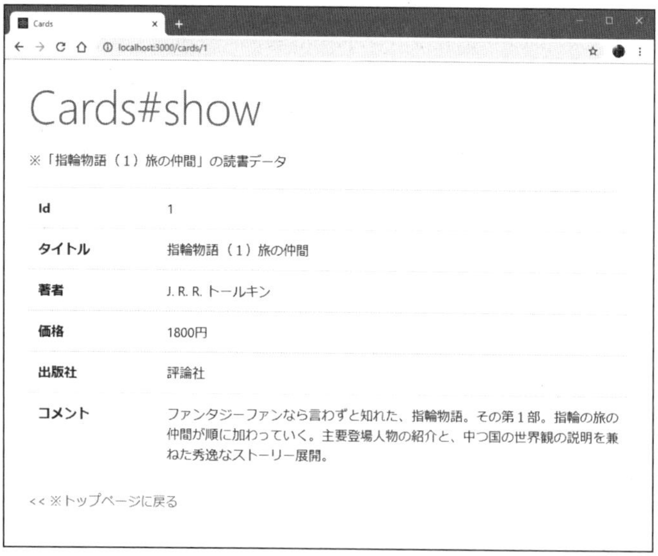

図3-33 showアクションの表示。指定したIDの読書データを表示する。ただし、現時点ではadd.html.erbを修正していないので動かない。

add.html.erbを作る

次は、addアクションです。「views」内の「cards」フォルダ内から、add.html.erbを開きましょう。そして以下のように内容を記述していきます。

リスト3-33

```
<h1 class="display-4 text-primary">Cards#add</h1>
<p>※登録する読書データを入力してください。</p>
<%= form_for(@card, url:{controller:'cards',
    action:'add'}) do |form| %>
  <div class="form-group">
    <label for="title">タイトル</label>
    <%= form.text_field :title,{class:"form-control"} %>
  </div>
  <div class="form-group">
    <label for="author">著者</label>
    <%= form.text_field :author,{class:"form-control"} %>
  </div>
  <div class="form-group">
    <label for="price">価格</label>
    <%= form.text_field :price,{class:"form-control"} %>
  </div>
  <div class="form-group">
    <label for="publisher">出版社</label>
    <%= form.text_field :publisher,{class:"form-control"} %>
  </div>
  <div class="form-group">
    <label for="memo">コメント</label>
    <%= form.text_area :memo, {rows:5,class:"form-control"} %>
  </div>
  <%= form.submit "保存" %>
<% end %>
<p class="link"><a href="/cards">
    &lt;&lt; ※トップページに戻る</a></p>
```

今回も、@cardから値を取り出してform_forに設定しています。これで、フォームヘルパーを使ったフォームが用意できます。form_forでは、url:{controller:'cards', action:'add'} として、addにフォームを送信しています。

Chapter 1 Chapter 2 Chapter 3 Chapter 4 Chapter 5 Addendum

図3-34　新規作成のページ。データを登録するフォームが用意される。

edit.htmlを作る

続いて、データの編集を行なうeditアクションです。これは、「views」内の「cards」内にある「edit.html.erb」を編集して作成します。以下のように内容を書き換えてください。

リスト3-34

```
<h1>Cards#edit</h1>
<p>※「<%= @card.title %>」
    の内容を編集します。</p>
<%= form_for(@card, url:{controller:'cards',
    action:'edit', id:@card.id}) do |form| %>
      <div class="form-group">
      <label for="title">タイトル</label>
      <%= form.text_field :title,{class:"form-control"} %>
    </div>
    <div class="form-group">
      <label for="author">著者</label>
      <%= form.text_field :author,{class:"form-control"} %>
```

```
    </div>
    <div class="form-group">
      <label for="price">価格</label>
      <%= form.text_field :price,{class:"form-control"} %>
    </div>
    <div class="form-group">
      <label for="publisher">出版社</label>
      <%= form.text_field :publisher,{class:"form-control"} %>
    </div>
    <div class="form-group">
      <label for="memo">コメント</label>
      <%= form.text_area :memo, {rows:5,class:"form-control"} %>
    </div>
    <%= form.submit "更新" %>
  <% end %>
  <p class="link"><a href="/cards">
      &lt;&lt; ※トップページに戻る</a></p>
```

form_forで、@cardを使ってフォームを作成しています。またフォームの送信先は、url:{controller:'cards', action:'edit', id:@card.id} として、editアクションに、@card.idの値をidパラメータに設定して送信しています。

これで、アクション関係のテンプレートは一通り用意できました。

図3-35 編集ページの表示。指定したIDのデータが設定された形でフォームが表示される。

cards.html.erbを作る

今回は、この他にレイアウトのテンプレートも用意することにしましょう。「views」内の「layouts」フォルダを開き、この中に「cards.html.erb」という名前でファイルを作成しましょう。そして、以下のように内容を記述してください。

リスト3-35

```
<!DOCTYPE html>
<html>
<head>
  <title>Cards</title>
  <%= csrf_meta_tags %>
  <%= csp_meta_tag %>
  <link rel="stylesheet"
  href="https://stackpath.bootstrapcdn.com/bootstrap/4.3.1/css/⏎
   bootstrap.css">
  <style>
  h1 { margin:25px 0px; }
  p { margin: 25px 0px; }
  </style>
</head>

<body class="container">
  <%= yield %>
</body>
</html>
```

今回、コンテンツは<div class="card">というタグの中に表示するようにしています。このタグで、読書カードの「カード」らしいデザインを作ろうと思います。

また、今回はstylesheet_link_tag とjavascript_include_tag は特に使わないため省略してあります。

routes.rbを修正する

最後に、ルーティングの情報を修正しましょう。routes.rbを開き、cards関連のルーティング設定を以下のように書き換えてください(既にcardsのget関連は記述されているはずですので、それらを修正する形で書き換えていきましょう)。

リスト3-36

```
get 'cards/index'
get 'cards', to: 'cards#index'

get 'cards/add'
post 'cards/add'

get 'cards/:id', to: 'cards#show'

get 'cards/edit/:id', to: 'cards#edit'
patch 'cards/edit/:id', to: 'cards#edit'

get 'cards/delete/:id', to: 'cards#delete'
```

これで、CRUDの基本的なアクションが使える状態となりました。今回は、addとeditは同じアクションでGET/POST（PATCH)の両方を受け取るようにしています。先に別アクションで処理するようにしたPeopleの場合とどう違うか、内容を比べてみましょう。ルーティングの書き方がより理解できるようになるでしょう。

すべて記述できたら、rails serverでアプリケーションを実行し、実際にhttp://localhost:3000/cardsにアクセスして表示と動作を確認しましょう。

この章のまとめ

今回も、また盛り沢山な内容でしたね。今回は、「データベース」という、Railsの外側にあるプログラムを使うための知識を学びました。RubyとRailsだけわかっていればアプリは作れるというわけではありません。データベースについても基本ぐらいはしっかり身につけておかないといけないのです。

では、この章で学んだポイントを整理しておきましょう。

SQLiteの使い方

SQLiteというデータベースプログラムは、データベースサーバーなどを使わず、コマンドラインから直接実行して使えます。その基本的な使い方がわかっていれば、モデルから利用する際も、「一体何をやっているのか？」がよくわかるようになります。SQLite自体は使いこなせるようにならなくても構いませんが、テーブルの作成や項目の設定など、基礎知識ぐらいは覚えておきましょう。

モデル利用の手順

モデルは、rails generate modelを使って作成できました。が、それだけではモデルは使えるようにはなりません。モデルを作成したら、

- マイグレーションの実行。rails db:migrateを使う。
- シードの実行。rails db:seedを使う。

これらを行なって、データベース利用の準備を整えないといけません。それぞれの役割と実行の仕方をしっかり覚えましょう。

モデルの基本メソッドを覚える

モデルの基本操作（CRUD）は、それぞれ簡単なメソッドを呼び出すだけで行なえるようになっています。基本的なメソッドを覚えておけば、データベースの簡単な操作は行なえるようになります。

all	すべてのデータを取り出す。
find	ID番号を引数に指定すると、そのデータを取り出す。

Chapter 1
Chapter 2
Chapter 3
Chapter 4
Chapter 5
Addendum

create	データを引数に指定すると、そのデータを作成する。
update	データを引数に指定すると、その内容にデータを更新する。
destroy	データを削除する。

allとfind、createは、モデルクラスから直接呼び出します。updateとdestroyは、操作するデータのインスタンスを取り出し、そのメソッドを呼び出します。createやupdateは、引数に用意するデータをどうするか理解しておかないといけません。

モデル保存はフォームヘルパーを使う

モデルを新規作成したり、既にある内容を書き換えたりする場合、どのようにデータを用意するかが重要になります。これらはフォームを使って入力しますが、フォームヘルパーのform_forを使ってフォーム生成するのが基本です。

また、フォーム送信された値は、パーミッションの処理をしないとうまく保存できないことを忘れないようにしましょう。パーミッションの処理の仕方は既に説明しましたね？

モデルは、細かな点で「これを忘れると動かない！」ということがよくあります。たとえばマイグレーション、パーミッション、ルーティングのPATCH等々ですね。こうした「ビギナーが引っかかるポイント」をよく頭にいれておきましょう。今すぐ対応の仕方をすべて暗記する必要はありませんが、「こういう点に注意しないといけない。書き方はここを読み返せばわかる」ということぐらいは頭に入れておきたいですね！

Chapter

4

データベースを更に使いこなせ！

モデルとデータベースは、本格的に使いこなそうとするといろいろと覚えなければいけないことが出てきます。ここでは、「検索」「バリデーション」「アソシエーション」といったものについて、基本的な使い方をしっかりと身につけましょう。

Section 4-1 検索をマスターしよう

peopleレイアウトを用意する

前章で、PersonモデルとPeopleコントローラーを使ってデータベースの基本的な使い方を説明しました。今回は、これらを更に使って、もっと多くのデータベース機能について考えていくことにしましょう。

その前に、前回、特に触れておかなかった「レイアウト」について、ここで用意しておくことにしましょう。デフォルトのapplication.html.erbは、デフォルトですべてのコントローラーのスタイルシートやスクリプトを読み込むような形になっています。そのため、このままapplication.html.erbを使い続けると、いろいろなコントローラーのスタイルがごちゃごちゃになって、わけがわからない表示になってしまいます。People独自のレイアウトを用意したほうがいいでしょう。

では、「views」内の「layouts」フォルダの中に、「people.html.erb」という名前でファイルを作成してください。Visual Studio Code利用の場合は、エクスプローラーから「layouts」フォルダを選択し、「RAILSAPP」のところにある「新しいファイル」アイコンをクリックしてファイルを作成してください。

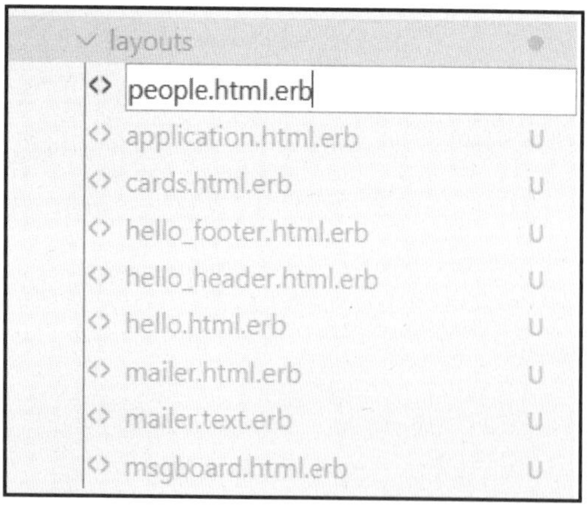

図4-1 「新しいファイル」アイコンを使ってpeople.html.erbというファイルを作る。

people.html.erbを記述する

ファイルを用意したら、以下のようにソースコードを記述しておきましょう。

リスト4-1

```
<!DOCTYPE html>
<html>
  <head>
    <title>RailsApp</title>
    <%= csrf_meta_tags %>
    <link rel="stylesheet"
    href="https://stackpath.bootstrapcdn.com/bootstrap/4.3.1/css/⏎
      bootstrap.css">
    </head>
    <%= stylesheet_link_tag 'people', media: 'all',
      'data-turbolinks-track': 'reload' %>
  <body class="container">
    <%= yield %>
  </body>
</html>
```

stylesheet_link_tagについて

ここでは、stylesheet_link_tagに、'people' という値を指定しておきました。このstylesheet_link_tagというものは、スタイルシートを読み込むための<link>タグを生成するためのヘルパー機能です。

```
<%=stylesheet_link_tag スタイルシート名 %>
```

こんな感じで記述をします。よく見ると、ここでは他にこんな属性も追加されていますね。

media: 'all'	<link>にmedia属性を追加する。スタイルシートを利用するメディアやデバイスを指定するもの。
'data-turbolinks-track': 'reload'	元のスタイルデータの修正に応じてリロードさせるもの。

これらは、働きまで理解する必要はありません。「stylesheet_link_tagでは、これらも属性もつけておく」と考えておきましょう。実をいえば、これらは書かなくてもそれほど大きな問題にはなりません。ですから、「よくわからない、面倒くさい！」という人は書かなくて

も大丈夫ですよ。

今回は、<%= stylesheet_link_tag 'people' %>というタグで、peopleスタイルシートを読み込むタグを生成していた、というわけですね。

people.scssの作成

この「peopleのスタイルシート」というものは、どこにあるのでしょうか。それは、「app」フォルダ内の「assets」フォルダの中にある「stylesheets」フォルダです。この中に、「people.scss」というファイルがあります。これが、peopleコントローラー用に用意されたスタイルシートファイルです。

このファイル、よく見ると拡張子が「.scss」となっていますね？ このSCSSというのは、CSSを更にパワフルにしたもので、「CSSメタ言語」などと呼ばれるものです。CSSを更に強力記述できるスタイル記述言語で、RailsではこのSCSSでスタイルを記述し、それをコンパイルしてCSSを生成して利用するようになっているのです。

「じゃあ、SCSSという言語も覚えないといけないのか」と思った人。そうなんですが、基本的にSCSSは普通のCSSをそのまま認識しますから、とりあえず普通のCSSのつもりで書いてまったく問題ありません。では、people.scssにスタイルを記述しましょう。

リスト4-2

```
h1 { margin-bottom:25px; }
p { margin: 10px 0px; }
body { font-size:20px; }
table { margin:25px 0px; }
```

マージンと<body>のデフォルトのフォントサイズだけ指定しておきました。細かいスタイルは、これまでと同様、Bootstrapのクラスを使うことにします。

PeopleControllerの追記

これでレイアウト関係はできましたが、最後にレイアウトを利用するための文をコントローラーに追加しましょう。PeopleControllerクラス(people_controller.rb)の最初に、以下の文を追記してください。

```
layout 'people'
```

これで、/peopleにアクセスすれば、people.html.erbのレイアウトを使ってページが表示されるようになります。もし、アクセスしても表示が古いままの場合は、コマンドプロンプトまたはターミナルで実行中のRailsサーバーを一度終了し、再度「rails server」を実行してサーバーを再起動しましょう。

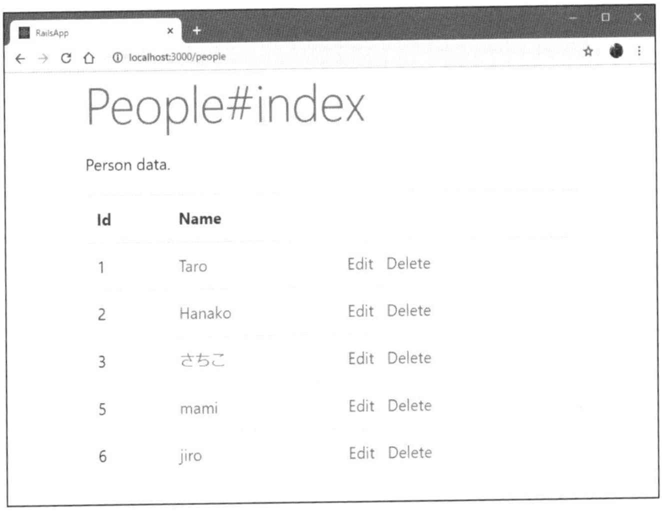

図4-2 再起動して/peopleにアクセスする。問題なく表示されればOKだ。

検索ページを用意しよう

では、データベース関連の機能について見ていきましょう。まず最初は、「検索」についてです。

前章で、IDによるデータの検索を行ないました(findメソッド)。これも検索ですが、「指定したIDのデータを取り出す」というのは、検索というより「IDによるレコードの識別」といったものです。データベースの中には、IDを付けられたデータが詰まっていてIDでいつでも取り出せるようになっているわけで、検索というのとはちょっと違うでしょう。

検索は、どこにあるかわからないデータを特定の条件で調べ出す作業です。「IDが○○番」というような単純なものではありません。この検索をいかにうまく行なえるようになるかで、データベースの役立ち度が変わってくる、といってもいいでしょう。

では、まず検索のためのアクションを用意して、検索処理の準備をしておきましょう。ここでは、findというアクションとして用意しておきます。「views」内の「people」フォルダ内に、新たに「find.html.erb」というファイルを作成しましょう。そして、以下のようにソースコードを記述してください。

リスト4-3

```
<h1 class="display-4 text-primary">
  People#Find</h1>
```

```
<p><%= @msg %></p>
<%= form_tag(controller: "people", action: "find") do %>
<div class="form-group">
  <label for="find">Find</label>
  <%=text_field_tag("find",'', {class:"form-control"}) %>
</div>
<%= submit_tag("Click") %>
<% end %>

<table class="table">
  <tr>
    <th>Id</th><th>Name</th><th>Age</th><th>Mail</th>
  </tr>
  <% @people.each do |obj| %>
  <tr>
    <td><%= obj.id %></td>
    <td><%= obj.name %></td>
    <td><%= obj.age %></td>
    <td><%= obj.mail %></td>
  </tr>
  <% end %>
</table>
```


ここでは、form_tagを使って検索テキストの入力フィールドを持ったフォームを用意してあります。送信先は、findアクションにしていますので、find内でGET/POSTの両方の処理を用意することになります。

PeopleControllerにfindアクションを追加する

続いて、コントローラーの修正です。PeopleControllerクラス(people_controller.rb)の中に、以下のようにfindアクションメソッドを追加しましょう(これらのアクションメソッドも、必ずprivateより前に記述してください)。

リスト4-4

```
def find
  @msg = 'please type search word...'
  @people = Array.new
  if request.post? then
    obj = Person.find params['find']
    @people.push obj
  end
```

```
end
```

これは、先にやった「findによるID検索」を実装した例です。@peopleに、Array.newで空の配列を用意しています。そして、request.post?をチェックし、POSTされていたなら、Person.findでparams['find']で送られてきたIDのデータを取り出し、@peopleにpushします。「push」というのは配列に用意されているメソッドで、配列の一番最後に値を追加するものです。

これで、フォームを送信したら、送られてきたIDのデータを取り出して表示する、という処理ができました。

ルーティングを追加する

これでアクションはできました。残るはルーティングの設定ですね。routes.rbを開き、以下の文を追記しておきましょう。これは、必ず「get 'people/:id', to: 'people#show'」の文よりも前に書いてください。

リスト4-5

```
get 'people/find'
post 'people/find'
```

これでfindアクションが完成しました。実際に、/people/findにアクセスしてみましょう。フォームにIDを記入し送信すると、そのIDのデータが検索され、下に表示されます。

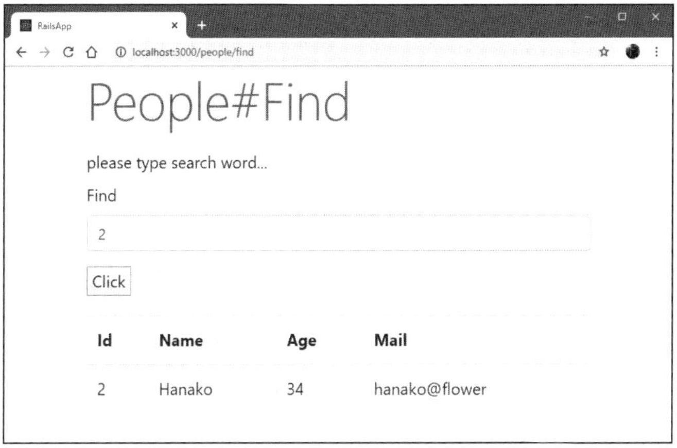

図4-3 IDを入力して送信すると、そのIDのデータが表示される。

whereで検索する

では、本格的な検索を行なっていきましょう。まずは、id以外の項目で検索を行ないましょう。ここでは例として、送信したフォームの値を使い、nameから検索を行なってみます。つまり、フォームから送信した値とnameの値が同じデータを探して表示する、ということですね。

テンプレートは同じものをそのまま使いますから修正の必要はありません。コントローラーに用意したfindアクションだけ修正すればいいでしょう。PeopleControllerクラス(people_controller.rb)のfindメソッドを以下のように書き換えてください。

リスト4-6

```
def find
  @msg = 'please type search word...'
  @people = Array.new
  if request.post? then
    @people = Person.where name: params[:find]
  end
end
```

修正したら、フォームから送信をしてみましょう。入力フィールドに、たとえば「taro」と書いて送信すると、nameの値が「taro」のデータだけを探して表示します(なければ何も表示しません)。

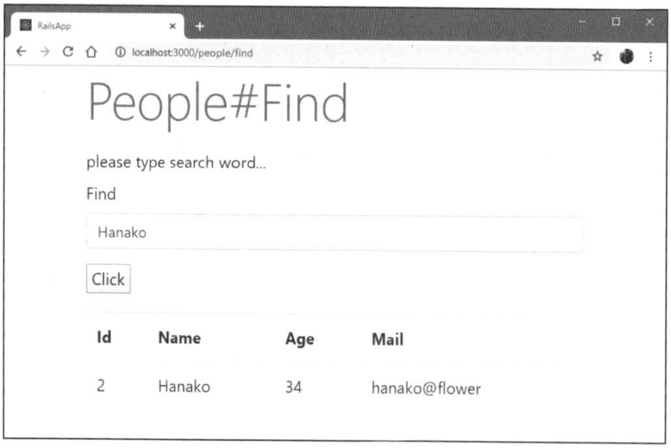

図4-4 フォームからテキストを書いて送信すると、nameの値が送信したテキストと同じものを検索して表示する。

whereの基本的な使い方

ここでは、request.post?のところで「where」というメソッドを使っています。これが、データの検索を行なうメソッドです。これは、いろいろな使い方ができるのですが、ここではもっとも基本的な使い方として、以下のような利用の仕方をしています。

```
《モデル》.where 項目名 : 値
```

これで、指定した項目から、指定の値のデータを検索して取り出します。取り出されるのは、allメソッドなどと同様に配列にデータをまとめたようなものになります。findのように1つのデータだけではないので、@peopleにpushせず、そのままwhereの結果を代入しておきます。

ここではnameを使いましたが、基本的にはどんな項目でも同じです。ageでもmailでもmemoでも、まったく同じようにして検索することができます。注意したいのは、「完全に一致したものしか探し出さない」という点です。たとえば、「Taro」で検索すると、「taro」や「TARO」は検索されません。また「ATaro」や「Tarou」のように検索文字を含むものも検索されません(このあたりの検索方法については後ほど説明します)。

式を書いて検索する

このwhereメソッドは、簡単に指定の項目から検索できて便利なのですが、「完全一致したもの」しか見つけられないのが難点です。もう少し柔軟な検索がしたいですね。

こうした場合、項目名と値を指定する代りに、「検索のための式」を用意する方法があります。やってみましょう。

先ほどのfindメソッドを、以下のように書き換えてください。そして動作を試してみましょう。

リスト4-7

```
def find
  @msg = 'please type search word...'
  @people = Array.new
  if request.post? then
    @people = Person.where "age >= ?", params[:find]
  end
end
```

入力フィールドに、たとえば「20」と書いて送信すると、ageが20以上のデータをすべて検索します。いろいろと数値を記入して表示を確かめてみましょう。

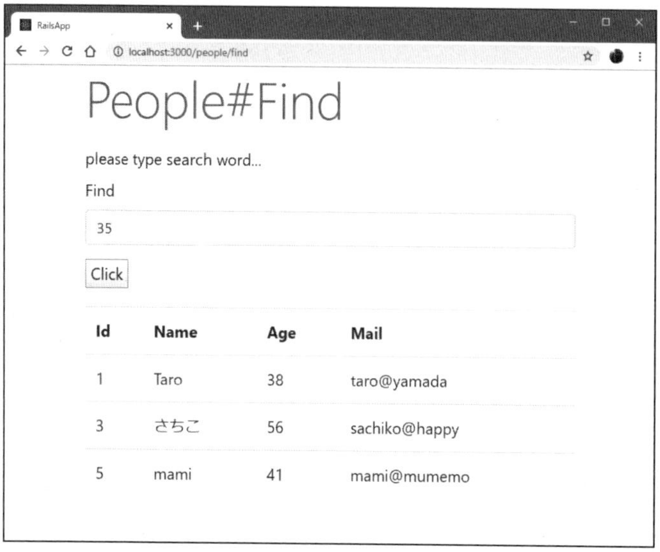

図4-5　フィールドに年齢を記入して送信すると、その年齢以上のデータを検索する。

比較演算式を使う

ここでは、ageの値が、フィールドに書いた整数以上のものを探すように検索条件を設定しています。whereの部分を見てみると、

```
where "項目名 >= ?", 値
```

このように書かれていることがわかるでしょう。>=というのは、値を比較するための演算子(比較演算子)でしたね？ その後に？がありますが、この？の部分に、その後に用意してある値がはめ込まれるようになっています。つまり、

```
"項目名 >= ?", 値 → "項目名 >= 値"
```

こういうことです。この？は、1つだけでなく、複数使うこともできます。この場合は、？の数だけ、式の後にカンマで区切って値を用意してやります。

コラム　プレースホルダーについて　Column

ここでは、式の途中に？という記号を用意しています。この？は、「プレースホルダー」と呼ばれます。「場所を確保しておくもの」で、とりあえず？で場所を確保しておき、後からそこに値をはめ込むわけですね。

LIKE検索

数値の検索を行なう場合、このように比較演算の式を使って「○○より大きい、小さい」といった検索を簡単に行なうことができます。では、テキストの場合はどうでしょう。テキストでは、たとえば、「○○で始まるもの」とか、「○○というテキストを含むもの」といった検索はどうやればいいのでしょう。

これは、「LIKE」というものを利用します。LIKEは、一般に「あいまい検索」と呼ばれる検索を行なうためのものです。これも、実際にやってみましょう。

findメソッドを、以下のように書き換えてみてください。

リスト4-8

```
def find
  @msg = 'please type search word...'
  @people = Array.new
  if request.post? then
    @people = Person.where "mail like ?",
      '%' + params[:find] + '%'
  end
end
```

ここでは、mail項目から検索を行なうようにしてあります。テキストを書いて送信すると、mailの値にそのテキストを含んでいるものをすべて検索します。

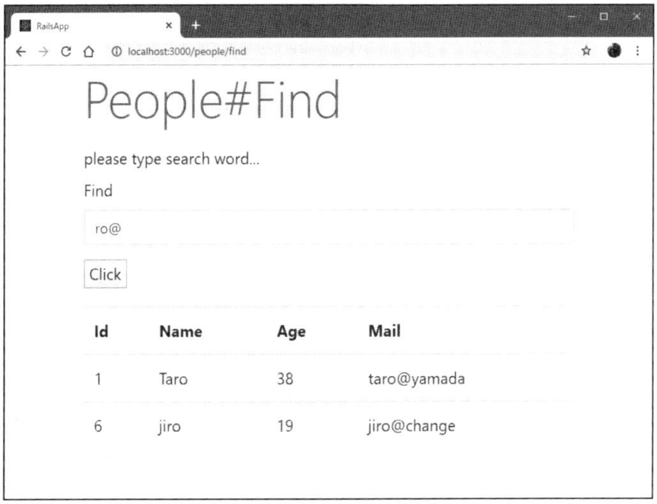

図4-6 検索テキストを書いて送信すると、mailにそのテキストを含むものをすべて探し出す。

LIKEによる比較演算式

ここでは、先ほどの比較演算の式と同じような式が用意されています。ただし、演算子の代りに「like」というものが使われています。これが今回のポイントです。

このlikeは、通常のテキストの比較とはちょっと違う比較を行ないます。たとえばイコールを使う場合、name = 'taro'とすると、nameの値がtaroである(完全に一致した値)というものしか探せません。

では、name like 'taro' だと？ 実は、これでもやっぱり「taroであるもの」しか検索はしません。が、likeの場合、これに検索用の記号「%」を組み合わせて検索テキストを用意することができます。

%は、「不特定多数の文字」を表します。たとえば、「%太郎」とすると、「太郎」はもちろんですが、「仁太郎」「三太郎」「市太郎」などなど、「太郎」の前にどんな文字がついてるものもすべて検索できます。「○太郎」というものすべてが検索できるのです。

同様に、検索テキストの後に%をつければ、検索テキストで始まるものをすべて探し出せます。「太郎%」なら、「太郎様」「太郎君」「太郎次郎」もすべて検索できます。

前後に%をつければ、検索テキストを中に含んでいるものならすべて検索できるようになります。このLIKEによるあいまい検索は、テキスト検索で非常に多用されるものですので、ここでしっかりと覚えておきましょう。

複数の条件を設定するには？

ここまでの検索ができるようになれば、基本的な検索はだいたい行なえるようになります。ただし、「条件が1つだけ」の場合に限れば、です。

が、実際には、いくつもの条件を指定して検索を行なうこともあります。「いくつも条件なんて、そんな複雑なことするかな？」なんて思った人。たとえば、「年齢が20歳以上30歳以下の人」なんていう検索、普通に行ないませんか？ これだって、実は2つの条件を組み合わせているんですよ。他にも、「50歳以上の男性」とか、「関東在住の女性」とか、「hotmail.comかgmail.comのメアド使ってる人」とか、そういう形でデータを調べること、よくありませんか？

今、例としてあげたのは、すべて2つの条件を組み合わせているものです。「複数の条件」なんていうと複雑そうですが、「○○で××な人」という検索はとても身近に使われているはずなのです。

では、これも実際に試してみましょう。

B2-22
定価
（本体3200円＋税）

秀和システム注文カード

書店・取次店

秀和システム

掌田　津耶乃　著

Ruby on Rails 6 超入門

ISBN978-4-7980-5906-8
C3055 ¥3200E

定価
（本体3200円＋税）

リスト4-9

```
def find
  @msg = 'please type search word...'
  @people = Array.new
  if request.post? then
    f = params[:find].split ','
    @people = Person.where "age >= ? and age <= ?", f[0], f[1]
  end
end
```

これは、「30,40」というように、2つの数字をカンマで区切って書いて検索をします。これで、ageの下限と上限を指定します。たとえば、「30,40」ならば、「ageの値が、30以上40以下」のデータをすべて検索します。

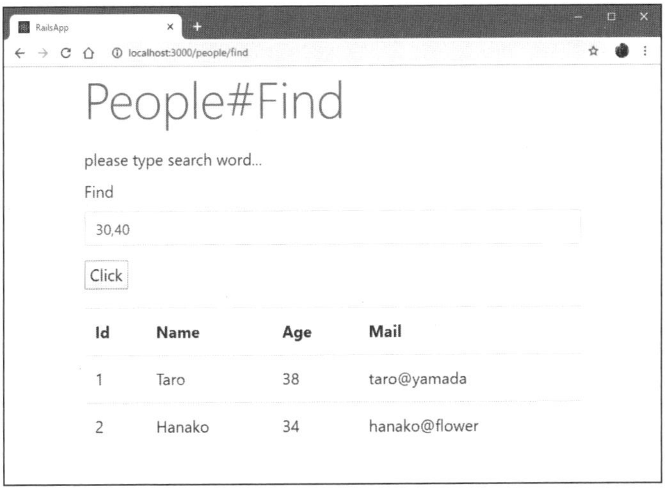

図4-7 「30,40」と書いて送信すると、30歳以上40歳以下のデータを検索する。

コラム テキストを分けて配列へ！ Column

ここでは「split」というメソッドが使われていますね。これは、テキストを決まった文字で切り分けて配列にするメソッドです。たとえば、「split ','」とすると、テキストのカンマ(,)部分で切り分けて、それらを1つの配列にまとめて返します。

これは、複数の値をテキストとして入力するような場合によく用いられます。カンマやスペースなどを使って値を入力してもらい、それを切り分けて1つ1つの値を取り出すのですね！

AND演算について

ここでは、条件の式の部分がだいぶ複雑になっていますね。式の内容を整理してみると、こんな具合になっていることがわかります。

```
age >= 最小値 and age <= 最大値
```

最小値と最大値を比較する2つの式があって、それを「and」というものでつないでいます。これは「AND演算子」という特別な記号で、左右の2つの式の両方がtrueならばtrue、そうでなければすべてfalseになります。つまり、2つの式が「両方共に成立すればOK、そうでないとすべて×」と判断するのですね。

Chapter 1
Chapter 2
Chapter 3
Chapter 4
Chapter 5
Addendum

OR演算について

これと似たようなものに「OR演算子」というものもあります。これは、左右の2つの式のどちらか一方でもtrueならばtrueと判断するものです。つまり、2つの式が「両方共に×ならば×、それ以外は全部OK」と判断するわけです。

これを使ったサンプルも動かしてみましょう。findメソッドを以下のように書き換えてみてください。

リスト4-10

```
def find
  @msg = 'please type search word...'
  @people = Array.new
  if request.post? then
    f = '%' + params[:find] + '%'
    @people = Person.where "name like ? or mail like ?", f, f
  end
end
```

検索テキストを書いて送信すると、nameとmailのどちらかにそのテキストを含むものすべてを検索します。ここでは、以下のように条件が設定されています。

```
name like ? or mail like ?
```

2つの？には、どちらも '%' + params[:find] + '%' という値が設定されます。フォームから送られてきたテキストの前後に%をつけたものですね。2つのlikeをorでつなげることで、nameとmailのどちらかにテキストが含まれていれば探し出すようになります。

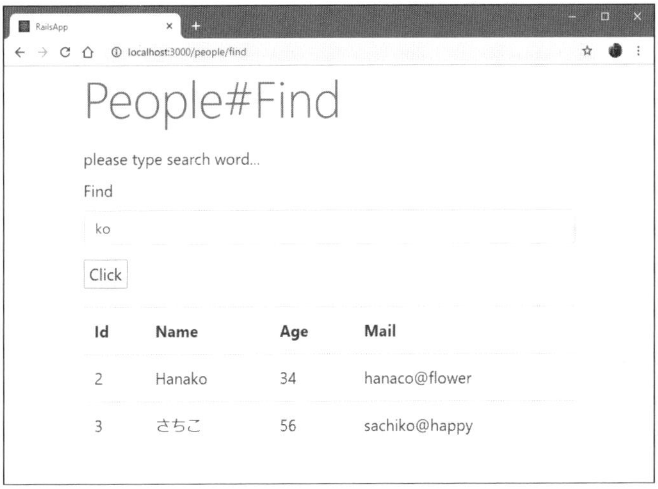

図4-8 検索テキストを、nameとmailの両方から検索する。

コラム 論理演算子について Column

この「AND」と「OR」のような演算子は、一般に「論理演算子」と呼ばれます。論理演算子には、この他にもいくつかあります。基本的なものをまとめると以下のようになります。

AND	「論理積」と呼ばれます。2つの式の両方がtrueならばtrue、それ以外はfalseです。
OR	「論理和」と呼ばれます。2つの式の両方がfalseならばfalse、それ以外はtrueです。
XOR	「排他的論理和」と呼ばれます。2つの式の両方が異なる値ならtrue、同じ値ならfalseです。
NOT	これは他と使い方が違い、NOTの後に値を指定するだけです。その値の逆の値(trueならfalse、falseならtrue)を示すものです。

最初のデータ、最後のデータ

whereによる検索の基本が一通り頭に入ったところで、その他の検索機能についてもいろいろと見ていきましょう。

まずは、whereで取り出したデータの「最初」と「最後」を取り出すメソッドです。これは、whereの検索結果から更にメソッドを呼び出して利用できます。

●得られたデータの最初のものを取り出す

```
where ○○.first
```

●得られたデータの最後のものを取り出す

```
where ○○.last
```

これらを利用すると、「最初のデータ」「最後のデータ」を簡単に取り出せます。では、利用例をあげておきましょう。

リスト4-11

```
def find
  @msg = 'please type search word...'
  @people = Array.new
  if request.post? then
    f = '%' + params[:find] + '%'
    result = Person.where "name like ? or mail like ?", f, f
    @people.push result.first
    @people.push result.last
  end
end
```

先ほどのor検索をアレンジしました。nameまたはmailのいずれかに検索テキストを含むものを探し出し、その最初のデータと最後のデータを表示します。

firstとlastは、1つのデータ（モデルクラスのインスタンス）だけを返します。配列のように多数のデータを返すことはありません。ですから、ここではArray.newで用意した空の配列にfirstとlastのデータをpushで追加してあります。

最初と最後のデータは、必ず別のものになるわけではありません。1つしか検索されなかったなら、2つの値は同じものになります。また、whereでまったく値が得られなかった場合、（中身がなにもないので）firstとlastはエラーになる場合もあります。

Chapter 1
Chapter 2
Chapter 3
Chapter 4
Chapter 5
Addendum

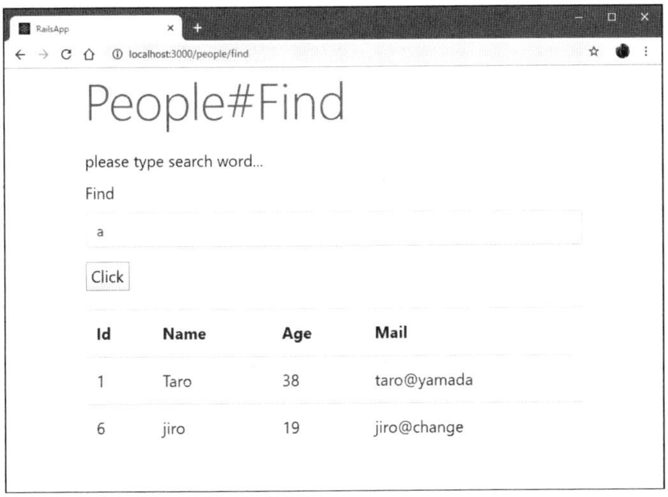

図4-9 検索テキストを含む最初と最後のデータを表示する。1つしかない場合は、同じものが表示される。

複数のIDを検索する

続いて、検索の基本である「find」です。findは、指定したIDのデータを取り出すのに用いました。このfind、実は「複数のIDをまとめて指定することもできる」のです。

これはとても単純で、引数にID番号をまとめた配列を用意するだけです。たとえば、

```
《モデル》.find [1, 3, 5]
```

このようにすると、ID = 1, 3, 5の3つのデータが得られます。では、これも例をあげておきましょう。

リスト4-12

```
def find
  @msg = 'please type search word...'
  @people = Array.new
  if request.post? then
    f = params[:find].split(',')
    @people = Person.find(f)
  end
end
```

入力フィールドに「1,3,5」と入力して送信すると、ID = 1, 3, 5のデータを検索し表示します。必要に応じていくつでもまとめて取り出せますから覚えておくと便利ですね！ なお、

数字以外の値を入力するとエラーになるので注意してください。

findは、数値を引数にすると1つのデータだけを返しますが、配列を引数にすると多数のデータをまとめたものが返ります。データの構造が違ってくるので注意が必要です。

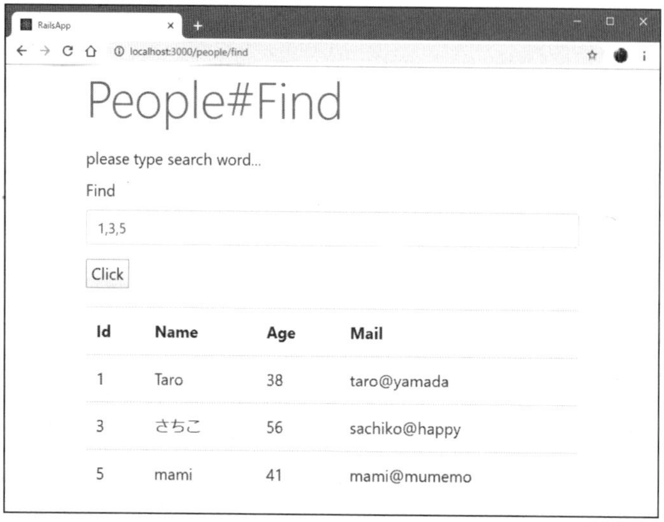

図4-10 「1,3,5」と入力し送信すると、ID = 1, 3, 5のデータが表示される。

データの並び順を設定する

検索されるデータは、基本的に保存したデータの順(つまり、ID番号の小さいものから順)に表示されます。多数のデータが返されるようなとき、それらのデータを必要に応じてきれいに並べる、という作業が必要となることがあります。

たとえば、商品のリストなら、値段の高い順・安い順に並べられないと困るでしょう。電話帳やアドレス帳なら五十音順に整理されていないと困ります。

こういう「データの並べ替え」も、実はメソッドを呼び出すだけで簡単に行なえます。それは「order」というものです。

```
変数 = 《モデル》.where( ○○ ).order 並び順
```

orderは、こんな具合にwhereなどのメソッドで得られるデータ群から更にメソッドを呼び出して行ないます。whereだけでなく、allなどのように複数のデータを返すメソッドでは基本的に結果からorderを呼び出すことができます。

問題は、「並び順」をどう指定するか、です。これは「項目名 並び順」という形で記述したテキストとして用意します。項目名は、わかりますね。並び順は、下のどちらかを使います。

asc	昇順。小さいものから順に並べる。一般的なABC順、五十音順。
desc	降順。大きいものから順に並べる。一般的な並び順とは逆のもの。

たとえば、nameを基準に五十音順で並べたい場合は、"name asc"というテキストをorderの引数に指定すればいい、というわけです。

では、これも例をあげておきましょう。

リスト4-13

```
def find
  @msg = 'please type search word...'
  @people = Array.new
  if request.post? then
    f = params[:find].split(',')
    @people = Person.where('name like ?',
      '%' + params[:find] + '%').order 'age asc'

  end
end
```

これは、nameからテキストを検索します。検索されたデータは、ageの小さいものから順に並べ替えて表示されます。通常ならば、ID番号の順に並ぶはずですから、IDの値をチェックしながら、どう順番が変わっているか確認しましょう。

ここでは、

```
Person.where(……略……).order 'age asc'
```

このように記述されていますね。whereの後にorderを使って並び順を指定しているのがわかります。orderの後のテキストを変更すれば並び順も変わります。ここを書き換えてどう順番が変わるか調べてみると面白いでしょう。

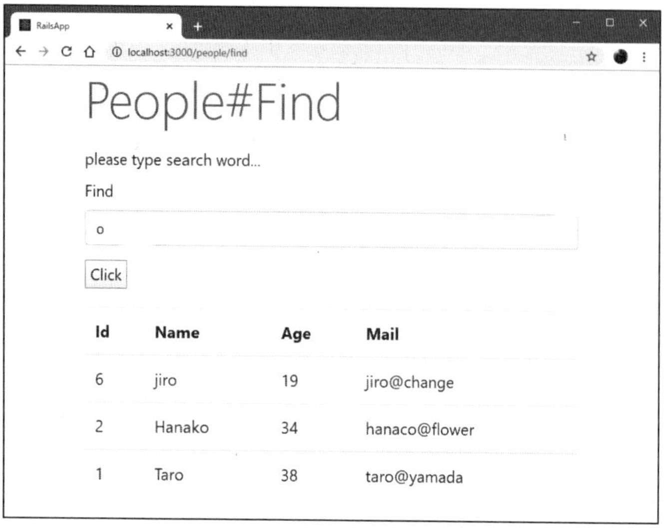

図4-11 検索結果を、ageの値が小さい順に並べ替えて表示する。

Chapter 1
Chapter 2
Chapter 3
Chapter 4
Chapter 5
Addendum

コラム なぜ、whereの後に()がついてるの？ Column

今回のサンプルでは、whereの後の引数が()でまとめられていました。これまでは()なんて付けずに書いていましたよね？

```
従来： Person.where 'name like ?', '%' + params[:find] + '%'
今回： Person.where('name like ?', '%' + params[:find] + '%')
```

なぜ、今回に限り、引数を()でまとめてあるのか？ それは、その後のorderが正しく理解されないからです。

```
Person.where 'name like ?', '%' + params[:find] + '%'.order⏎
  'age asc'
```

このように書かれていると、'%'というテキストのorderメソッドを呼び出しているかのように判断されてしまいます。where 'name like ?', '%' + params[:find] + '%'を実行した結果、得られるオブジェクトのorderを呼び出す、ということがはっきりわかるように書かないと、Rubyは正しく判断してくれません。
そこで、where(……).orderというように、whereの引数をすべて()にまとめて書いたのです。こんな具合に、「メソッドの後に更にメソッドを続けて書く」という場合、引数を()でまとめて書くとRubyに正しく理解してもらえるようになります。
引数の()は、つけてもつけなくてもいい、と前にいいましたが、場合によってはこのように「カッコを付けないとうまく理解できない」ということもあるのです。

結果の一部分を取り出す

whereやallは、検索されたデータをすべてまとめて取り出し表示するのに使います。が、もしもデータの量が数万数十万といった数だった場合はどうしましょう？ すべてまとめて表示するのは現実的ではありませんね。

こういう場合は、データの一部分だけを取り出して表示する必要があるでしょう。このとき役立つのが「limit」と「offset」というメソッドです。これらは、以下のような働きをします。

● 取得するデータの数を指定する

```
《all/whereメソッド》.limit 整数
```

● データを取り出す位置を移動する

```
《all/whereメソッド》.offfset 整数
```

「limit」は、非常にわかりやすいでしょう。これは、「いくつ取り出すか」を指定するものです。「limit 5」とすれば5つのデータを取り出します。もし、データが5つなかった場合はあるだけ取り出します。

もう1つの「offset」は、「何番目からデータを取り出すか」を指定するものです。「offset 0」ならば、最初のデータから取り出します。「offset 5」なら、5つ目のデータまでを飛ばして、6つ目のデータから取り出します。

では、これもサンプルをあげておきましょう。

リスト4-14

```
def find
  @msg = 'please type search word...'
  if request.post? then
    f = params[:find].split(',')
    @people = Person.all.limit(f[0]).offset(f[1])
  else
    @people = Person.all
  end
end
```

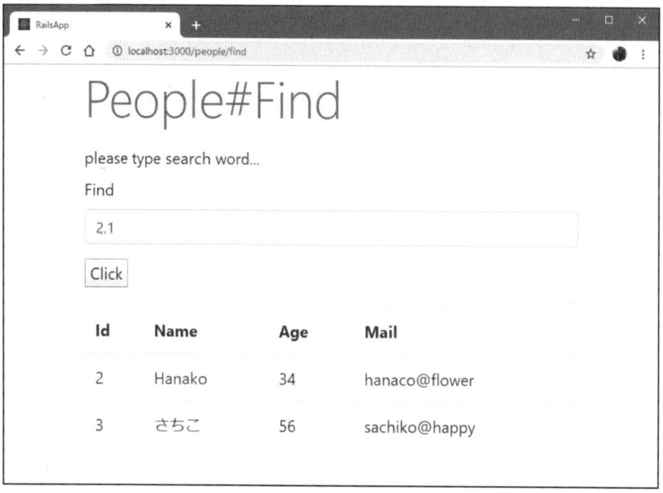

図4-12 「2,1」と送信すると、データの最初から1つ飛ばしたところから2つのデータだけを取り出す。

Chapter 1
Chapter 2
Chapter 3
Chapter 4
Chapter 5
Addendum

これは、入力フィールドに記入した値を元に、データの一部分をピックアップし表示するものです。フィールドには「取り出す数，開始位置」というように2つの値をカンマで区切って記述します。たとえば、「2, 1」とすると、データの最初から1つ飛ばし、2つ目のものから2個のデータを取り出します。

ここでは、limitとoffsetの両方をまとめて使っています。

```
Person.all.limit(……).offset(……)
```

こんな具合ですね。これは、順番が逆でも構いません。 all.offset(……).limit(……) という形でも同じです。これで、決まった位置から決まった数だけを取り出すことができるようになります。

Section 4-2 バリデーションをマスターしよう

入力チェックの必要性

ここまで、フォームを送信してデータを追加したり更新したりする操作をいろいろと行ってきましたが、重要な機能を1つ省略してきました。それは、「入力された値をチェックする」という仕組みです。

フォームから送信された値をそのまま使ってモデルを作成し保存をしていましたが、これらは「フォームから正しい値が入力されている」という前提になってのことです。

実際には、必ず入力する項目を書いてなかったり、数字を書くところにテキストを書いたり、こちらが考えてなかった使い方をするユーザーは山のようにいます。となると、データの保存などをする前に、「ちゃんと書いてる？」ということを確認しないといけません。

それが、「バリデーション」という考え方なのです。

バリデーションとは？

バリデーションというのは、モデルを保存しようとするときにそれぞれの項目の値が正しく設定されているかをチェックするための仕組みです。モデルでは、保存する際に自動的にバリデーションが実行されるようになっています。ですから、保存する際に、おかしな値がそのままになっていれば、そこで「問題あり」と判断され、保存はされないようになっているのです。

そしてバリデーションのチェックで「問題なし」と判断されたら、そのデータが保存されます。このバリデーションのおかげで、とんでもないデータがデータベースに保存されてしまうのを防ぐことができます。

このバリデーションは、保存の際に自動的に実行されますが、だからといって「何もしなくてもちゃんと調べてくれる」というわけではありません。モデルの側に、「この項目はどういう値なのか」という情報を用意しておく必要があります。

バリデーション時には、チェックするモデルのバリデーション設定を調べ、それを元にそれぞれの値を調べます。「モデル側の設定」と「コントローラー側の保存処理」が連携してバリデーションは動いているのです。

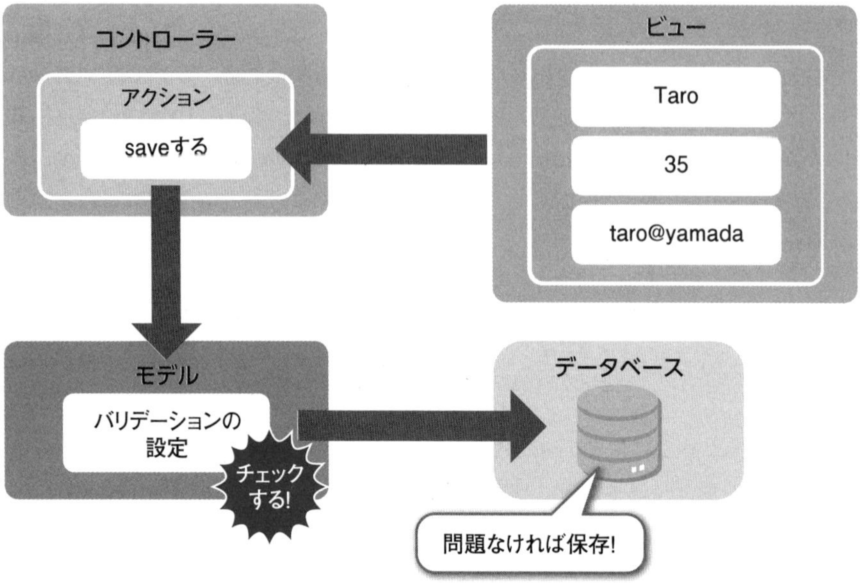

図4-13 フォームをアクションに送信し、そこで保存をしようとすると、モデルに用意された設定をもとにバリデーションのチェックを行なう。そこで問題がなければデータベースに保存される。

バリデーションルールを用意する

では、バリデーションを使ってみましょう。先ほどまでサンプルで使ってきたPersonモデルをそのまま利用することにします。

「models」フォルダ内から「person.rb」を開いてください。そしてPersonクラスを以下のように修正してください。

リスト4-15

```
class Person < ApplicationRecord
  validates :name, presence: true
  validates :age, numericality: true
end
```

これまでクラスの中身は空っぽでしたが、今回、「validates」という項目が追加されました。これが、バリデーションに関する項目です。ここに、バリデーションに関する設定を記述します。

```
validates 項目名, ルール : 値
```

このような形で記述されます。バリデーションは、1つしかないわけではありません。さまざまな値のチェック方法が用意されていて、それらを必要に応じて組み込んでいきます。このチェック方法の種類を「ルール」といいます。

ここでは、nameにpresenceというルールを、ageにnumericalityというルールを組み込んでいたわけです。ルールの詳細については後で説明しますが、これらは「必須項目(必ず入力をする)」「数字の入力」をチェックするためのものになります。

アクションでバリデーションチェックする

では、バリデーションを利用してみましょう。モデルに用意したバリデーションは、モデルを保存するようなときに利用されます。先に、新しいデータの作成のためにaddアクションを作成しましたね。add.html.erbでデータ入力のフォームを持ったテンプレートを用意し、ここからcreateアクションに送信するとそこでデータを保存していました。

このcreateメソッドを修正し、バリエーションチェックの結果に応じて処理をするように書き換えてみましょう。people_controller.rbを開き、PeopleControllerクラスにあるcreateメソッドを以下のように変更してください。

リスト4-16

```
def create
  @person = Person.new person_params
  if @person.save then
    redirect_to '/people'
  else
    @msg = '入力に問題があります。'
    render 'add'
  end
end
```

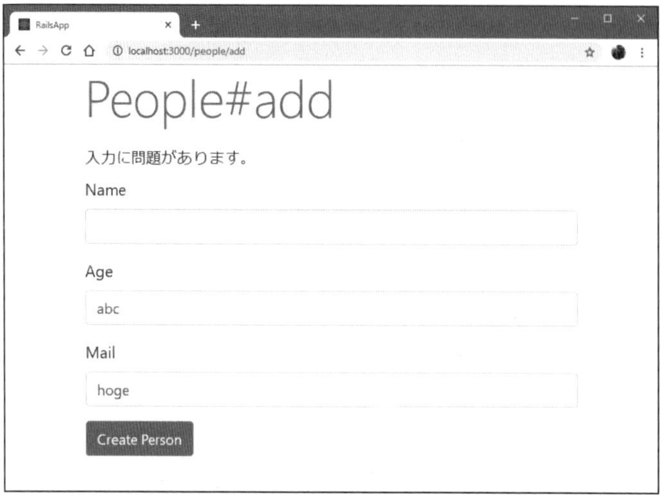

図4-14　入力ミスがあるとエラーメッセージが表示される。

修正をしたら、/people/addにアクセスしてみましょう。add.html.erbは、とりあえず先に作ったものをそのまま利用します。フォームに値を入力して送信すると、すべての項目が正しく入力されていればデータが作成されます。

最初のnameが空だったり、ageに数字以外の値が書かれていたりすると、バリデーションチェックではねられ、「入力に問題があります。」と表示されます。

createアクションを調べる

では、createアクションでどんなことが行なわれているのか見ていきましょう。まず最初に、perosn_paramsを引数にして新しいPersonインスタンスを作成しています。

```
@person = Person.new person_params
```

データの作成はcreateメソッドを使いましたが、今回はバリデーションの働きがわかりやすいように別の方法をとっています。person_paramsは、覚えてますか？ 送信されたデータのパーミッションチェックというのを行なうものでしたね。この結果を引数に指定してnewすれば、送信されたフォームの値を設定したPersonインスタンスが作成されます。

続いて、作成したPersonインスタンスを保存します。

```
if @person.save then
  redirect_to '/people'
```

保存は、「save」というメソッドで行ないます。このsaveを実行したとき、自動的にバリデーションのチェックが行なわれます。そして問題なくデータが保存されればtrueが返されます。この場合は、そのままredirect_toでindexに戻ります。

```
else
  @msg = '入力に問題があります。'
  render 'add'
end
```

そうでない場合(つまり、saveの結果がfalseだった場合)は、データは保存されていません。この場合は@msgにメッセージを設定し、addのビューをレンダリングし表示します。

createではビューテンプレートは作ってませんので、今回はaddのテンプレートを使って画面の表示を行なっています。「render」は、アクション名をその後に指定すると、指定のアクション用のテンプレートをレンダリングして画面に表示します。

このとき、@personや@msgといったインスタンス変数もそのまま渡すことができます。これらをそのまま使って画面の表示が作成されるのです。

コラム @personをもとにフォームを表示する Column

今回、間違った値を書いて送信すると、メッセージが表示され保存がされません。が、このとき、フォームの各項目には先に送信した値がそのまま表示されているのがわかります。

これは、Person.new person_paramsで作成したインスタンスがそのまま@personに設定されていたため、フォームに@personが設定されて、その値が各フィールドに値として表示されたのです。

こんな具合に、バリデーションは、チェックで再入力になった場合も、作成してあったモデルオブジェクトがそのままフォームに設定され項目に値が表示されます。バリデーションを利用する場合は、極力、フォームヘルパーでモデルインスタンスをform_forに設定して使うようにしましょう。

バリデーションの主なルール

では、バリデーションにはどのようなルールがあるのでしょうか。主なものをここで整理しておくことにしましょう。

ただし！ 全部をここで一度に覚えようなんて考えなくていいですよ。これは、「こんなものがあります」ということを整理しておくためのものです。ざっと「こういうのがあるのね」と眺めておけばそれで十分です。

バリデーションは、実際に使うようになれば必要に応じて自然に覚えられます。使うときが来たら、ここを開いて「どんなものがあるのか」を調べればいいでしょう。今、暗記する必要はないので、あまり真剣に考えず、ざっと目を通しておくだけにしましょう。

presence

これは、その項目を必須項目にするためのものです。これを指定された項目は、必ず値を設定しなければいけません。これは以下のように記述します。

```
presence: true
```

単にtrueを指定するだけですね。先ほどのnameの設定を改めてみれば、使い方がなんとなくわかってくるでしょう。

uniqueness

同じ値が複数存在しないことを「ユニーク」といいます。「uniqueness」は、指定した項目の値がユニークであるかチェックするためのものです。これは以下のように記述します。

```
uniqueness: true
```

このuniquenessも、presenceと同様に細かなオプションなどはありません。単にtrueを指定するだけです。

uniquenessはデータベースをチェックする！ Column

このuniquenessは、presenceなどとはちょっと働きが違います。これは、同じ値が存在していないかどうかをチェックします。ということは、値が入力されたら、データベースにアクセスをし、その値が既に保存されているかどうかを調べないといけません。
このように、データベースにアクセスをするバリデーションというのもあります。こうしたものは、サーバー側で結構な負荷がかかるということを頭に入れておきましょう。特に、クラウド環境などで、データベースのアクセス量に応じてサーバー使用料が決まるようなところでは、多用するとみるみる料金がかさんでしまったりしますから、ね？

numericality

これも既に登場しました。が、先ほどは、単に「数字かどうかチェック」というもので、本格的に使ってはいませんでした。

このnumericalityは、数値の入力に関するあらゆるチェック機能を持っています。数字を入力する場合、数字が入力されているかどうかということの他にもいろいろチェックしなければいけないことがあります。たとえば「整数かどうか」とか、「決まった範囲内の値が入力されているかどうか」といったことですね。

このnumericalityでは、さまざまな内容のチェックを設定することができます。これは以下のように記述します。

```
numericality: true
numericality: { 設定 : 値, 設定 : 値, ……}
```

単にtrueを指定しただけなら、「数字かどうか」を確認するだけです。より細かな設定は、ハッシュを使っていくつもの設定をひとまとめにして記述できます。用意されているオプション設定は、ざっと以下のようになります。

● **numericalityのオプション設定**

only_integer	整数のみを許可します。trueを指定すると整数のみの入力となります。
greater_than	指定した値より大きかどうか調べます。引数には比較する数値を指定します。
greater_than_or_equal_to	指定した値以上かどうかを調べます。引数には比較する数値を指定します。
less_than	指定した値未満かどうかを調べます。引数には比較する数値を指定します。
less_than_or_equal_to	指定した値以下かどうかを調べます。引数には比較する数値を指定します。
equal_to	指定した値と等しいかどうかを調べます。引数には比較する数値を指定します。
even	偶数かどうかを調べます。trueにすると偶数のみを許可します。
odd	奇数かどうかを調べます。trueにすると奇数のみを許可します。

これらの項目と値を{}にまとめたものをnumericalityの値として用意するわけです。ちょっと複雑な値の設定になりますが、これ1つで数値のチェックは一通り行なえることを考えれば、頑張って覚える甲斐があるでしょう。

length

これは、テキストの長さをチェックするものです。これも、実は細かなオプション設定が用意されており、それらを組み合わせて細かな設定を行ないます。

```
length: { 設定 : 値, 設定 : 値, ……}
```

基本的な書き方は、numericalityと同じですね。オプションの設定名と値を{}にまとめたものを値として用意するわけです。オプション設定には、以下のようなものが用意されています。

● lengthのオプション設定

maximum	最大文字数を指定します。値には整数を指定します。
minimum	最小文字数を指定します。値には整数を指定します。
is	指定の文字数かどうかを調べます。値には整数を指定します。
within	文字数の範囲を指定します。値は、「A..B」というように範囲を示す値を使います。
tokenizer	テキストを分割するためのものです。これは、実行する処理を「ラムダ式」と呼ばれる特殊な書き方でまとめたものを値として用意します。

最後のtokenizerはちょっと意味がわからないかもしれませんが、それ以外のものはそう難しくはありませんね。tokenizerはちょっと脇において、それ以外のものの使い方だけ覚えておくと良いでしょう。

inclusion/exclusion

これらは、別途用意しておいたデータに値が含まれているかどうかをチェックするものです。inclusionは含まれていればOK、exclusionは含まれていなければOKです。

参照するデータは、「in」というオプションを使って指定します。これは、以下のような形で記述します。

```
inclusion: {in [A, B, ……] }
```

このように、チェック対象となる値を配列にまとめておきます(正確には、enumerableオブジェクトという、多数の値を扱うオブジェクトとして用意します)。

format

これは、正規表現を使って値をチェックするものです。正規表現というのは、パターンを使ってテキストのまとまりを表す技術で、このパターンを使って、値がパターンにマッチするかどうかをチェックします。これは以下のように記述をします。

```
format: { with:/…パターン…/ }
```

withの後には、正規表現のパターンを指定します。これは、正規表現がどういうものかよくわかっていないと使えません。正規表現はRubyだけでなく、多くの言語でサポートされている機能ですので、興味ある人は別途学習しましょう。

エラーメッセージを表示させよう

バリデーションの基本的な処理はだいたいわかってきました。これをベースに、いろいろとバリデーション回りの処理について考えていきましょう。まずは、「エラーメッセージの表示」についてです。

先ほど、簡単なバリデーションを用意しましたが、何か問題があったときは、すべて「入力に問題があります。」と表示されました。これでは、どの項目にどういう問題があるのかわかりません。

バリデーションには、それぞれ専用のエラーメッセージが用意されています。バリデーションをチェックし、問題があると、そのエラーメッセージが組み込まれるようになっています。このエラーメッセージを取り出して表示すれば、どんな問題が起こったかよりわかりやすくなります。

このエラーメッセージは、チェックするモデルのインスタンス内に以下のように用意されます。

```
《インスタンス》.errors.messages
```

errorsというのが、発生したエラーに関する情報をまとめて保管しているところで、messagesがエラーメッセージの情報をまとめているところになります。ここには、エラーの発生した項目と発生したエラーメッセージがハッシュの形でまとめられています。このmessagesから順にキーと値を取り出していけば、起こったエラーの情報をすべて調べることができるのです。

Chapter 1
Chapter 2
Chapter 3
Chapter 4
Chapter 5
Addendum

エラーメッセージを表示する

では、このメッセージをテキストにまとめて表示するように、先ほどのcreateメソッドを書き換えてみましょう。

リスト4-17

```
def create
  @person = Person.new person_params
  if @person.save then
    redirect_to '/people'
  else
    re = ''
    @person.errors.messages.each do |key, vals|
      vals.each do |val|
```

```
        re += '<span style="color:red">' + key.to_s +
        '</span> ' + val + '<br>'
      end
    end
    @msg = re.html_safe
    render 'add'
  end
end
```

修正したら、動作を確かめてみてください。フォームに適当に値を書いて送信し、もし問題があれば、エラーメッセージがフォームの上にまとめて表示されます。

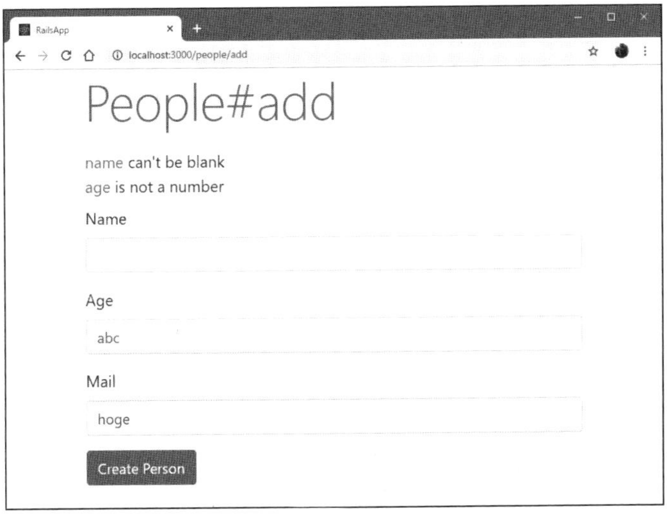

図4-15 入力に問題があると、その内容をメッセージとして表示する。

メッセージ処理の流れをチェック

では､エラーメッセージをどのように処理しているのか､流れを見ていきましょう。エラーメッセージは、オブジェクトのerrors.messagesにまとめられています。ここから値を順に取り出して処理していくような繰り返しを用意します。

```
@person.errors.messages.each do |key, vals|
```

保管されているメッセージはハッシュの形になっていますから、keyとvalsを用意して、キーと値をそれぞれ取り出すようにしています。キーにはエラーの項目名が、値には発生したエラーメッセージがそれぞれ保管されています。

```
vals.each do |val|
```

取り出した値(vals)は、更に配列になっています。1つの項目に複数のエラーメッセージが送られることもあるので、こうなっているのですね。ですから、valsから順に値を取り出す繰り返しを用意します。

```
re += '<span style="color:red">' + key.to_s + '</span> ' + val + '<br>'
```

取り出したkeyと、valの値を使ってメッセージを組み立て、変数に追加していきます。一通り追加されたら、最後にreを@msgに代入すれば終わりです。

二重の繰り返しになっているので、ちょっと見た目は複雑そうに見えるでしょうが、「繰り返しでハッシュから値を取り出し、その値(配列)から内側の繰り返しで更に値を取り出していく」という全体の流れはなんとなくわかるでしょう？

日本語のメッセージにしたい！

それにしても、表示されるメッセージはすべて英語です。やはり日本語でメッセージ表示されたほうがいいですね。

表示されるエラーメッセージはバリデーションに組み込まれているものですが、これは実は簡単に変更することができます。モデルにvalidatesを用意したとき、値として「message」という項目を用意しておけばいいのです。

では、ちょっとやってみましょう。「models」フォルダ内からperson.rbを開き、以下のように修正してください。

リスト4-18

```
class Person < ApplicationRecord
  validates :name, presence: { message: 'は、必須項目です。' }
  validates :age, numericality: { message: 'は、数字で入力ください。' }
end
```

これで、エラーメッセージが日本語に変わります。実に簡単ですね！

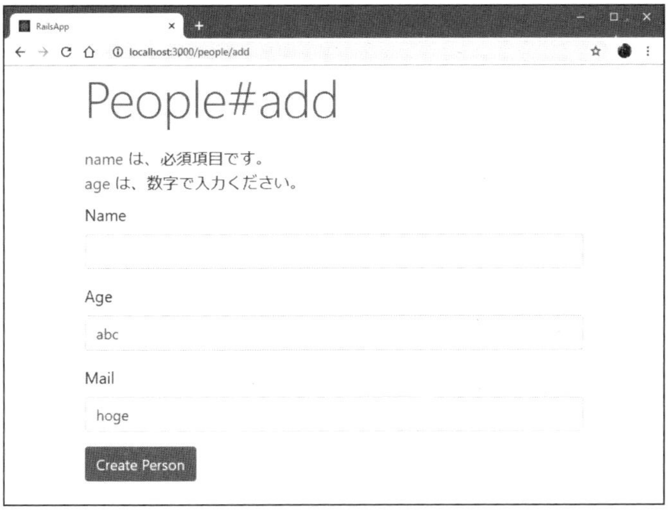

図4-16 エラーメッセージが日本語に変わった！

messageオプションの追加

ここでは、バリデーションの値の書き方が変わっています。最初に書いたものは、こうなっていました。

```
validates :name, presence:true
```

それが、今回は以下のような形に書き方が変わっています。

```
validates :name, presence: { message: '……' }
```

最初のpresence:trueは、オプションがまったくない場合の書き方です。何のオプションも用意する必要がない場合は、バリデーションの値として単にtrueを用意すればOKなのです。が、オプションの設定を用意する必要がある場合は、trueの代りにオプションの設定名と値をまとめたハッシュを値に用意するのです。

ビュー側でメッセージを表示するには？

これでメッセージを一通り表示できるようになりましたが、コントローラー側で細々と表示内容を作っていくのは、MVCの設計からして違和感がありますね。コントローラー側では保存して@personを用意しておくだけ。画面の表示はビュー側(つまり、テンプレート側)で行なう、というほうがいいでしょう。

そこで、ビュー側でメッセージの表示処理を用意してみましょう。

createアクションの修正

まずは、コントローラーを修正しましょう。createメソッドを以下のように書き換えてください。

リスト4-19

```
def create
  @person = Person.new person_params
  if @person.save then
    redirect_to '/people'
  else
    render 'add'
  end
end
```

ここでは、@person.saveを実行し、elseでは単にrender 'add'しているだけにしました。具体的なメッセージの表示は、テンプレートで処理します。

add.html.erbの修正

では、add.html.erbを開いて修正をしましょう。<%= form_for …… %>のタグを探して、その手前を改行して以下の内容を追加してください。

リスト4-20

```
<% if @person.errors.any? %>
<ul>
  <% @person.errors.full_messages.each do |err| %>
    <li><%= err %></li>
  <% end %>
</ul>
<% end %>
```

修正をしたら、アクセスして動作を確認しましょう。問題なくエラーメッセージが表示されていますか？ コントローラーのアクションには、メッセージに関する処理はありませんから、すべてテンプレートの中で処理していることがわかりますね。

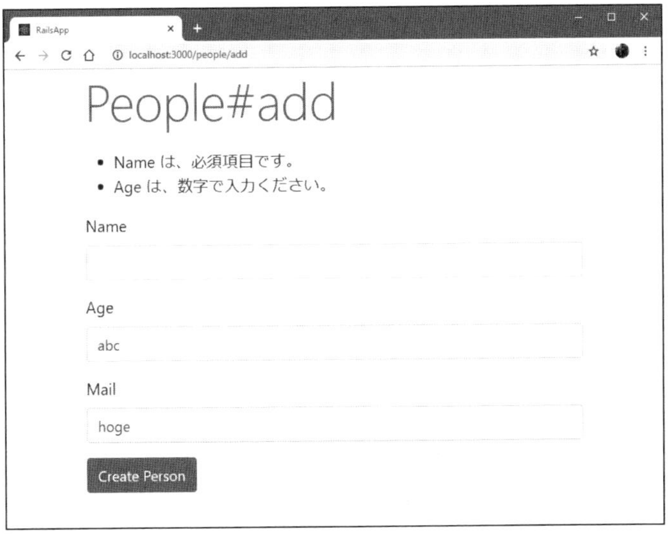

図4-17　エラーメッセージがフォームの上にまとめて表示される。

full_messagesを利用する

今回も、基本的な考え方は先ほどcreateアクションで処理をしたのと同じです。@person.errorsからエラーメッセージを繰り返しで取り出して処理していく、というやり方ですね。ただし、今回は取り出すメッセージを少し変えています。

```
<% @person.errors.full_messages.each do |err| %>
```

これが、テンプレートに用意したメッセージの繰り返し処理部分です。errorsの「full_messages」というものを使っていますね。

errors.messagesは、各項目ごとにエラーメッセージを配列でまとめていました。これは、特定の項目にどういうエラーが起こったかがわかりやすくていいのですが、「単にメッセージを順に表示すればいいだけ」というときは構造が複雑でちょっと扱いにくいのも確かです。

full_messagesは、発生したエラーメッセージのテキストを配列にまとめたものです。項目ごとに整理したりせず、メッセージ全文のテキストを1つ1つまとめています。full_messagesから取り出せば、完成されたメッセージが得られるわけです。ただここから順に取り出し表示するだけですべてのメッセージが表示されます。messagesを使うよりシンプルでいいですね！

any?について

ところで、エラーメッセージを表示する<% %>の前に、こんなタグが用意されていることに気がついたのではないでしょうか。

```
<% if @person.errors.any? %>
```

これ、一体なんでしょう？ 実はこれ、「エラーがあるかどうか」をチェックするものだったのです。

ここにある「any?」というのは、コレクション（errorsのようにたくさんのオブジェクトが配列のようにまとめてあるもの）の中身が空かどうかをチェックするものです。中になにか入っていればtrue、何も入っていなければfalseとなります。

ここでは、@person.errorsが空っぽかどうかをany?でチェックし、空でなければエラーメッセージのタグを表示するようにしていたのです。add.html.erbは、普通に/people/addにアクセスしてデータを新規作成するときも使われます。こういうときは、エラー表示用の領域などはなくしたほうがすっきりとしますからね。

バリデーションルールを自分で作る！

バリデーションの基本的な使い方はだいぶわかってきました。標準でいろいろなバリデーションのルールが用意されていましたね。これで基本的なチェックはだいたい網羅されているでしょう。けれど、足りないものも、もちろんたくさんあります。

こうした場合、「自分でバリデーションルールを作る」という道が残されています。というとなんだか難しそうですが、そういうわけでもありません。あらかじめ用意されているクラスを継承して新しいクラスを作り、これをモデルクラスにvalidatesで組み込むだけです。

では、実際にやってみましょう。以下の手順で作業してください。

● 1. バリデーションルール用のフォルダを作成

まず、バリデーションルール用のフォルダを作成しましょう。「app」フォルダの中に、新たに「validators」という名前でフォルダを作成してください。これがバリデーション関係のスクリプトを配置する場所になります。

● 2. email_validator.rbを作成

作成した「validators」フォルダの中に、「email_validator.rb」という名前のファイルを作成してください。これが、今回作るバリデーションルールのスクリプトファイルになります。バリデーターは、「ルール_validator.rb」というファイル名で作成をします。

Visual Studio Codeの場合は、「RAILSAPP」の項目にある「新しいフォルダ」「新しいファイル」アイコンを使ってフォルダやファイルを作成します。「app」フォルダを選択して「新しいフォルダ」アイコンをクリックすればフォルダが作れますし、作成した「validators」フォルダを選択して「新しいファイル」アイコンをクリックすればファイルがフォルダ内に作られます。

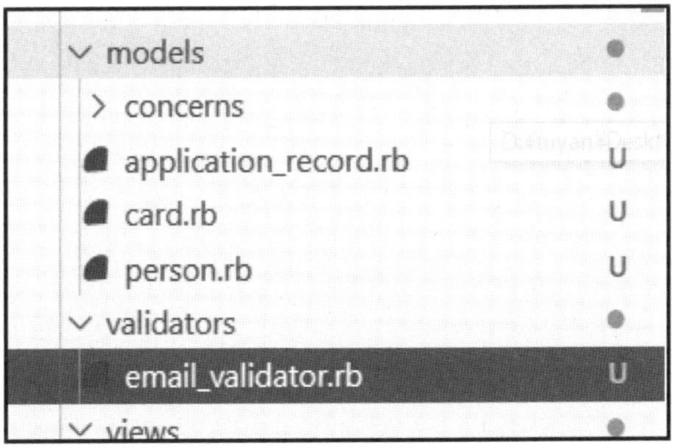

図4-18 新しいemail_validator.rbファイルを「validators」内に作る。

EmailValidatorクラスを作る

では、作成したemail_validator.rbを開いてソースコードを書きましょう。下のリストのように記述をしてください。

リスト4-21

```
class EmailValidator < ActiveModel::EachValidator

  def validate_each(record, attribute, value)
    unless value =~ /\A([^@\s]+)@((?:[-a-z0-9]+\.)+[a-z]{2,})\z/i
      record.errors[attribute] << (options[:message] ||⏎
        "is not an email")
    end
  end

end
```

バリデーターの基本形

バリデーターのクラスは、決まった型式で作成をします。Railsに用意されているバリデーター用のクラスを継承して作成するのです。これは、以下のような形で作ります。

```
class ルールValidator < ActiveModel::EachValidator

  def validate_each(record, attribute, value)
    ……ここに処理を書く……
  end
end
```

バリデータークラスは、ルール名の後にValidatorを付けて、「○○Validattor」という名前のクラスにします。ルール名は、最初の1文字目が大文字、それ以後は小文字です。

このクラスは、ActiveModel::EachValidatorというクラスを継承します。バリデーターの土台となるクラスはいくつかあるのですが、このActiveModel::EachValidatorがバリデータを作るには一番でしょう。

validate_eachメソッド

このクラスには、「validate_each」というメソッドを1つ用意します。これが、実際にバリデーションが実行されたときに呼び出されるメソッドです。これは、以下のような引数を持っています。

record	バリデーションが実行されるモデルのインスタンス。
attribute	バリデーションが設定されているモデルの項目。
value	チェックする値。

これらの値を元に、チェックする値が正しいものかどうかを判断します。チェックするのはvalueの値だけですが、メッセージの追加を行なうためにrecordとattributeが必要になります。

unlessと正規表現

ここでは、「正規表現」というものを使って値をチェックしています。これは以下の部分ですね。ちょっと珍しい「unless」を使った条件分岐になっています。

```
unless value =~ /\A([^@\s]+)@((?:[-a-z0-9]+\.)+[a-z]{2,})\z/i
```

これは、「unless メールアドレスかチェック」という文だと理解してください。正規表現という、テキストをパターン化して処理するための機能を使って、valueがメールアドレスの型式かどうかを調べているのです。

unlessですから、これがfalseなら、メールアドレスのパターンに合致しないとして、その後の文を実行します。

エラーメッセージの追加

後にあるのは、エラーメッセージをrecordのerrorsに追加する処理です。これは以下のように行なっています。

```
record.errors[attribute] << (options[:message] || "is not an email")
```

record.errors[attribute]というところに、options[:message] || "is not an email"の値を追加する、という処理をしています。record.errors[attribute]は、errorsの中にあるattriute名のエラーの保管場所を示します。options[:message] || "is not an email"というのは、messageというオプションが用意されていたらその値を、そうでないなら"is not an email"というテキストを返します。要するに、このバリデーターをvalidatesで組み込むとき、messageでメッセージを独自に設定していたらそれがerrorsに組み込まれるようにしていた、というわけです。

まぁ、ここで行なっている処理はちょっと難しいので、理解する必要はありません。「こうやってバリデーターを作るんだ」という基本的な部分だけわかっていれば十分でしょう。

EmailValidatorを使ってみる

では、作成したEmailValidatorを使ってみましょう。「models」フォルダ内からperson.rbを開き、Personクラスを以下のように書き換えてください。

リスト4-22

```
class Person < ApplicationRecord
  validates :name, presence: {message:'は、必須項目です。'}
  validates :age, numericality: {message:'は、数字で入力ください。'}
  validates :mail, email: {message:'はメールアドレスではありません。'}
end
```

修正したら、動作を確かめてみましょう。mailの項目にメールアドレス以外の値が書かれていると、エラーメッセージが表示されるようになります。

ここでは、mailの項目に「email」というルールを設定しています。これが、EmailValidatorによるルールです。バリデーターのクラス名とルールの名前の関係がわかりましたか？

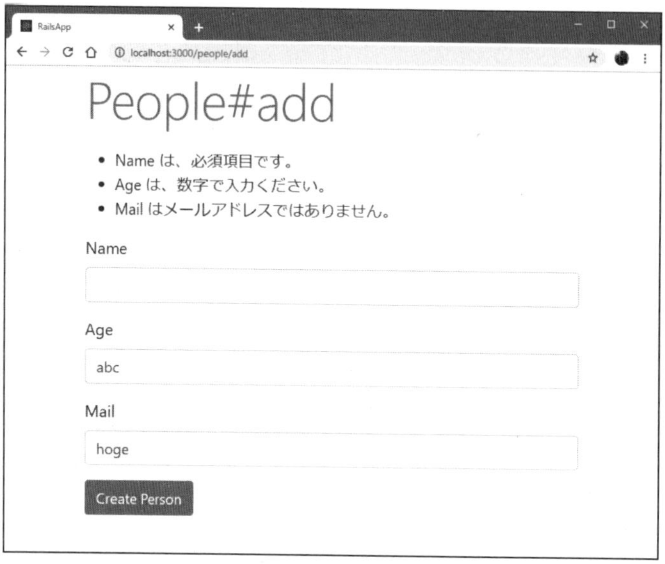

図4-19　mailにメールアドレスが書いてないとエラーメッセージが表示される。

Section 4-3 複数モデルの連携

「アソシエーション」ってなに？

データベースを本格的に使うようになってくると、アプリケーション内でいくつものテーブルを利用するようになるでしょう。そうなったときに問題となるのが「データベースの連携」です。

たとえば、ユーザー情報のテーブルと、メッセージボードのテーブルがあったとしましょう。あるユーザーがメッセージボードに投稿したとき、投稿データはメッセージボードのテーブルに保管されます。このデータに、「誰が投稿したか？」の情報も用意しておきたいですね。

既にユーザー情報のテーブルはあるのですから、このテーブルにある投稿者のデータと投稿データを関連付けることができれば、これが可能になります。つまり、投稿データに「これを投稿したのは、ユーザー情報テーブルにある○○というデータの人だ」ということが記録できればいいのです。

こういう「複数のデータベーステーブルを連携して動くようにすること」を「アソシエーション」と呼びます。日本語でいえば「関連付け」ですね。複数のモデルのアソシエーションができるようになると、データベースはぐっと複雑なことが行なえるようになります。

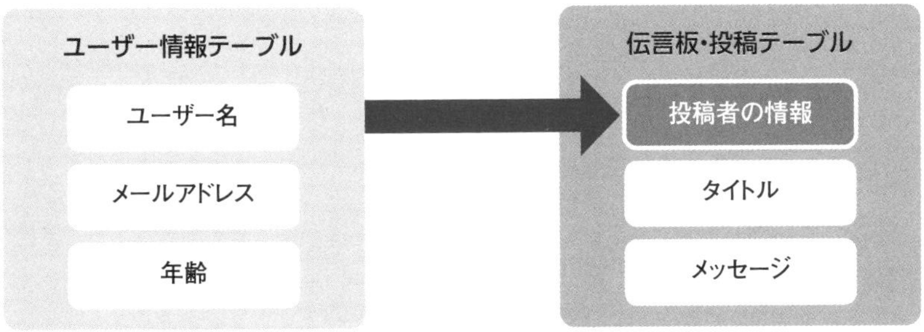

図4-20 メッセージボードの投稿で、投稿したユーザーについてユーザー情報のデータを関連付けることができれば、より複雑な表現が行なえるようになる。

Messageモデルを作る

では、アソシエーションについて説明していきましょう。そのためには2つのテーブルに関連付けられたモデルが必要になります。1つは、既に使っているPersonモデルを使うとして、もう1つ新しいモデルを作成しましょう。

ここでは、「Message」というモデルを作成することにします。簡単なメッセージを管理するモデルで、以下のような項目を用意します。

person_id	関連するPersonデータのID番号
title	タイトルのテキスト
message	コンテンツのテキスト

ここでのポイントは、「person_id」という項目です。これが、Personとのつながりを表すキーとなります。Messageでは、投稿したユーザーをPersonのデータから関連付けます。「この投稿を行なったユーザーは、PersonのIDいくつのデータか？」を、このperson_idで示すことにします。

従データ側に主データのIDを用意する

2つのデータを関連付けるとき、「どちらが主で、どちらが従か？」をしっかりと理解しておかないといけません。「主データ」に、「従データ」が関連付けられることになります。この例でいえば、「Person」が主データです。そして従データであるMessageが、Personのデータに関連付けられます。

この従データ側に、「どの主データと結びついているか」を示す値を保管する項目を用意します。今回の場合は、それがperson_idとなります。

この「関連する主データのID」を保管する項目は、「モデル_id」という名前で用意します。ここでは、Personモデルに関連付けるので、「person_id」としておいたのです。IDを保管するので、これは整数の値を保管するようにしておきます。

rails generate modelを実行する

では、モデルを作成しましょう。これはコマンドプロンプト／ターミナルから行ないましたね。cdコマンドでRailsアプリケーション内(サンプルでは「RailsApp」フォルダ内)に移動しておき、以下のようにコマンドを実行してください。

```
rails generate model message person_id:integer title:text message:text
```

これで、「person_id」「title」「message」といった項目をモデルと関連ファイル類が作成されます。

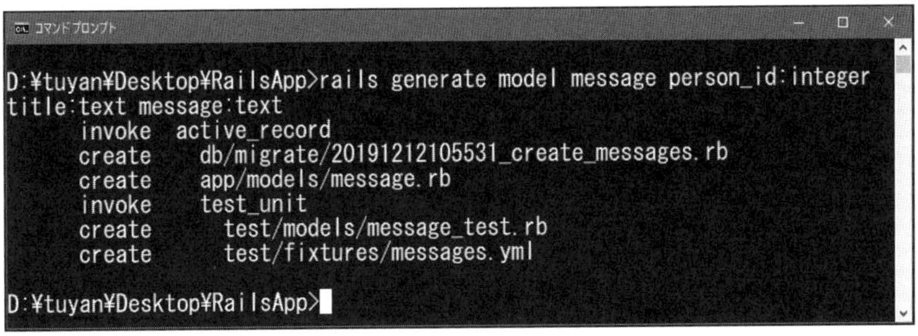

図4-21 rails generate modelでmessageモデルを作成する。

マイグレーションする

続いて、マイグレーションです。これを忘れるとモデルは使えるようにならない、と説明しましたね。覚えてますか？

では、以下のようにコマンドを実行しましょう。

```
rails db:migrate
```

これでマイグレーションが実行され、テーブルが用意されます。データベース関連は、これで準備ができました。

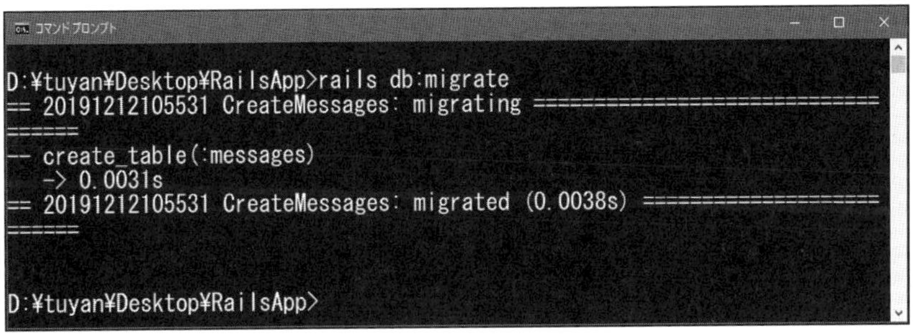

図4-22 rails db:migrateを実行する。

Messageモデルを修正する

これでMessageモデルが完成しました。ただし、やるべきことはまだまだあります。まずは、Messageモデルを修正しましょう。「models」フォルダ内に作成された「message.rb」を開き以下のように記述してください。

リスト4-23
```
class Message < ApplicationRecord
  validates :message, presence: {message:'を書いてください。'}
end
```

validatesで、messageを必須項目に指定しておきました。それ以外のものは今のところありません。後で完成したところで、アソシエーションの設定などを追記しますが、今のところは特にそのための記述はしておきません。

Messagesコントローラーを作成する

では、Messageモデルを利用するためのコントローラーを作成しましょう。これもコマンドプロンプト／ターミナルから行なえましたね。以下のようにコマンドを実行してください。

```
rails generate controller messages index show add edit
```

これでMessagesControllerというクラスと、ここで使うテンプレートやアセット類が作成されます。同時に作成しておくアクションとして、「index」「show」「add」「edit」といった項目を指定してありましたから、これらのテンプレート類も合わせて作成されます。

```
D:¥tuyan¥Desktop¥RailsApp>rails generate controller messages index show
add edit
      create  app/controllers/messages_controller.rb
       route  get 'messages/index'
get 'messages/show'
get 'messages/add'
get 'messages/edit'
      invoke  erb
      create    app/views/messages
      create    app/views/messages/index.html.erb
      create    app/views/messages/show.html.erb
      create    app/views/messages/add.html.erb
      create    app/views/messages/edit.html.erb
      invoke  test_unit
      create    test/controllers/messages_controller_test.rb
      invoke  helper
      create    app/helpers/messages_helper.rb
      invoke    test_unit
      invoke  assets
      invoke    scss
      create      app/assets/stylesheets/messages.scss

D:¥tuyan¥Desktop¥RailsApp>
```

図4-23 rails generate controllerを使い、MessagesControllerとその関連ファイルを作成する。

ソースコードを記述しよう

では、コントローラーのソースコードを記述しましょう。今回、必要となるアクションとして、index, show, add, create, edit, update, deleteといったものを用意します。

最初にアクションメソッドをすべてまとめて書いてしまいましょう。messages_controller.rbを開き、以下のように作成してください。

リスト4-24

```
class MessagesController < ApplicationController
  layout 'messages'

  def index
    @msg = 'Message data.'
    @data = Message.all
  end

  def show
    @msg = "Indexed data."
    @message = Message.find(params[:id])
  end

  def add
    @msg = 'Message data.'
    @message = Message.new
  end
```

```
  def create
    @message = Message.new message_params
    if @message.save then
      redirect_to '/messages'
    else
      render 'add'
    end
  end

  def edit
    @msg = "edit data.[id = " + params[:id] + "]"
    @message = Message.find(params[:id])
  end

  def update
    obj = Message.find(params[:id])
    obj.update(message_params)
    redirect_to '/messages'
  end

  def delete
    obj = Message.find(params[:id])
    obj.destroy
    redirect_to '/messages'
  end

  private
  def message_params
    params.require(:message).permit(:person_id, :title, :message)
  end

end
```

今回は、PersonControllerクラスと同じ書き方にしてあります。新規作成と更新は、GETとPOSTでそれぞれadd/create、edit/updateとアクションを分けてあります。それぞれのメソッド名はPersonと同じですし、基本的な処理の流れもほぼ同じですから、改めて1つ1つのメソッドの働きを説明しなくともだいたいわかるでしょう。

よくわからない人は、前章に戻って、PersonControllerクラスのアクションを作成していったところを復習しましょう。

レイアウトを作成する

続いて、レイアウトのテンプレートを用意しましょう。「views」内の「layouts」フォルダの中に、「messages.html.erb」という名前でファイルを作成してください。そして、以下のようにソースコードを記述しましょう。

リスト4-25

```
<!DOCTYPE html>
<html>
 <head>
   <title>RailsApp</title>
   <%= csrf_meta_tags %>
 <link rel="stylesheet"
  href="https://stackpath.bootstrapcdn.com/bootstrap/4.3.1/css/⏎
    bootstrap.css">
    <%= stylesheet_link_tag 'messages',
     'data-turbolinks-track': 'reload' %>
 </head>

 <body class="container">
   <%= yield %>
 </body>
</html>
```


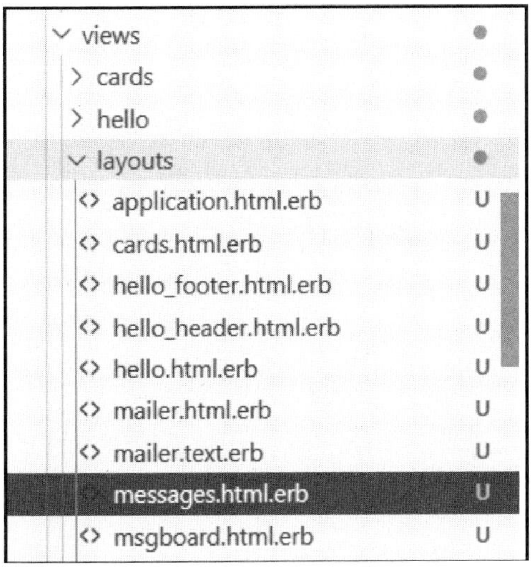

図4-24 「layouts」フォルダの中に「messages.html.erb」ファイルを作成する。

messages.html.erbでは、stylesheet_link_tagに'messages'という値を指定しておきました。また、Bootstrapを読み込むための<link>タグと、<body>にclass="container"を追記してあります。

レイアウトについては、これで完成です。後は、個々のアクション用のテンプレートを用意するだけですね。

テンプレートを用意しよう

では、「views」内に作成されている「messages」フォルダの中を見てください。「index.html.erb」「show.html.erb」「add.html.erb」「edit.html.erb」という4つのファイルが用意されているはずです。これらを順に記述していきましょう。

index.html.erbの作成

まずは、messagesのホーム画面となるindex.html.erbです。ここでは、indexアクション側に用意された@dataから順にデータを取り出しテーブルに表示しておきます。以下のように書き換えましょう。

リスト4-26

```
<h1 class="display-4 text-primary">
  Messages#index</h1>
<p><%= @msg %></p>
<table class="table">
  <tr>
    <th>Id</th><th >title</th><th>person</th><th colspan="2"></th>
  </tr>
  <% @data.each do |obj| %>
  <tr>
    <td><%= obj.id %></td>
    <td><a href="/messages/<%= obj.id %>"><%= obj.title %></a></td>
    <td><%= obj.person_id %></td>
    <td><a href="/messages/edit/<%= obj.id %>">Edit</a></td>
    <td><a href="javascript:delData(<%= obj.id %>);">Delete</a></td>
  </tr>
  <% end %>
</table>
<script>
function delData(num){
  if (confirm('このデータを削除しますか？')){
```

```
    document.location = "/messages/delete/" + num;
  }
  return false;
}
</script>
```

「people」フォルダのindex.html.erbでもやりましたが、「Edit」「Delete」といったリンクを用意して、これらをクリックしたらデータの更新や削除を行なえるようにしてあります。またタイトルをクリックするとデータの詳細が表示されるようにします。

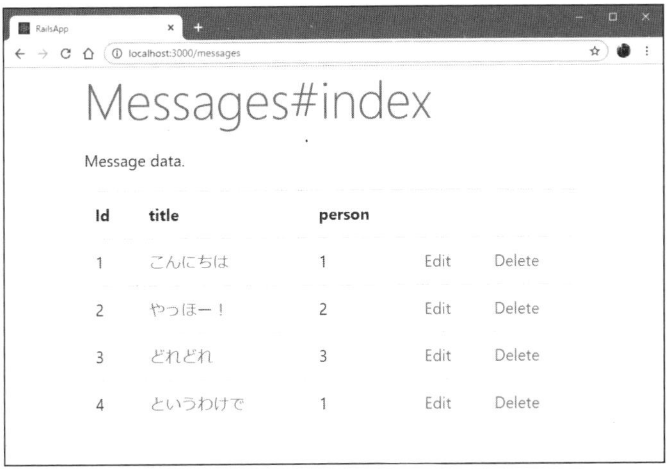

図4-25 index.html.erbの表示。これは完成してデータをいくつか追加したところ。

show.html.erbの作成

続いて、show.html.erbです。これは、indexでタイトルをクリックすると移動するページになります。パラメータで渡されたID番号のデータを@messageに代入しているので、この中身をテーブルにまとめて表示していきます。

リスト4-27

```
<h1 class="display-4 text-primary">
  Messages#show</h1>
<p><%= @msg %></p>
<table class="table">
  <tr><th>Id</th>
    <td><%= @message.id %></td></tr>
  <tr><th>Person</th>
    <td><%= @message.person_id %></td></tr>
  <tr><th>title</th>
```

```
    <td><%= @message.title %></td></tr>
  <tr><th>message</th>
    <td><%= @message.message %></td></tr>
  <tr><th>created</th>
    <td><%= @message.created_at %></td></tr>
  </tr>
</table>
```

図4-26 show.html.erbの表示。indexでタイトルをクリックすると、そのデータがテーブルで表示される。

add.thml.erbの作成

次は、データの新規作成のadd.html.erbです。データ入力用のフォームを用意して送信します。先にエラーメッセージの表示もやりましたから、これも合わせて用意しておくことにしましょう。

リスト4-28

```
<h1 class="display-4 text-primary">
    Messages#add</h1>
<p><%= @msg %></p>
<% if @message.errors.any? %>
<ul>
  <% @message.errors.full_messages.each do |err| %>
    <li><%= err %></li>
  <% end %>
</ul>
```

```
<% end %>
<%= form_for(@message, url:{controller:'messages', action:'create'})⏎
  do |form| %>
  <div class="form-group">
    <label for="person_id">person ID</label>
    <%= form.text_field :person_id,{class:"form-control"} %>
  </div>
  <div class="form-group">
    <label for="title">title</label>
    <%= form.text_field :title,{class:"form-control"} %>
  </div>
  <div class="form-group">
    <label for="message">message</label>
    <%= form.text_area :message, {rows:3,class:"form-control"} %>
  </div>
  <%= form.submit "作成" %></td>
<% end %>
</table>
```

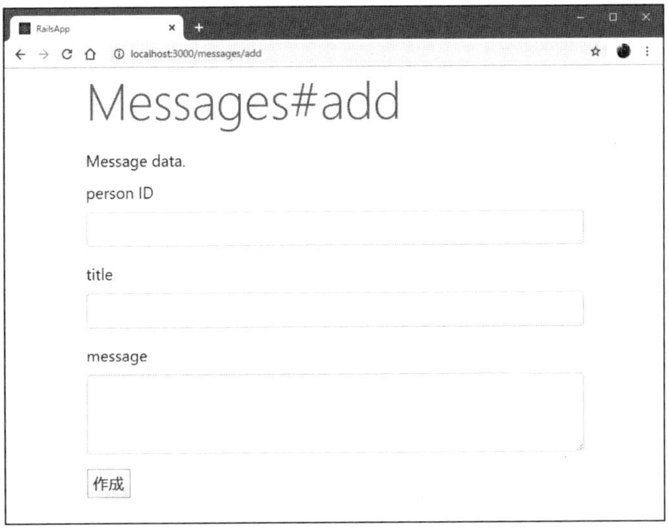

図4-27　addアクションの表示。データを送信するフォームを用意してある。

edit.html.erbの作成

最後に、edit.html.erbです。基本的にはadd.html.erbと同じような構成になっていますので間違えないでください。

リスト4-29

```
<h1 class="display-4 text-primary">
    Messages#edit</h1>
<p><%= @msg %></p>
<% if @message.errors.any? %>
<ul>
  <% @message.errors.full_messages.each do |err| %>
    <li><%= err %></li>
  <% end %>
</ul>
<% end %>
<%= form_for(@message, url:{controller:'messages', action:'update'})⏎
  do |form| %>
  <div class="form-group">
    <label for="person_id">person ID</label>
    <%= form.text_field :person_id,{class:"form-control"} %>
  </div>
  <div class="form-group">
    <label for="title">title</label>
    <%= form.text_field :title,{class:"form-control"} %>
  </div>
  <div class="form-group">
    <label for="message">message</label>
    <%= form.text_area :message, {rows:3,class:"form-control"} %>
  </div>
  <%= form.submit "更新" %></td>
<% end %>
</table>
```

図4-28 indexで「Edit」リンクをクリックすると、edit.html.erbを使って編集するデータがフォームに表示される。

Deleteについて

indexページの一覧リストには、「Delete」というリンクも用意されていました。レコードの削除の機能ですね。

これは、作成するものはありません。先にMessagesControllerクラスを作成した際に、削除のアクションメソッドはもう作っているので、既に完成しているのです。ビューテンプレートなどは必要ないため、コントローラー以外に作るものはありません。

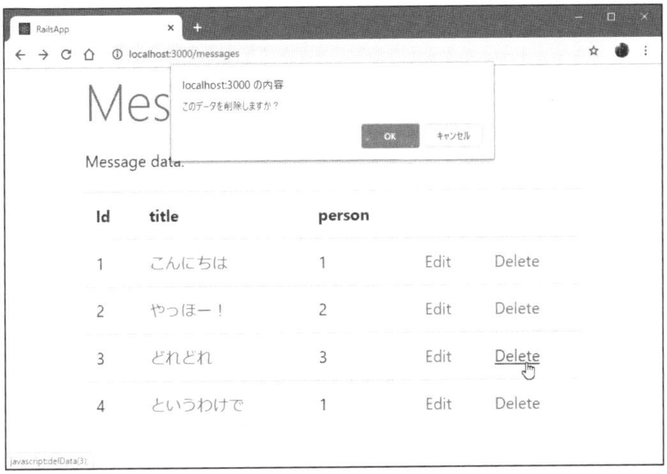

図4-29 /messagesで「Delete」リンクをクリックするとアラートが現れ、「OK」するとレコードが削除される。

routes.rbの追記

これで完成！ ではありませんよ。まだ、routes.rbの追記が残っていましたね？ 今回は以下のようなものを用意しておきましょう。

リスト4-30

```
get 'messages/index'
get 'messages', to: 'messages#index'

get 'messages/add'
post 'messages/add', to: 'messages#create'

get 'messages/edit/:id', to: 'messages#edit'
patch 'messages/edit/:id', to: 'messages#update'

get 'messages/delete/:id', to: 'messages#delete'
get 'messages/:id', to: 'messages#show'
```

これで、messagesの一通りのアクションが使えるようになります。すべて作業が終わったら、/messages/addにアクセスし、いくつかダミーデータを作っておきましょう。

なお、/messages/addでは、「person ID」というところに、投稿者のPersonでのID番号を記入するようになっています。名前ではないので注意しましょう。ちょっと面倒ですが、あらかじめ/peopleにアクセスしてユーザーのID番号をチェックしておいてください。

has_oneアソシエーション

さて、ようやくアソシエーション利用の準備が整いました。アソシエーションには、いくつかの種類があります。まずはもっとも基本となる「has_one」から説明しましょう。

has_oneは、「主データ1つに、従データ1つ」が関連付けられる、というものです。今回のサンプルならば、「Personデータ1つにつき、関連するMessageデータが1つつながっている」という状態を考えるといいでしょう。

これは、実際に使ってみないとよくわからないでしょう。では、「models」フォルダ内からperson.rbを開いてください。has_oneは、主データであるモデルに設定をします。今回の例ならば、Personモデルに設定を記述します。Personクラスを次のように修正しましょう。

リスト4-31

```
class Person < ApplicationRecord
  has_one :message

  validates :name, presence: {message:'は、必須項目です。'}
  validates :age, numericality: {message:'は、数字で入力ください。'}
  validates :mail, email: {message:'はメールアドレスではありません。'}
end
```

見ればわかるように、最初の行に「has_one :message」という文を追記しているだけです。これが、has_oneを設定するためのものです。

show.html.erbを修正する

では、データの内容を表示するshow.html.erbに、Personと関連付けられたMessageを表示するように修正してみましょう。「people」内のshow.html.erb（「messages」内ではありませんよ、間違えないように！）を以下のように修正してください。

リスト4-32

```
<h1 class="display-4 text-primary">People#show</h1>
<p><%= @msg %></p>
<table class="table">
  <tr><th>Id</th>
    <td><%= @data.id %></td></tr>
  <tr><th>Name</th>
    <td><%= @data.name %></td></tr>
  <tr><th>Age</th>
    <td><%= @data.age %></td></tr>
  <tr><th>Mail</th>
    <td><%= @data.mail %></td></tr>
  <tr><th>Message</th>
    <td><%= @data.message != nil ? @data.message.title : 'none' %>
      </td></tr>
  </tr>
</table>
```

/peopleに表示されているPersonの一覧から、nameをクリックして/people/showに移動すると、そのPersonのデータが表示されます。そこに、「Message」という項目が追加され、そのユーザーが投稿したMessageのタイトルが表示されるようになります。

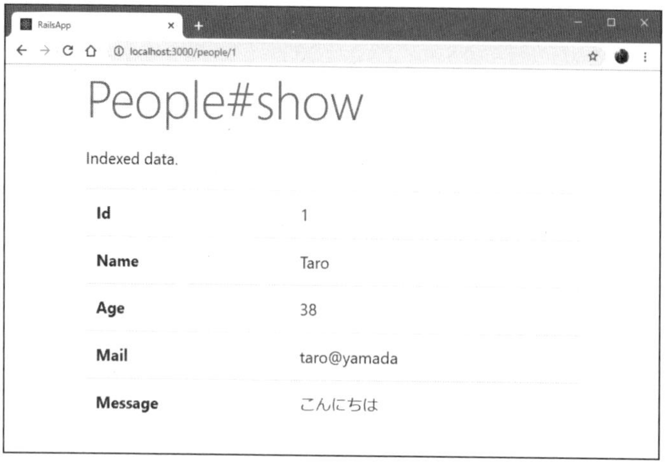

図4-30 /people/showでは、表示しているPersonが投稿したMessageを1つだけ表示するようになる。

なぜ、Messageのデータが表示されるのか？

では、どうやってMessageのデータを表示させているのでしょうか。表示を行なっている<%= %>タグを見ると、こんな文が書かれていることがわかります。

```
@data.message != nil ? @data.message.title : 'none'
```

@data.messageがnilでなければ、@data.message.titleを表示し、そうでなければ'none'と表示しています。@dataは、Personクラスのインスタンスですね。ここに、messageという項目が追加されていることがわかります。このmessageに、has_oneで関連付けられたMessageのインスタンスが設定されているのです。

has_oneは、このように「関連付けられたモデルのインスタンスを、モデル名のプロパティとして追加する」という働きがあります。非常に簡単に、関連する別テーブルのデータを得ることができるのです。

has_manyアソシエーション

has_oneは、1対1でデータを関連付けます。けれど、たとえばPersonとMessageの場合、1対1ということはありませんね？ あるPersonのユーザーがいくつもMessageを投稿しているかもしれません。こういう場合、has_oneでは最初のデータ1つだけしか取り出せません。

このような「1対多」の関係の場合に用いられるのが、「has_many」というアソシエーションです。これは、主データのモデルクラスに記述をして設定を行ないます。

では、これもやってみましょう。「models」フォルダ内からperson.rbを開き、Personクラスを以下のように修正してください。

リスト4-33

```
class Person < ApplicationRecord
 has_many :message

 ……validatesは省略……
end
```

has_oneだった部分を、has_manyに書き換えただけですね。その後にあるvalidatesは変わらないので省略してあります。

show.html.erbで全Messageを表示する

では、このhas_manyでどのようにMessageのデータが関連付けられるのか、「people」内のshow.html.erbを書き換えて確認しましょう。

リスト4-34

```
<h1 class="display-4 text-primary">People#show</h1>
<p><%= @msg %></p>
<table class="table">
  <tr><th>Id</th>
    <td><%= @data.id %></td></tr>
  <tr><th>Name</th>
    <td><%= @data.name %></td></tr>
  <tr><th>Age</th>
    <td><%= @data.age %></td></tr>
  <tr><th>Mail</th>
    <td><%= @data.mail %></td></tr>
  <tr><th>Message</th>
    <td>
    <% if @data.message != nil then %>
      <% @data.message.each do |obj| %>
        <%= '「' + obj.title + '」' %>
      <% end %>
    <% end %>
    </td></tr>
  </tr>
</table>
```

修正したら、先ほどと同様に/peopleからユーザー名をクリックして/people/showに移動しましょう。すると、そのユーザーが投稿したMessageのtitleがすべて「Message」のところに表示されるようになります。

図4-31 /people/showでは、そのユーザーが投稿したMessageのtitleがすべて表示されるようになる。

messageコレクションを処理する

今回は、Messageのところに出力する内容がちょっとややこしくなっていますね。行なっていることを整理すると、こんな処理をしていることがわかるでしょう。

```
if @data.message != nil then
 @data.message.each do |obj|
    '「' + obj.title + '」' ←これを出力
 end
end
```

@data.messageがnilでないなら、@data.message.each do |obj| という繰り返しを使い、messageから順に値を取り出してobjに代入する、ということを繰り返していきます。そして繰り返しの中で、obj.titleを出力しています。

このように、has_manyを設定すると、messageにはモデルのインスタンスがそのまま入るのではなく、コレクションにまとめられたものが用意されるようになります。「コレクション」というのは、配列のようなものでしたね。ここからeachで取り出したobjの中身は、関連付けられたMessageインスタンスです。

ちょっと値を取り出すのが面倒ですが、has_manyを使えば関連するデータを全部まるごと取り出し処理できます。

belongs_toアソシエーション

has_oneとhas_manyは、「主データ側に設定すると、それに従データが関連付けられる」というものでした。その反対に、「従データ側から、関連付けられている主データを取り出す」ということも可能です。

これには、「belongs_to」というアソシエーションを使います。これは、従データのモデルクラス内に用意します。では、Messageクラスにこのbelongs_toを設定してみましょう。「models」フォルダからmessage.rbを開きmessageクラスを以下のように修正してください。

リスト4-35

```
class Message < ApplicationRecord
  belongs_to :person

  ……validatesは省略……
end
```

これで、Messageにbelongs_toが設定されました。なお、Person側に追記したhas_manyは、削除する必要はありません。主データ側にhas_oneやhas_manyが設定してあっても、belongs_toは問題なく使えます。

index.html.erbを修正する

では、belongs_toを利用してみましょう。今回は、message側のテンプレートを修正します。「messages」内にあるindex.html.erbを開いてください。この中で、@dataの一覧を表示している<table>タグがありますね？ このテーブルの部分(<table> ～ </table>の部分)を、以下のように修正しましょう。

リスト4-36

```
<table class="table">
  <tr>
    <th>Id</th><th >title</th><th>person</th><th colspan="2"></th>
  </tr>
  <% @data.each do |obj| %>
  <tr>
    <td><%= obj.id %></td>
    <td><a href="/messages/<%= obj.id %>"><%= obj.title %></a></td>
    <td><%= obj.person.name %></td>
    <td><a href="/messages/edit/<%= obj.id %>">Edit</a></td>
    <td><a href="javascript:delData(<%= obj.id %>);">Delete</a></td>
```

```
  </tr>
  <% end %>
</table>
```

修正したら、/messagesにアクセスをしてみてください。投稿されたメッセージが一覧表示されますが、personのところには、person_idのID番号ではなく、投稿者の名前が表示されるようになります。

図4-32 /messagesにアクセスすると、personのところにユーザー名が表示されるようになる。

personプロパティを使う

では、変更したテーブル部分のソースコードを見てみましょう。ここでは、personの項目の部分に、以下のような内容が出力されています。

```
<%= obj.person.name %>
```

@dataからとり出したobjのpersonプロパティに、belongs_toで関連付けたPersonモデルのインスタンスが設定されています。その中のnameを書き出していたのです。has_oneやhas_manyと同様、モデル名のプロパティが自動的に用意され、そこにモデルのインスタンスが入れてあるのですね。

このように、belongs_toを使うと、簡単に従データ側から主データの内容を取り出すことができます。これで関連するモデルを双方向に参照できるようになりましたね！

コラム belongs_toは1つだけ？ Column

主データ側から従データを参照するには、has_oneとhas_manyの2種類があります。では、従データ側から主データを参照するのはなぜbelongs_toだけなんでしょう？

これは、データの対応具合を考えてみるとわかります。1対1でも、1対多でも、従データ側からは、常に1つの主データしか関連付けられていないのです。というより、「関連するデータは常に1つだけ」だから、主データとして扱われるのですよ。「従データ1つにたくさんの主データがつながってる」というなら、それは主と従を間違えてる、と考えるべきでしょう。

Section 4-4 Scaffoldを使いこなそう

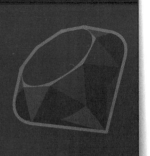

CRUDの基本はほぼ同じ！？

これまで、データベースのCRUD（Create、Read、Update、Delete）といった基本処理を実際に作って、データベースを使ったWebアプリの基本的な処理についていろいろと考えてきました。

改めて振り返って思うのは、「データベースの基本的な処理は、実はどんなアプリでもたいてい同じだ」という点です。データベースを操作するCRUDの処理は、どんなデータベースでも、どういう内容のテーブルでも、実は大差ないのです。

実際にテーブルのCRUDアクションを前章ではいくつか書きました。メッセージボードのサンプルでは2つのテーブルについてCRUDの主なものをそれぞれ用意しましたが、何度も同じような処理とテンプレートを書いていたことに気がついたはずです。「Webアプリを作る度に、また同じようなものを作らないといけないのは面倒だなぁ」と、ユウウツになった人も多いんじゃないでしょうか。

こうした決まりきった機能の実装は、処理内容もテンプレートもやはり決まりきったもので、決まったやり方にしたがって用意すればいい、というものです。ならば、人間がわざわざコードを1つ1つ書く必要はないんじゃありませんか？

そう、プログラムに自動的に作らせることだってできるはずなのです――その考えに基づいて作られたのが、「Scaffold（スカフォールド）」と呼ばれる機能です。

Scaffoldは、Webアプリの土台作り

このScaffoldというものは、データベースの基本であるCRUDの処理を自動的に作成する機能です。これはRailsのコマンドプログラムに組み込まれており、簡単なコマンドを実行するだけで必要なもの(モデル、コントローラー、アクション、テンプレートなど一式)をすべて自動生成できます。このScaffoldを利用することで、データベース利用のWebアプリの基本部分を簡単に作成することができるのです。

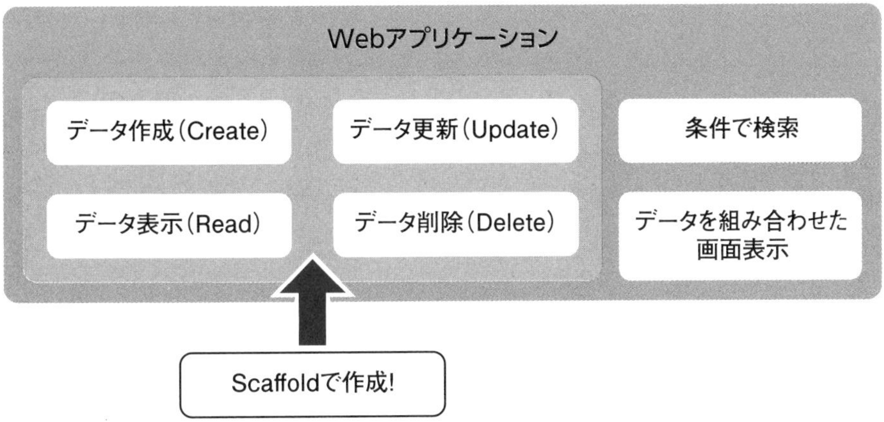

図4-33 Scaffoldで作成できるのは、CRUDの部分だけ。それ以外は自分で作る。

Scaffoldは万能ではない!

「そんなに便利な機能があるなら、もっと早く教えてくれ!」と思っている人もきっと多いことでしょう。確かにそうなのですが、しかしScaffoldを使うには、それなりの知識も必要なのです。なぜなら、Scaffoldは万能ではないからです。

Scaffoldの特徴を少しまとめておきましょう。

● 1. 作成されるのは、基本的にCRUDのみ

この点は重要です。Scaffoldは、あくまでCRUDの基本コードを作るためのものです。したがって、それ以外の部分は作成しません。データベース利用の場合、さまざまな条件でデータを検索する部分がアプリの重要な機能となるはずですが、こうした部分は作れないのです。

● 2. 作成されるアクションは固定

Scaffoldでは、作成されるアクションは常に同じです。作られるアクションの名前や実装の仕方はあらかじめ決まっていて、カスタマイズはできません。また、これは後で実際に生成されるコードを見ていくとわかることですが、CRUDの1つ1つのアクションは個別にルーティング設定されているのではなく、全部を一式まとめて設定するセットが1つあるだけで、後でカスタマイズできないのです(もちろん、すべて書き直せば可能ですが……)。

また、一式ルーティング設定されることからわかるように、作成されるアクションは、常にCRUDすべてがセットになっています。「データの表示はいらない」とか「削除はいらない」と思ってもカットすることはできません。

● 3. 修正はできない

Scaffoldは、まだ何も用意されていない状態から、モデル・コントローラー・ビュー(テ

ンプレート)を一式まとめて生成します。ですから、既にあるモデルにコントローラーとビューを追加したい、というような場合には使えません(使ってしまうと、既にあるモデルが上書きされてしまうでしょう)。

また、生成されたコードを後でScaffoldで修正したり追加・削除したりすることもできません。基本的にScaffoldは「作りっぱなし」で、作成された後の面倒はみない、と考えましょう。

データの管理部分を作るのがScaffold

Scaffoldは、CRUDを作成するものですが、このCRUDというのは、データの作成・読み込み・更新・削除の機能ですね。これは、Webアプリの機能というより、それ以前の「データの管理をするための部分」です。

たとえば、ネットショッピングのサイトがあったとしましょう。利用者は、商品や金額などがずらっと表示されているページなどにアクセスし、買い物をします。この部分は、Scaffoldでは作れません。自分で作る必要があります。

が、こうしたサイトを運営するためには、必要に応じて入荷した商品の情報を追加したり、販売終了したデータを削除したりといった作業をしなければいけません。この部分は、管理側が利用するだけですから、一般のユーザーが見ることもなく、デザインなどに凝る必要もありません。ただ、必要な機能があってきちんと動けばそれでいいのです。この部分を作成するのに、Scaffoldは最適なのです。

つまり、Scaffoldはデータベース利用のWebアプリそのものを作るのではなく、アプリを作る上で土台となる「データベース管理」の機能を自動生成するもの、と考えると良いでしょう。

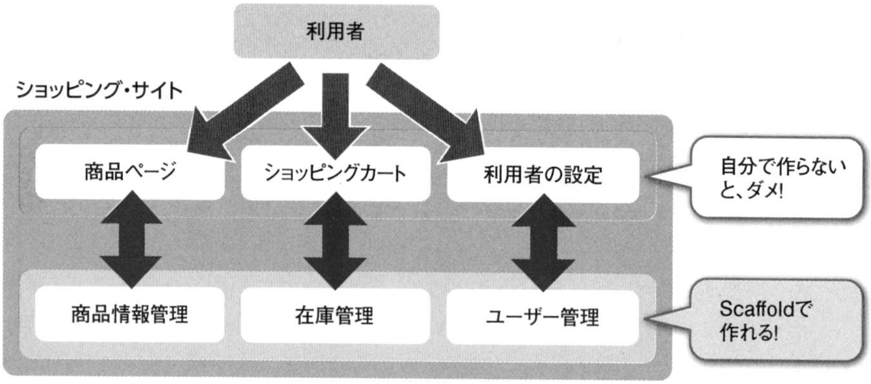

図4-34 ショッピングサイトでは、ユーザーがアクセスする画面とは別に、商品や利用者などの情報を管理するページが必要になる。こうした土台の部分をScaffoldは自動生成する。

Scaffoldでデータベースを作ろう！

では、実際にScaffoldを使ってみることにしましょう。ごく一般的なデータベーステーブルを考え、それを利用したCRUD処理を作成してみます。

今回、作ってみるのは以下のような簡単なテーブルです。

name	名前の項目(text)
age	年齢の項目(integer)
nationality	国籍(真偽値、integer)
mail	メールアドレス

個人情報管理の簡単なサンプルです。似たようなものをサンプルとして作っていますから、Scaffoldで作成されたものとどう違うか比較してみることもできるでしょう。今回は、さまざまな種類の値を保管したかったので、国籍(日本国籍か否かを表す真偽値)といったものも追加してみました。

scaffoldコマンドを実行

では、Scaffoldを実行してみましょう。コマンドプロンプトまたはターミナルを開き、プロジェクトのフォルダ(サンプルでは「RailsApp」フォルダ)にcdで移動してください。そして、以下のようにコマンドを実行しましょう。

```
rails generate scaffold mycontact name:text age:integer⏎
  nationality:boolean mail:text
```

これで、「Mycontact」というモデルと、これを利用するコントローラー、ビューなど一式が自動作成します。

Scaffoldは、rails generateコマンドの1つとして用意されています。これは、以下のようにモデル名とテーブルの項目などの情報を記述して実行します。

```
rails generate scaffold モデル名 項目1:タイプ 項目2:タイプ ……
```

基本的には、モデルの生成(rails generate model)とほとんど同じですね。

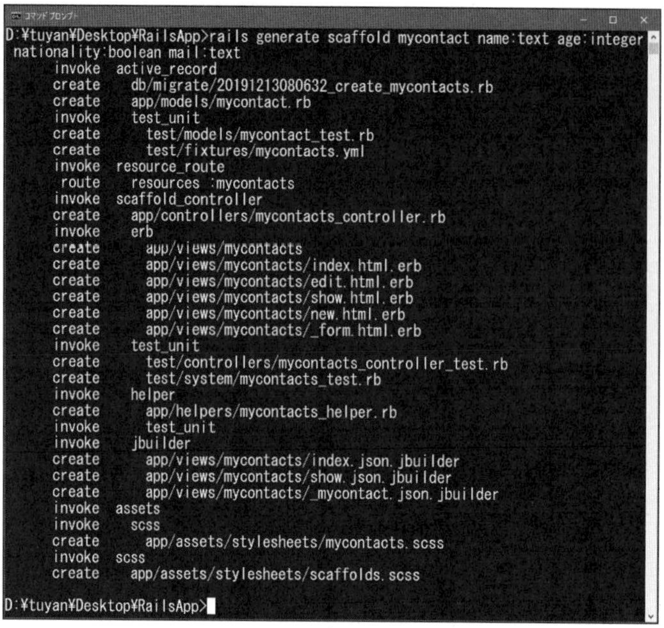

図4-35 コマンドを使ってScaffoldを実行する。

マイグレーションする

これで、MVCのファイルはすべて生成されました。実に簡単ですね！ が、まだこれで完成ではありませんよ。なにかやるべきことがありましたね？ そう、「マイグレーション」です。データベースを更新した場合は、必ずマイグレーションを行なう必要があります。

では、コマンドプロンプトまたはターミナルから以下のように実行してください。

```
rails db:migrate
```

これでマイグレーション情報を元にデータベースにテーブルが生成され、アプリケーションが利用可能な状態になります。

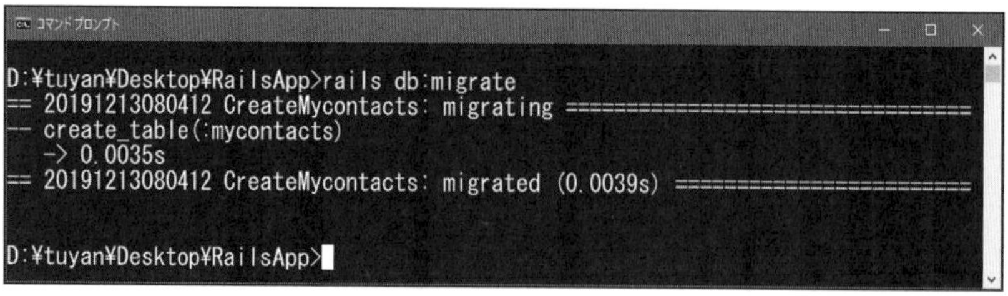

図4-36 rails db　migrateを実行する。

実行して動作を確認

では、コマンドプロンプトまたはターミナルから「rails server」を実行してアプリケーションをサーバーで実行しましょう。そして、Scaffoldで作成されたページにアクセスをして動作を確認してみましょう。

トップページ

トップページである、/mycontactsにアクセスすると、既にいくつかデータが保管されているならば、mycontactテーブルのデータが一覧表示されます。各データには、右側に「Show」「Edit」「Destroy」といったリンクが用意されています。またテーブルの下部には、「New Mycontact」というリンクが用意されています。

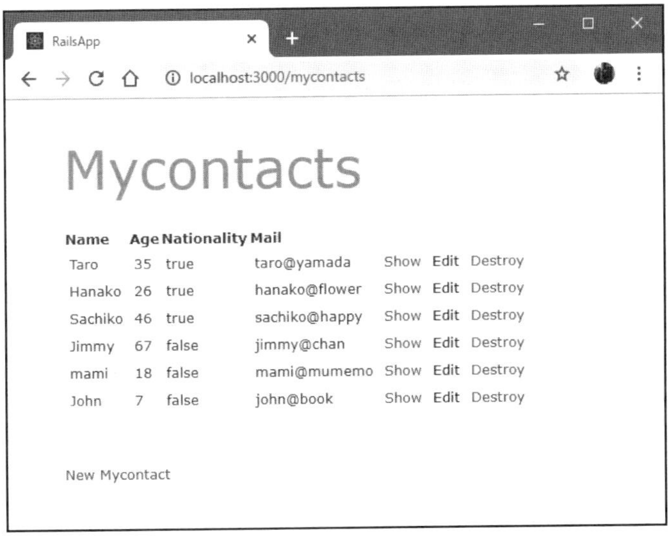

図4-37　Mycontactsのトップページ。データの一覧が表示される。これはサンプルとしていくつかデータを追加した状態。

Showページ

データの一覧から、「Show」リンクをクリックすると、そのデータの内容が表示されるページに移動します。これは、たとえばID = 1のデータなら、/mycontacts/1 といったアドレスになります。

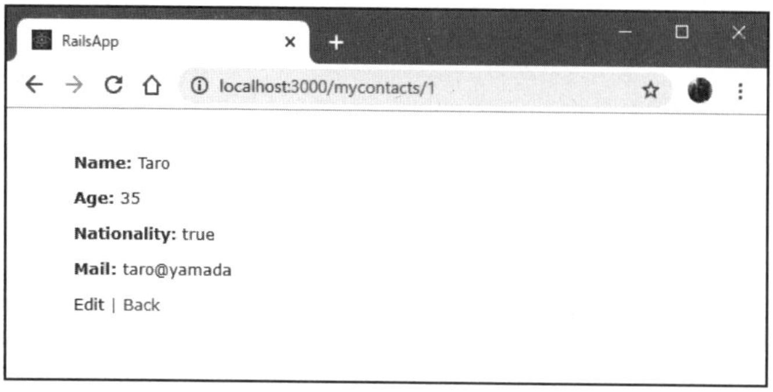

図4-38 トップページからShowリンクをクリックすると、そのデータの内容が表示されるページが現れる。

Editページ

トップページの「Edit」リンクをクリックすると、そのデータを編集するページに移動します。これは、たとえばID = 1のデータなら、/mycontacts/1/edit といったアドレスになります。

画面にはフォームが表示され、そこに指定のデータの内容が設定された状態で現れます。この値を修正して送信すると、データが更新されます。

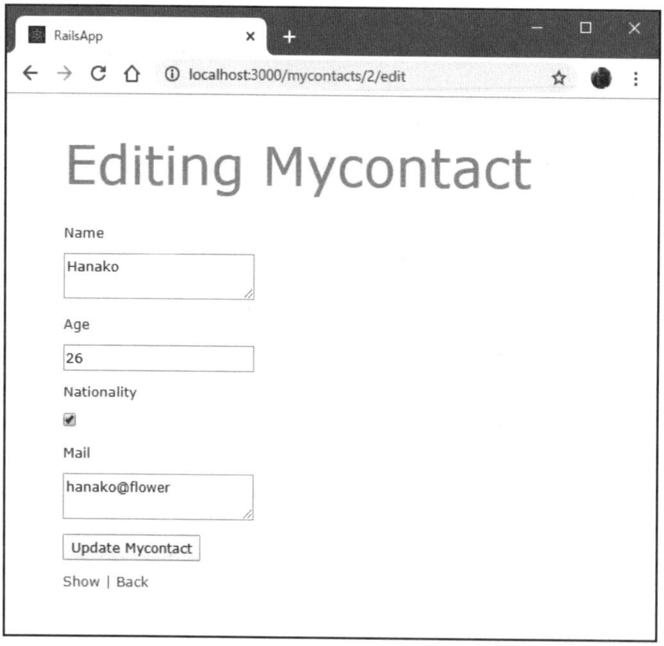

図4-39 トップページからEditリンクをクリックすると、そのデータの編集を行なうページに移動する。ここで内容を書き換えて送信すると、データが更新される。

Destroyアクション

トップページにある「Destroy」リンクをクリックすると、「Are you sure?」と確認のアラートが現れ、ここでOKするとそのデータが削除されます。

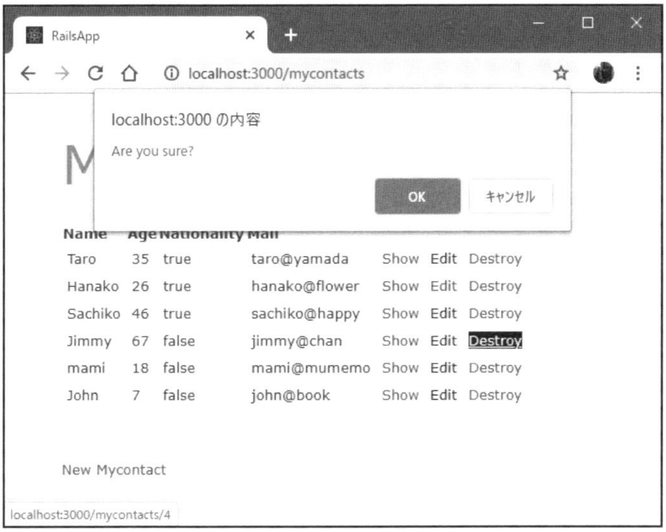

図4-40 Destroyリンクをクリックすると、確認のアラートが現れる。ここでOKすると削除される。

モデルをチェックする

では、生成されたファイルがどのようになっているのか調べてみましょう。まずは、モデルからです。「models」内に作成される「mycontact.rb」を開いてみてください。以下のようにソースコードが作成されているのがわかります。

リスト4-37

```
class Mycontact < ApplicationRecord
end
```

まったく何も具体的な処理は用意されていません。1つのテーブルだけしか作っていませんからアソシエーションなどは不要ですが、バリデーションのたぐいもまったくないのは困りますね。これは、少し追記しないといけないでしょう。

リスト4-38

```
class Mycontact < ApplicationRecord
  validates :name, presence: {message:'は、必須項目です。'}
  validates :age, numericality: {message:'は、数字で入力ください。'}
  validates :nationality, inclusion: {in: [true, false],⏎
    message:'は、真偽値です。'}
end
```

今回は、3つのバリデーションを追加してみました。設定している内容は以下のようになります。

name	必須項目の設定。presenceで設定。
age	数値のみの入力。numericalityで設定。
nationality	真偽値のみの入力。inclusionを使って設定。

バリデーションは、Scaffoldでは設定されないため、このように後から自分で追記する必要があります。Scaffoldで作成するのは、「動作する必要最小限のもの」であることがわかるでしょう。

コラム inclusionバリデーションって？ Column

今回、nationalityのバリデーションに「inclusion」というものを利用しました。これは、初めて使うものですから簡単に補足しておきましょう。

このinclusionは、その後にある「in」に用意された値の中から設定する、というものです。つまり、inに用意した値しか使えないようにするものです。

Railsのバリデーションには「真偽値の値のみ」といったものが用意されていません。が、inclusionを使い、in: [true, false] と指定することで、trueかfalseかいずれかの値しか代入できない(つまり、真偽値しか入れられない)ようにできます。

もちろん、nationalityはbooleanに指定してあり、addやeditアクションで表示されるページのフォームではチェックボックスで入力をしますから、真偽値以外の値が保管されることは通常はありません。これは、「こういう形で入力を制限できる」という利用例として考えてください。

マイグレーションをチェックする

続いて、データベースのマイグレーションをチェックしておきましょう。「db」内の「migrate」フォルダには、今回、新たに「○○_create_mycontacts.rb」というファイルが作成されています(○○は、任意のバージョン番号)。ここに書かれている内容を見てみると、以下のようになっていることがわかります。

リスト4-39

```
class CreateMycontacts < ActiveRecord::Migration[6.0]
  def change
    create_table :mycontacts do |t|
      t.text :name
      t.integer :age
      t.boolean :nationality
      t.text :mail

      t.timestamps
    end
  end
end
```

用意されているCreateMycontactsクラスは、ActiveRecord::Mygrationを継承して作られています。ここにはchangeメソッドが用意されており、この中で「create_table 」というメソッドしか扱っていません。これが、テーブルを生成するための処理を実行します。

このメソッドの使い方については既に触れましたね。その後の「mycontacts do |t|」で、テーブルに用意される項目が用意されています。

コントローラーをチェック

続いて、コントローラーです。「controllers」フォルダ内には、「mycontacts_controller.rb」という名前でコントローラーのソースコードファイルが作成されています。ここにコントローラーのコードが記述されています。

ここに用意されているアクションメソッドについては、それぞれのアクションの説明のところで触れることにして、ここではクラスの定義とアクションメソッド以外のものについて見てみましょう。

リスト4-40

```
class MycontactsController < ApplicationController
  before_action :set_mycontact, only: [:show, :edit, :update, :destroy]
  ……以下略……
```

クラスの定義の後に、「before_action」というものが書かれていますね。これは、「フィルター」と呼ばれる機能のためのメソッドです。このbefore_actionは、アクションが呼び出される前に実行される処理を指定するためのものです。ここでは、「set_mycontact」メソッドをアクションの前に実行するように指定しています。

その後にある「only」という引数は、このbefore_actionが適用されるメソッドを指定するためのものです。すなわち、show、edit、update、destroyの4つのアクションの場合に飲み、このset_mycontactメソッドが実行されるようにしていたのですね。

set_mycontactメソッド

では、このset_mycontactメソッドがどういうものか、その内容を見てみましょう。だいたいこんな具合になっているはずです。

リスト4-41

```
def set_mycontact
  @mycontact = Mycontact.find(params[:id])
end
```

Mycontactモデルのfindメソッドを使って、params[:id]で渡されたIDのデータを検索し、@mycontactに代入しています。こういう「パラメータで渡されたIDのデータをfindで検索してインスタンス変数に代入する」という処理は、データの編集や削除などでよく用いられます。そこで、フィルターを使ってこれらのアクションが呼び出されたら自動的に実行するようにしていたのですね。

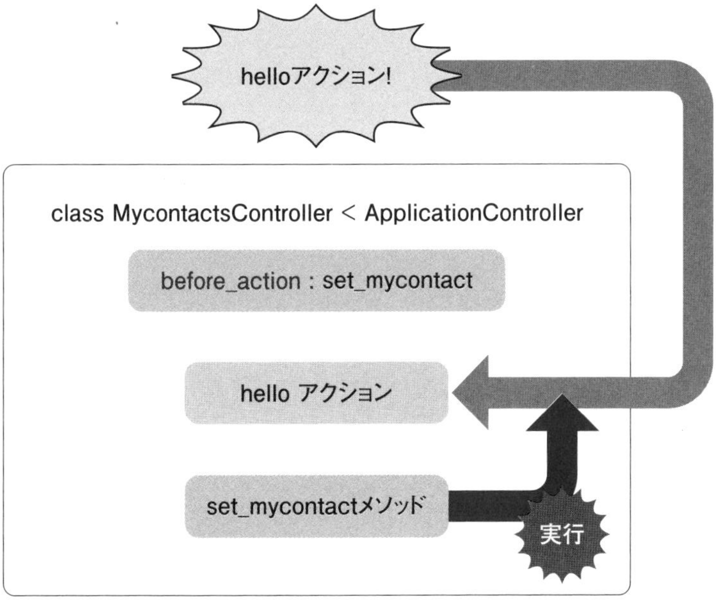

図4-41 before_actionを設定しておくと、アクションが呼び出されたとき、アクションメソッドの前にbefore_actionのメソッドを実行し、それが完了してからアクションメソッドが実行されるようになる。

mycontact_paramsメソッド

この他、もう1つアクション以外のメソッドが用意されています。mycontact_paramsというもので、以下のような内容になっています。

リスト4-42
```
def mycontact_params
  params.require(:mycontact).permit(:name, :age, :nationality, :mail)
end
```

これは、今までも散々使ってきた処理ですね。params.requireとpermitを呼び出して、送信されたフォームのデータにパーミッションを設定するものでした。

とりあえず、アクション以外に用意されているものはこれだけです。別に、Scaffoldだからといって特別な機能などは特に用意されていないことがわかります。

indexアクションについて

では、個別にコントローラー(mycontacts_controller.rb)の処理とテンプレート(「view」の「mycontacts」内にあるindex.html.erb)を見ていきましょう。まずはトップページであるindexアクションからです。これは、全データを表示するもので、以下のようになっています。

リスト4-43 indexアクション(MycontactsControllerクラス)

```
def index
  @mycontacts = Mycontact.all
end
```

リスト4-44 index.html.erb

```
<p id="notice"><%= notice %></p>

<h1>Mycontacts</h1>

<table>
  <thead>
    <tr>
      <th>Name</th>
      <th>Age</th>
      <th>Nationality</th>
      <th>Mail</th>
      <th colspan="3"></th>
    </tr>
  </thead>

  <tbody>
    <% @mycontacts.each do |mycontact| %>
      <tr>
        <td><%= mycontact.name %></td>
        <td><%= mycontact.age %></td>
        <td><%= mycontact.nationality %></td>
        <td><%= mycontact.mail %></td>
        <td><%= link_to 'Show', mycontact %></td>
        <td><%= link_to 'Edit', edit_mycontact_path(mycontact) %></td>
        <td><%= link_to 'Destroy', mycontact, method: :delete,
            data: { confirm: 'Are you sure?' } %></td>
      </tr>
    <% end %>
```

```
  </tbody>
</table>

<br>

<%= link_to 'New Mycontact', new_mycontact_path %>
```

アクションメソッドの処理は単純です。Mycontact.allで全データを取り出し、@mycontactsに代入しているだけですね。

そしてテンプレート側では、この@mycontactsの値から順にデータを取り出し、その内容をテーブルにまとめて書き出しています。<table>タグのボディ部分には、

```
<% @mycontacts.each do |mycontact| %>
```

このようにして、@mycontactsから順に値を取り出して変数mycontactに代入しています。そしてテーブルの内容として、

```
<td><%= mycontact.name %></td>
```

このような形で、mycontact内の値を<td>タグで書き出していきます。基本的には、これまでのサンプルでやってきたことと同じですね。

showアクションは何もしない？

データを表示するアクションはもう1つありました。それは、showです。これは特定のIDのデータを表示するものでしたね。このメソッドは、どういう処理をしているのでしょうか。

リスト4-45

```
def show
end
```

なんと、何も行なっていません！ なんでこれで、パラメータで渡されたIDのデータが画面に表示できるのでしょう？ テンプレート側でデータを処理しているのでしょうか？

……いいえ、そんなことはしていません。何もしてないように見えるけれど、実はやっている処理があります。それは、before_actionで指定された、set_mycontactに用意されている処理です。このフィルターのおかげで、アクションが呼び出される前にset_mycontact

の処理が実行されます。ここで、パラメータのIDのデータをMycontact.findで検索し、インスタンス変数に代入する作業を行なっていました。ですから、showメソッドでは何も行なう必要はないのです。

ちなみに、テンプレートのshow.html.erbでは、@mycontactインスタンス変数からデータの項目を取り出して表示するようになっています。これも今まで作成してきたテンプレートで行ってきたことなので、ここでは省略します。それぞれでやっていることを確認しておきましょう。

newアクションについて

続いて、新しいデータを作成するnewアクションです。これは、GETアクセスする際のnewと、そこに用意されたフォームを送信した際のPOST処理をするcreateの2つのメソッドで実現されています。では、これらを見てみましょう。

リスト4-46　newメソッド(MycontactsControllerクラス)

```
def new
  @mycontact = Mycontact.new
end

def create
  @mycontact = Mycontact.new(mycontact_params)

  respond_to do |format|
    if @mycontact.save
      format.html { redirect_to @mycontact,⏎
        notice: 'Mycontact was successfully created.' }
      format.json { render :show, status: :created,⏎
        location: @mycontact }
    else
      format.html { render :new }
      format.json { render json: @mycontact.errors,⏎
        status: :unprocessable_entity }
    end
  end
end
```

newは簡単ですね。単にMycontact.newで新しいモデルのインスタンスを用意し、@mycontactに代入するだけです。テンプレート側では、フォームヘルパーでこの@mycontactを設定してフォームを生成します。

問題は、createです。ここでは、Mycontact.newでパーミッション処理済みのパラメータを引数に指定しインスタンスを作成しています。そして、@mycontact.saveで保存をした結果に応じて再度newを表示したり、indexにリダイレクトしたりといった処理をしています。

respond_toとformat

ここで問題となるのは、「respond_to do |format|」という文でしょう。これ、一体何をやってるんでしょうね？

このrespond_toというメソッドは、クライアント(サーバーにアクセスしてくるブラウザなど)がどういうフォーマットのデータを要求しているかによって異なるフォーマットのデータを出力する役割を果たします。これは、以下のような形で記述します。

```
respond_to do |format|
format.html ○○
format.json ○○
……
```

respond_toで渡されるformatは、各フォーマットごとの処理をまとめるオブジェクトが入っています。このオブジェクトのメソッドを呼び出して、各フォーマットごとの処理を設定していきます。

format.htmlならば、HTMLのフォーマットが要求された場合の処理を設定します。ここでは、redirect_toを使ってindexにリダイレクトしていますね。また、format.jsonでは、「JSON」というJavaScriptで使われるデータの型式を使って内容を出力しています。これは、render json:というメソッドで行えます。このJSONは、JavaScriptからAjaxという技術を使ってアクセスしてきたときに用いられます。

このrespond_to内でformatにフォーマットを用意することで、同じアクションでさまざまなフォーマットに対応できるようになります。まぁ、これは今すぐここで理解する必要はありません。ただ、このrespond_toは、他のupdateやdestroyなどのアクションでも使われていますので、「どういうことをするものなのか」ぐらいは頭に入れておくと良いでしょう。

newテンプレート

このnewアクションの問題は、実はテンプレート側にあります。「view」の「mycontacts」内にあるnew.html.erbテンプレートの内容をチェックすると、それは以下のように書かれていました。

リスト4-47

```
<h1>New Mycontact</h1>

<%= render 'form', mycontact: @mycontact %>

<%= link_to 'Back', mycontacts_path %>
```

なんだかずいぶんすっきりしてるな……と思った人。これは、別のテンプレートをロードしているからです。ここでは「form」というテンプレートをrenderでレンダリングし表示していますね。ここに、データを入力するための具体的なフォームの内容が用意されているのです。

コラム パーシャルについて Column

今回、「render 'form'」というシンプルなrenderの使い方をしていますね。template:が使われておらず、ただテンプレートの名前を指定しているだけです。
これは、「パーシャル」と呼ばれるものを利用しているのです。パーシャルは、レイアウトを構成する小さな部品です。これは、名前の前にアンダースコアをつけたファイル名で作成されます(_form.html.erbというように、です)。パーシャルは、renderで名前を指定することで簡単にレンダリングし、レイアウトの中に組み込めます。たとえば、「render 'form'」とすれば、_form.html.erbがその場にロードされ、レンダリングされた状態ではめ込まれます。
複数のテンプレートを組み合わせてレイアウトを作成するような場合、このパーシャルは非常に便利です。

_form.html.erb

では、フォーム用のテンプレートを見てみましょう。「mycontacts」フォルダ内にある「_form.html.erb」を開いて中身をチェックしてください。

リスト4-48

```
<%= form_with(model: mycontact, local: true) do |form| %>
  <% if mycontact.errors.any? %>
    <div id="error_explanation">
      <h2><%= pluralize(mycontact.errors.count, "error") %>
          prohibited this mycontact from being saved:</h2>

      <ul>
```

```
      <% mycontact.errors.full_messages.each do |message| %>
        <li><%= message %></li>
      <% end %>
    </ul>
  </div>
<% end %>

<div class="field">
  <%= form.label :name %>
  <%= form.text_area :name %>
</div>

<div class="field">
  <%= form.label :age %>
  <%= form.number_field :age %>
</div>

<div class="field">
  <%= form.label :nationality %>
  <%= form.check_box :nationality %>
</div>

<div class="field">
  <%= form.label :mail %>
  <%= form.text_area :mail %>
</div>

<div class="actions">
  <%= form.submit %>
</div>
<% end %>
```

これが、newアクションで表示されるテンプレートです。form_forを使い、フォームを作成していることがわかりますね。

コラム pluralize ってなに？ Column

生成された_form.html.erbを見てみると、見たことのないメソッドが使われていることに気がつきます。この部分です。

```
<%= pluralize(mycontact.errors.count, "error") %>
```

mycontact.errors.countはわかるでしょう。mycontact.errorsは、エラーメッセージがまとめられているところでしたね。countは、その数です。では、pluralizeというのは？何かものすごく難しそうに見える名前ですが、実はこれ、別に重要な働きをするものではありません。これは、「単数形を複数形にする」処理をするメソッドなのです。要するに、エラーメッセージの数が複数あったら複数形で表示するようにしていただけだったのです。

editアクションについて

続いて、editアクションです。これは、/mycontacts/1/editといったアドレスでアクセスすると、ID=1のデータの編集画面になる、といったものでしたね。このコントローラーはどうなっているのでしょうか。

リスト4-49

```
def edit
end

def update
  respond_to do |format|
    if @mycontact.update(mycontact_params)
      format.html { redirect_to @mycontact,⏎
        notice: 'Mycontact was successfully updated.' }
      format.json { render :show, status: :ok,⏎
        location: @mycontact }
    else
      format.html { render :edit }
      format.json { render json: @mycontact.errors,⏎
        status: :unprocessable_entity }
    end
  end
end
```

これも2つのアクションから構成されています。GETアクセスした際にはeditアクションが呼ばれます。これは、実は何も処理はありません。フィルターで指定されたIDのデータをfindする処理が実行されているだけです。

そして表示されたフォームをPOST送信したときの処理がupdateです。ここでも、respond_toが使われていますね。

```
if @mycontact.update(mycontact_params)
```

このようにしてupdateでデータの更新を行ない、その結果によってformatに設定する処理を変更しています。このあたりの流れは、createアクションメソッドとほぼ同じですね。

edit.html.erbについて

では、テンプレートはどうなっているのでしょうか。「edit.html.erb」を開いてみると、以下のように書かれていることがわかります。

リスト4-50

```
<h1>Editing Mycontact</h1>

<%= render 'form', mycontact: @mycontact %>

<%= link_to 'Show', @mycontact %> |
<%= link_to 'Back', mycontacts_path %>
```

フォームを生成するformテンプレートのロードと、Show/Backといったリンクを作成するためのタグだけが用意されています。フォーム部分は、先ほどのnew.html.erbと同じ_form.html.erbを使っています。

考えてみれば、新しいデータを作るのも、既にあるデータを再編集するのも、必要なフォームは同じものですから、こうやって使い回せたほうが便利です。

レイアウトを修正するようなときも、_form.html.erbを修正すればnewもeditも変更されます。それぞれにフォームを書いておくより、後の修正などはかなり楽になりますね。

destroyアクションについて

さぁ、残るは削除です。これはdestroyというアクションとして用意されています。これはテンプレートはなく、アクションメソッドだけで完結しています。

リスト4-51

```
def destroy
  @mycontact.destroy
  respond_to do |format|
    format.html { redirect_to mycontacts_url,⏎
      notice: 'Mycontact was successfully destroyed.' }
    format.json { head :no_content }
  end
end
```

@mycontact.destroyを呼び出して削除をし、それからrespond_toでフォーマットごとの処理を行なっています。といっても、今回はGETとPOSTで処理を分けたり、saveやupdateに失敗したときの処理を用意したりする必要がありません。ただ、htmlではredirect_toでトップに戻るようにしているだけです。既にわかっているものの組み合わせでできていますから、改めて説明が必要な部分はないでしょう。

routes.rbをチェックする

これで、MVCの基本的なコードはだいたいわかりました。最後に、ルーティングの設定を見ておきましょう。routes.rbを見ると、Mycontacts関係のルーティング情報は、以下の一文しかないことがわかるでしょう。

リスト4-52

```
resources :mycontacts
```

Scaffoldで作成されるアクションのルーティングは、この1文だけです。このresourcesは、これ1つで以下のルーティングをすべて設定する働きをします。

```
GET '/名前', to: '名前#index'
GET '/名前/番号', to: '名前#show'
```

```
GET '/名前/new', to: '名前#new'
POST '/名前', to: '名前#create'

GET '/名前/番号/edit', to: '名前#edit'
PATCH '/名前/番号', to: '名前#update'
PUT '/名前/番号', to: '名前#update'

DELETE '/名前/番号', to: '名前#destroy'
```

これらがScaffoldで生成されるCRUDの基本ルーティングとなります。これは、resourcesというメソッドを使って一括設定されるため、個別修正はできません。ルーティングを修正したければ、resourcesを削除し、手作業でGETやPOSTなどの設定を追加する必要があります。

Scaffoldは使い方次第！

とりあえず、これでScaffoldが生成する内容がほぼわかりました。「データベースからMVCからCRUDの処理からすべて自動生成する」というとなんだかものすごいことをやっているように思えますが、中身を見ればわかるように、「テンプレートを元に、生成するテーブルに合わせて項目などを置換したもの」を複製しているだけなのです。それほど複雑なものは作れないのです。

が、データを管理する部分というのは、いわば「裏方の部分」です。実際に利用者がアクセスし使うものではなく、管理する側が使うツール的な機能です。こうした部分に、必要以上に時間と労力をかけたくない、というのは誰しも思うところでしょう。

Scaffoldは、この部分を瞬時に作成します。こういう「とりあえずあればいい」という部分をささっと作り、肝心の「利用者が使う、Webアプリの一番重要な部分」にじっくりと時間をかけて取り組むことができるわけですね。

そうした「アプリの土台部分」を作るのにScaffoldはとても役に立ちます。データベースを利用したWebアプリの開発は、「とりあえずScaffoldでささっと土台を作り、それからアプリ本体の開発に取り掛かる」と考えると良いでしょう。

Section 4-5 Q&Aサイトを作ろう

Q&Aは掲示板よりちょっと難しい！

Scaffoldを使えば土台部分は簡単に作れますが、それを元にカスタマイズして自分の考えるアプリを作っていかないといけません。これは、ある程度Scaffoldで生成される中身がわかっていないと難しいものです。そこで、実際にScaffoldを利用して簡単なWebアプリを作ってみましょう。

ここでは、例として「Q&A」のWebサイトを作ってみます。Q&Aというのは、誰かが質問を投稿し、その回答をみんながつけていくというタイプのWebサイトですね。普通の掲示板と違って、質問と回答のそれぞれのデータを管理しないといけません。またそれぞれの質問ごとに回答がつけられますから、先にやった「アソシエーション」の機能も利用する必要がありそうですね。

図4-42 トップページには、投稿された質問のリストが表示される。

Q&Aのサンプル

今回のQ&Aサイトは、非常にシンプルなものです。トップページにアクセスすると、投稿された質問の一覧が表示されます。ここから見たい質問の「Show」リンクをクリックするとその質問の内容と寄せられた回答を表示するページに移動します。

各質問は、回答数が10個になると自動的に終了するようにしてあります。回答中の質問では、回答のためのフォームが表示されますが、終了するとフォームは表示されなくなります。このフォームから回答を書いて送信すればそれが質問の回答として追加されます。

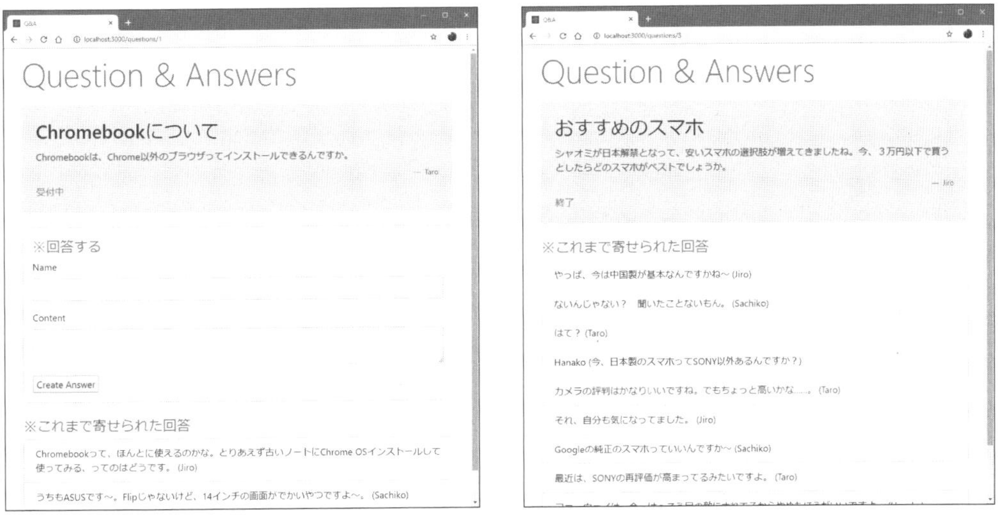

図4-43 回答受付中の質問では、質問の後に回答フォームが表示され、その下に寄せられた回答が表示される。終了後はフォームは表示されず、質問と回答のみが表示されるようになる。

テーブルを設計する

では、作成をしていきましょう。まず最初に、どのようなテーブルを用意する必要があるか考えてみましょう。普通に考えれば、「質問」と「回答」の2つのテーブルが最低限必要だろう、ということはなんとなくわかるでしょう。この2つのテーブルにはどんな項目が必要になるか、整理しましょう。

質問テーブルの項目

- タイトル
- 質問
- 利用者名

- 終了

質問のテーブルには、タイトルと質問内容、そして投稿した人間の名前といった情報を保管します。これらはすべてテキストの値として用意しておきます。この他、質問の受け付けが終了したかどうかを示す真偽値の項目も用意することにしました。

回答テーブルの項目

- 質問テーブルのデータのid
- 回答
- 利用者名

回答は、すべて質問データに関連付けられていなければいけません。このため、まず「どの質問の回答か」を示す、質問テーブルのデータのIDを保管しておく項目を用意しておきます。そして、回答のテキストと回答者の項目を用意します。

Scaffoldでベースを生成する

では、これらのテーブルを使ったMVCのセットをScaffoldで作成していくことにしましょう。今回も、既に利用中のサンプルアプリケーション(RailsApp)に組み込んでいくことにします。

コマンドプロンプトまたはターミナルを起動し、「RailsApp」のフォルダ内にcdコマンドで移動してから、コマンドを実行していきましょう。

questionの作成

まずは、質問データのMVCからです。これは今回、「question」という名前で作成することにします。コマンドプロンプトまたはターミナルから、以下のように実行してください。

```
rails generate scaffold question title:text content:text name:text⏎
  finished:boolean
```

ここでは、questionというモデルに、「title」「content」「name」「finished」といった項目を用意してあります。finishedだけがbooleanで、それ以外のものはtextになります。

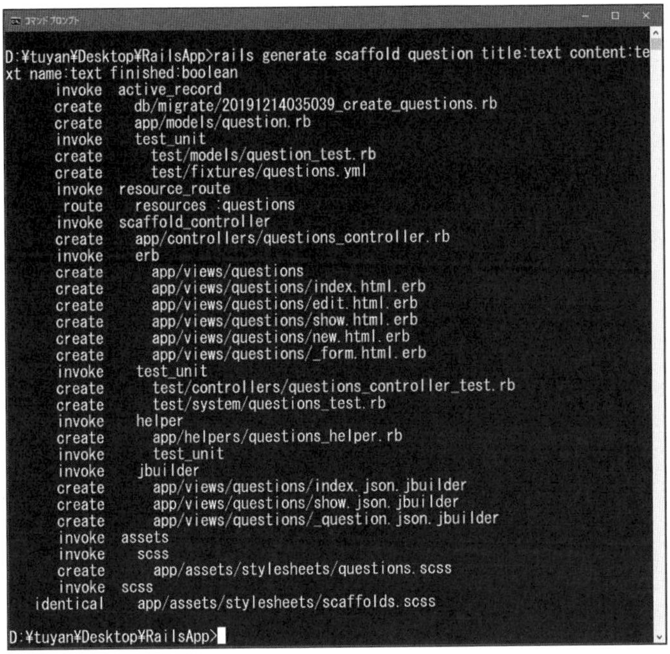

図4-44 Scaffoldでquestionを作成する。

answerの作成

続いて、回答部分の作成です。これは「answer」という名前で作ることにしましょう。以下のように実行してください。

```
rails generate scaffold answer question_id:integer content:text⏎
  name:text
```

answerモデルには、「question_id」「content」「name」といった項目を用意します。question_idはintegerで、それ以外はtextにしておきます。

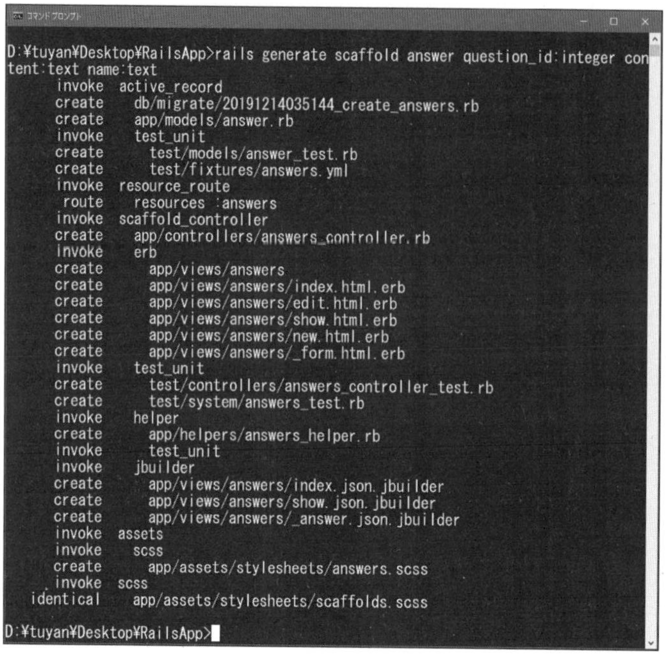

図4-45 Scaffoldでanswerを作る。

マイグレーションする

これで基本部分はできましたが、まだマイグレーションをしていませんから動きません。では、コマンドプロンプト／ターミナルからマイグレーションを実行しましょう。

```
rails db:migrate
```

これで、必要なテーブル類が作成され、Scaffoldで作ったquestionとanswerが利用できるようになります。

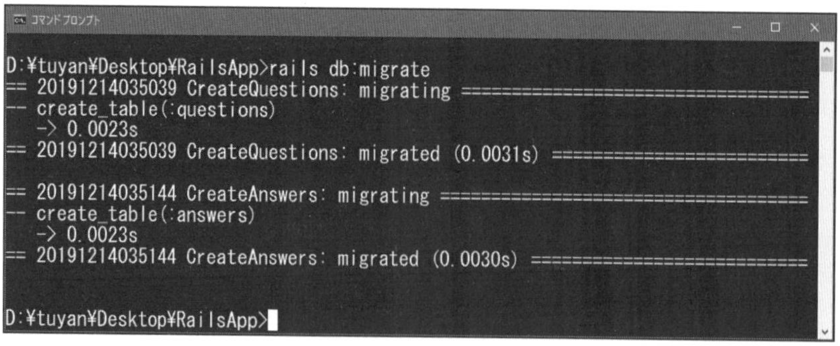

図4-46 マイグレーションを実行する。

動作を確認しよう

では、ちゃんとScaffoldした内容が動作するかどうか確かめてみましょう。/questionsにアクセスすると、質問の一覧が表示されます。ここからNew Questionのリンクをクリックしていくつかサンプルとしてデータを作成してみましょう。

テーブルには、Show, Edit, Destroyといったリンクがあり、これらでデータの表示、更新、削除が行なえます。一通り動作を確認しておいてください。

図4-47 /questionにアクセスすると、questionの一覧が表示される。これはダミーとしていくつかデータを追加したところ。

/answersにアクセスすると、回答データの一覧が表示されます。こちらもNew Answerのリンクをクリックしてデータを作成できます。注意したいのは、question_idの値です。これは、既に投稿済みのquestionデータのIDを指定する必要があります。

こちらも実際にサンプルデータを追加して、基本的な動作を確かめておきましょう。

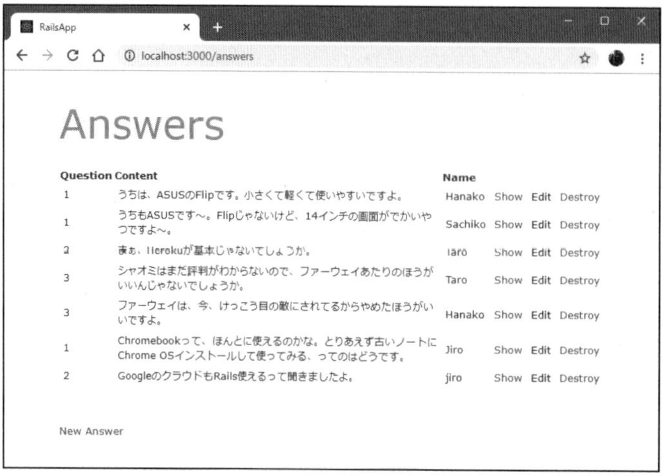

図4-48 /answerにアクセスすると、answerの一覧が表示される。これはダミーデータを追加したところ。

マイグレーションの内容をチェック

では、作成されたコードを元にアプリケーションを作成していきましょう。まず最初に、マイグレーションの内容を確認しておきましょう。「db」内の「migrate」フォルダに、「xxx_create_questions.rb」「xxx_create_answers.rb」という2つのファイルが追加されています(xxxは任意の値)。これらの中身を確認しておきます。

リスト4-53 ——xxx_create_questions.rb

```
class CreateQuestions < ActiveRecord::Migration[6.0]
  def change
    create_table :questions do |t|
      t.text :title
      t.text :content
      t.text :name
      t.boolean :finished

      t.timestamps
    end
  end
end
```

リスト4-54 ——xxx_create_answers.rb

```
class CreateAnswers < ActiveRecord::Migration[6.0]
  def change
    create_table :answers do |t|
```

```
      t.integer :question_id
      t.text :content
      t.text :name

      t.timestamps
    end
  end
end
```

それぞれのcreate_tableの内容を見ると、どのようなテーブルが生成されているのかわかります。それぞれのテーブルの内容をよく頭にいれておきましょう。作成された項目名や値の種類などを間違えるとエラーの元になりますから。

モデルを作成する

では、モデルから作成をしていきましょう。「models」フォルダの中には、question.rbとanswer.rbが作成されています。これらを以下のように修正してください。

リスト4-55 ——question.rb

```
class Question < ApplicationRecord
  has_many :answer

  validates :content, :name, presence: {message:'は、必須項目です。'}
end
```

リスト4-56 ——answer.rb

```
class Answer < ApplicationRecord
  belongs_to :question

  validates :content, :name, presence: {message:'は、必須項目です。'}
end
```

必須項目を設定するpresenceバリデーションと、アソシエーションの設定(has_manyとbelongs_to)を用意してあります。アソシエーション関係は、記述するモデルを間違えないようにしてください。Questionモデルが主データで、Answerモデルが従データになりますから、Question側にhas_many、Answer側にbelongs_toとなります。

必要なアクションは？

続いて、コントローラーとビューを整理していきましょう。Q&Aのサイトでは、どのようなページが必要になるでしょうか。ページの内容と、Scaffoldにより生成されているアクションをざっと整理してみましょう。

- 質問の一覧表示（questionsのindexアクション）。これがトップページになります。
- 質問の投稿（questionsのnewアクション）。新しい質問を投稿します。
- 質問と回答の表示（questionのshowアクション）。選択した質問とそれについた回答を表示します。またこの質問に回答するためのフォームもここに用意します。

実は、必要なのはこれだけです。それ以外は、サイトの利用者には必要ないのです。これらはすべてquestion側のアクションであり、answer側のアクションは利用者には必要ないことがわかります。

ということは、既にあるテンプレートを修正してこの3つのアクションを作成し、それ以外のアクションは利用されないようにしておけばいい、というわけですね。

Question/indexテンプレートの修正

ではテンプレートの修正をまとめてやってしまい、その後でコントローラーを書くことにしましょう。まずはquestionのindexアクションからです。「views」内の「questions」フォルダにある「index.html.erb」を開いて、以下のように修正しましょう。

リスト4-57 ——/question/index.html.erb

```
<p id="notice"><%= notice %></p>

<h1 class="display-4 text-primary">
    Questions</h1>

<table class="table mt-5 mb-5">
  <thead>
    <tr>
      <th>Title</th>
      <th>Finished</th>
      <th></th>
    </tr>
  </thead>
```

```
  <tbody>
    <% @questions.each do |question| %>
      <tr>
        <td><%= question.title %></td>
        <td><%= question.finished ? '終了' : '受付中' %></td>
        <td><%= link_to 'Show', question %></td>
      </tr>
    <% end %>
  </tbody>
</table>

<%= link_to '※新たに質問する', new_question_path %>
```

ここでは、Questionモデルのtitleとfinishedだけ表示するようにしています。タイトルだけわかれば、どんな質問がだいたい見当がつきますから、後は質問のページを開いて詳しく見ればいいでしょう。

ここでのポイントは、finishedの扱いです。finishedは、booleanの項目として用意してありました。これをそのまま「true」「false」と表示したのでは、利用者にはよくわからないでしょう。そこで、以下のようにして表示を行なっています。

```
<%= question.finished ? '終了' : '受付中' %>
```

これは、「三項演算子」というものを使っています。？より前にある文をチェックし、それがtrueならばその後にある値を、falseならばコロンの後にある値を出力します。ここでは、question.finishedの値をチェックし、その結果によって「受付中」「終了」のいずれかを表示するようにしていたのですね。

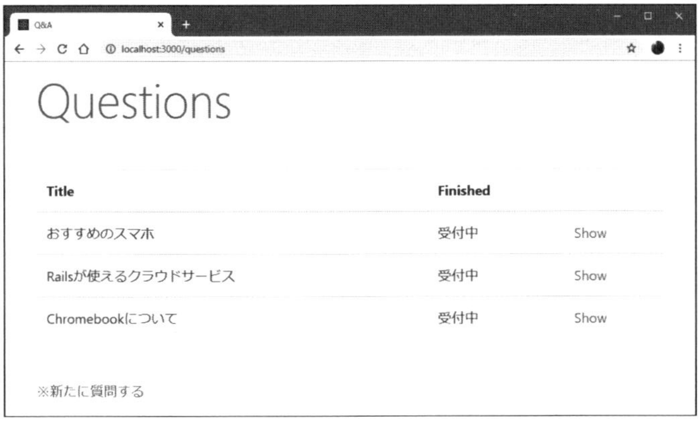

図4-49 questionのindex.html.erbを表示した画面。これはすべて完成した状態の表示。現時点では未完成なので表示はこれと異なるので注意！

Question/newとformの修正

続いて、「questions」フォルダ内にある「new.html.erb」です。これは、非常にシンプルな内容になります。

リスト4-58 ——/questions/new.html.erb

```
<h1 class="display-4 text-primary">
  New Question</h1>

<%= render 'form', question: @question %>
```

これだけです。renderを使い、formというパーシャルを表示していることがわかります。

_form.html.erbの修正

ここでレンダリングされているのは、「_form.html.erb」というテンプレートです。Scaffoldでは、フォーム部分は別の「パーシャル」と呼ばれるテンプレートに切り離していましたね。この部分を修正しましょう。

リスト4-59 ——/questions/_form.html.erb

```
<% if question.errors.any? %>
  <div id="error_explanation">
    <h2><%= pluralize(question.errors.count, "error") %>
      prohibited this question from being saved:</h2>
    <ul>
    <% question.errors.full_messages.each do |message| %>
      <li><%= message %></li>
    <% end %>
    </ul>
  </div>
<% end %>

<%= form_for(question) do |f| %>
  <div class="form-group">
    <%= f.label :title %>
    <%= f.text_field :title, class:"form-control" %>
  </div>

  <div class="form-group">
    <%= f.label :content %>
```

```
    <%= f.text_area :content, rows:5, class:"form-control" %>
  </div>

  <div class="form-group">
    <%= f.label :name %>
    <%= f.text_field :name, class:"form-control" %>
  </div>

  <%= f.hidden_field :finished, { value:false } %>

  <div>
    <%= f.submit %>
  </div>
<% end %>
```

これで、newで表示されるフォームが用意できました。基本的に、デフォルトで作成されているフォーム(フォームヘルパーを使ったもの)をベースに一部書き換えているだけです。

1つ注意しておきたいのは、finishedの扱いです。これは質問の受付を終了したかどうかを示すものなので、最初に質問を投稿するときは常にfalse（終了してない)となります。そこで、

```
<%= f.hidden_field :finished, { value:false } %>
```

このようにして非表示フィールドとして作成し、falseを値に設定しておきます。これで常にfalseが送られるようになります。

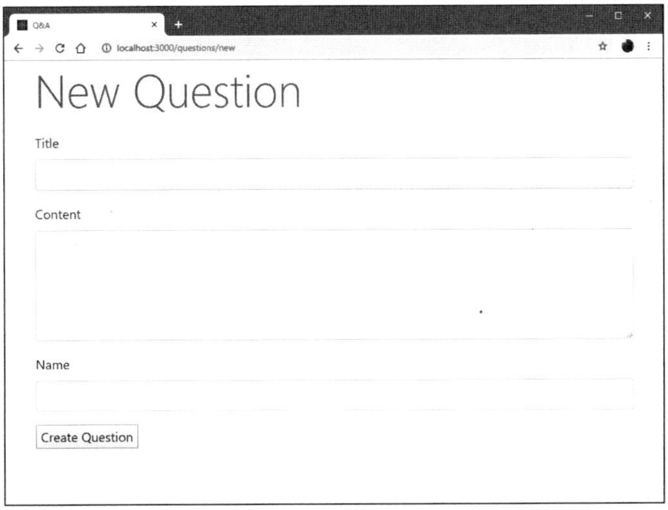

図4-50 新規質問のページ。これも完成した状態の表示。現時点ではまだこのようにはならないので注意！

Question/showとform2の修正

残るは、showの表示です。これは、indexの質問リストから「Show」をクリックすると現れます。選択した質問とその回答、そして回答のフォームを表示します。

これは、デフォルトで作成されているshow.html.erbとはかなり表示が違っていますので、ほぼすべて書き直すぐらいの気持ちで作成しないといけないでしょう。

リスト4-60 ——/questions/show.html.erb

```
<p id="notice"><%= notice %></p>

<h1 class="display-4 text-primary">Question & Answers</h1>

<div class="jumbotron p-4 mb-4">
  <h2 class="card-title">
    <%= @question.title %>
  </h2>
  <p class="card-text">
    <%= @question.content %>
  </p>
  <p class="blockquote-footer text-right">
    <%= @question.name %>
  </p>
  <div class="<%= @question.finished ? 'text-danger' :⏎
    'text-primary' %>">
    <%= @question.finished ? '終了' : '受付中' %>
  </div>
</div>

<% if @question.finished? == false then %>
  <div class="card p-3 mb-4">
    <h3 class="h4 text-primary">※回答する</h3>
    <%= render 'form2', answer: @answer %>
  </div>
<% end %>

<h3 class="h4 text-primary">※これまで寄せられた回答</h3>

<ul class="list-group">
<% if @question.answer.count == 0 then %>
  <p class="answer">※まだありません。</p>
<% else %>
  <% @question.answer.reverse_each do |re| %>
```

```
    <li class="list-group-item">
      <%= re.content + ' (' + re.name + ')' %>
    </li>
  <% end %>
<% end %>
</ul>
```

これで完成です。ただし！ フォームの部分は、「_form2.html.erb」というパーシャルを読み込むようにしていますので、これはこの後に別途作成します。

answerのリスト表示

前半の<div class="question">の部分に、@questionから値を取り出して質問の内容を表示します。そして後半では、回答の表示を以下のようにして行っています。

```
<% if @question.answer.count == 0 then %>
  ……回答がないときの表示……
<% else %>
  <% @question.answer.reverse_each do |re| %>
    ……変数reから回答の内容を取り出して表示……
  <% end %>
<% end %>
```

@question.answerは、@questionの質問への回答(Answerインスタンス)がまとめられているところです。このcountで、answerにいくつ値が保管されているかを調べ、ゼロだった場合はまだ回答がないとメッセージを表示しています。

そうでない場合は、@question.answer.reverse_each do |re| というように順に値を取り出して表示をしていきます。「reverse_each」というのは、「each」と同じように順に値を取り出していくメソッドですが、eachと異なり、一番最後にあるものから順に取り出していきます。これで、最後に投稿したものから順に表示されるようにしています。

finishedがfalseならフォームを表示する

さて、この2つの部分の間に挟まれているのが、フォームを表示するための部分です。これは、以下のようになります。

```
<% if @question.finished? == false then %>
  <div class="card p-3 mb-4
    <h3 class="h4 text-primary">※回答する</h3>
```

```
    <%= render 'form2', answer: @answer %>
  </div>
<% end %>
```

if @question.finished? == false で、finishedの値がfalseだった場合、ここに表示を作成します。<%= render 'form2', answer: @answer %>というように、form2というパーシャルを読み込んで表示しています。

_form2.html.erbを使う

このshow.html.erbでは、_form2.html.erbというパーシャルを読み込んでいます。これは、用意されてはいないので、手作業で作りましょう。

Visual Studio Codeを利用している場合は、エクスプローラーの「views」内の「questions」フォルダを選択し、＜ファイル＞メニューから＜新しいファイル＞ファイルを選んでください。あるいは「questions」フォルダを右クリックして＜新しいファイル＞を作成してもいいでしょう。そして、「_form2.html.erb」という名前をつけておきましょう。

_form2を作成する

後は、_form2.html.erbに記述をしましょう。これはAnswerクラスのインスタンスを作成しデータベースに保存するためのフォームを用意するものです。

リスト4-61 ――/questions/_form2.html.erb

```
<% if answer.errors.any? %>
  <div id="error_explanation">
    <h2><%= pluralize(answer.errors.count, "error") %>⏎
      prohibited this answer from being saved:</h2>
    <ul>
    <% answer.errors.full_messages.each do |message| %>
      <li><%= message %></li>
    <% end %>
    </ul>
  </div>
<% end %>

<%= form_for(answer) do |f| %>
  <%= f.hidden_field :question_id, {value: answer.question_id} %>

  <div class="form-group">
```

```
    <%= f.label :name %>
    <%= f.text_field :name, class:"form-control" %>
  </div>
  <div class="form-group">
    <%= f.label :content %>
    <%= f.text_area :content, rows:2, class:"form-control" %>
  </div>
  <%= f.submit %>
<% end %>
```

このフォームでも、非表示フィールドが使われていますね。<%= f.hidden_field :question_id, {value: answer.question_id} %>というものです。これは関連するQuestionオブジェクトのIDを保管するものです。ここで投稿するのは、このページに表示されている質問への答えですから、必ずquestion_idには現在表示している質問のID番号が保管されていないといけません。それを非表示フィールドに保管しているのです。

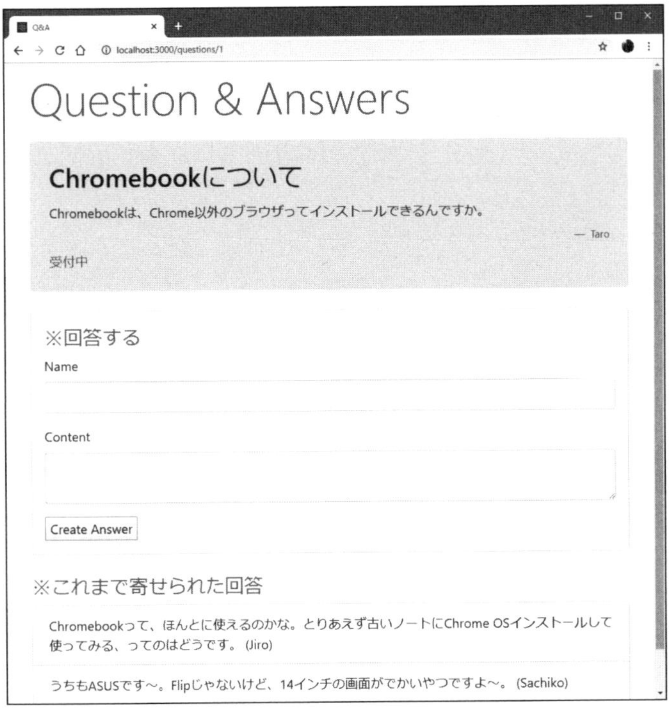

図4-51 質問の内容表示ページ。これも完成した状態。現時点ではまだこう表示されないので注意！

QuestionsControllerを修正する

これでテンプレートは完了しました。——え、「まだ編集してないものがたくさんある」って？ その通りですが、このWebアプリではindex, new, showの3つのアクションしかページを表示しません。それ以外のテンプレートなどはそのままにしておいてOKです。コントローラー側で、「不要なアクションは使えない」ようにしておけばいいのですから。

では、QuestionsControllerクラスからいきましょう。「controllers」内の「questions_controller.rb」を開き、以下のように書き換えてください。

リスト4-62 ——QuestionsControllerクラス

```
class QuestionsController < ApplicationController
  before_action :set_question, only: [:show, :edit, :update, :destroy]
  layout 'Q&A'

  def index
    @questions = Question.all.order created_at: :desc
  end

  def show
    @answer = Answer.new
    @answer.question_id = params[:id]
  end

  def new
    @question = Question.new
  end

  def edit
    redirect_to '/questions'
  end

  def create
    @question = Question.new(question_params)
    respond_to do |format|
      if @question.save
        format.html { redirect_to '/questions'}
        format.json { render :show, status: :created,⏎
          location: @question }
      else
        format.html { render :new }
        format.json { render json: @question.errors,⏎
```

```
          status: :unprocessable_entity }
        end
      end
    end

    def update
      redirect_to '/questions'
    end

    def destroy
      redirect_to '/questions'
    end

    private
    def set_question
      @question = Question.find(params[:id])
    end

    def question_params
      params.require(:question).permit(:title, :content, :name, :finished)
    end
end
```


アクションはとてもシンプル！

アクションの大半はとてもシンプルなことしかしていません。indexでは、Question.allで全データを取得し、orderで新しいものから順に並ぶようにしています。showでは、新規作成したAnswerオブジェクトに、params[:id]で得られたID番号を指定しています。

その他にある程度の処理をしているものといえば、createアクションぐらいでしょう。ここでは、送信されたフォームの内容を元にQuestionインスタンスを作り、保存しています。これは、既に何度も同じ処理を書いていますからだいたいわかりますね？

それ以外のアクションは、redirect_toを使い、トップページに移動するようにしています。こうすることで、余計なアクションにアクセスしないようにしているのです。

AnswerControllerを作成する

残るは、AnswerControllerクラスですね。こちらは、今回はほとんど使っていません。唯一、Answerインスタンスを作って保存するcreateアクションだけが必要です。それ以外は、すべてredirect_toでトップページにリダイレクトさせておきます。

では、answers_controller.rbを以下のように書き換えましょう。

リスト4-63 ——AnswersControllerクラス

```
class AnswersController < ApplicationController
  before_action :set_answer, only: [:show, :edit, :update, :destroy]
  layout 'Q&A'

  def index
    redirect_to '/questions'
  end

  def show
    redirect_to '/questions'
  end

  def new
    @answer = Answer.new
  end

  def edit
    redirect_to '/questions'
  end

  def create
    end_counter = 10 # 終了にする回答数
    @answer = Answer.new(answer_params)
    respond_to do |format|
      if @answer.save
        num = Answer.where('question_id = ?',@answer.question_id).count
        if num >= end_counter then
          q = Question.find @answer.question_id
          q.finished = true
          q.save
        end
        format.html {
          redirect_to '/questions/' + @answer.question_id.to_s
        }
```

```
        format.json { render :show, status: :created,⏎
          location: @answer }
      else
        format.html { render :new }
        format.json { render json: @answer.errors,⏎
          status: :unprocessable_entity }
      end
    end
  end

  def update
    redirect_to '/questions'
  end

  def destroy
    redirect_to '/questions'
  end

  private
  def set_answer
    @answer = Answer.find(params[:id])
  end

  def answer_params
    params.require(:answer).permit(:question_id, :content, :name)
  end
end
```

Chapter 1 Chapter 2 Chapter 3 Chapter 4 Chapter 5 Addendum

唯一、具体的な処理が用意されているcreateでは、Answerインスタンスを作ってsaveで保存した後、「回答数を調べ、10以上あったらquestionのfinishedをtrueにする」という処理をしています。この部分です。

```
num = Answer.where('question_id = ?',@answer.question_id).count
if num >= end_counter then
  q = Question.find @answer.question_id
  q.finished = true
  q.save
end
```

Answer.where('question_id = ?',@answer.question_id).countという文で、question_idの値が@answer.question_idと同じAnswerの数を調べています。これが変数end_counter以上だったら、Question.findでインスタンスを取得し、finishedをtrueにしてsaveする、といった処理をしています。モデルのインスタンスにある値を直接書き換えて更新するときは、このように値を変更した後でsaveすればOKです。

Q&Aレイアウトを用意する

これで必要なページのテンプレートとコントローラーはできましたが、まだ残っているものがあります。それはレイアウトです。やはり専用のレイアウトファイルを用意しておいたほうが良いでしょう。

「views」内の「layouts」フォルダの中に「Q&A.html.erb」という名前でファイルを作成してください。そして以下のように記述しておきましょう。

リスト4-64

```
<!DOCTYPE html>
<html>
  <head>
    <title>Q&A</title>
    <%= csrf_meta_tags %>
    <link rel="stylesheet"
    href="https://stackpath.bootstrapcdn.com/bootstrap/4.3.1/css/⏎
      bootstrap.css">
    <%= stylesheet_link_tag 'Q&A', media: 'all',
      'data-turbolinks-track': 'reload' %>
  </head>
  <body class="container">
    <%= yield %>
  </body>
</html>
```

内容は、これまで作成してきたレイアウトとほとんど同じですから、改めて説明すべき点はないでしょう。stylesheet_link_tagで'Q&A'というスタイルシートを使っていますので、その用意が必要ですね。

Q&A.scssの作成

では、「app」フォルダ内の「assets」フォルダ内にある「stylesheets」フォルダの中に、「Q&A.scss」というファイルを用意しましょう。そして、ここにQ&A用のスタイルを記述します。

リスト4-65

```
h1 { margin-bottom:25px; }
p { margin: 10px 0px; }
body { font-size:20px; }
table { margin:25px 0px; }
```

とりあえず、ここでは今までと同様のスタイルを用意しておきました。表示スタイルをカスタマイズするときは、ここに追記していけばいいでしょう。

完成したQ&Aを使ってみよう

これでQ&Aサイトは完成です！ 実際に、http://localhost:3000/questionsにアクセスして質問と回答を行なってみましょう。先に作成したメッセージボードとはまた違った使い心地なのがわかるでしょう。

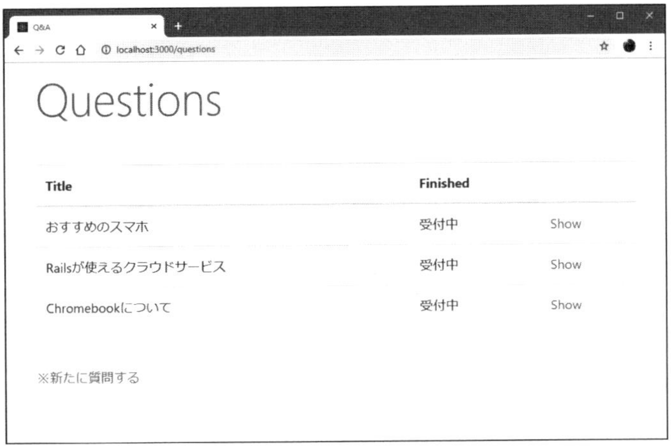

図4-52 /questionsにアクセスし、Q&Aを使ってみよう。

この章のまとめ

今回も、また盛りだくさんでしたね。データベース関係は、Webアプリ作成の一番中心的な部分を担う機能です。ちょっと大変ですが、頑張ってポイントだけでもしっかり頭に入れておきましょう。この章のポイントを整理すると、以下のようになります。

whereによる検索

検索の基本は、whereメソッドです。これがモデル利用の最大のポイントといっていいでしょう。いかにwhereをうまく使って的確に検索するかが、データベースを使いこなすテクニックといえます。

whereでは、条件となる式を組み立てて検索をします。一般的な条件演算子、LIKEによる条件の書き方、and/orによる複数条件の設定、この3つが条件組み立ての一番重要な要素となります。これらの使い方をきっちり頭に叩き込んでおきましょう。

バリデーションの使い方

入力される値のチェックは、フォームから送信された値をデータベースに保存する際に重要となります。おかしな値をデータとして保存してしまったり、必ず用意しないといけない項目が空のままだったりすると、後々トラブルにつながりかねません。

バリデーションは、「必須項目にする」「数値の比較をする」「テキストの文字数を調べる」の3つを、まずはしっかりと理解しましょう。

アソシエーションの働き

ミニブログを作ってわかったことと思いますが、「複数のモデルを組み合わせる」というのは、別に特殊なものでもなんでもなく、ごく普通に必要となる技術です。アソシエーションは、has_one、has_many、belongs_toの3つだけ。使い方そのものはとても簡単です。「どういう状況のときに、どういうアソシエーションをどのモデルに設定すべきか？」ということが的確にわかるようになれば、アソシエーションの利用は完璧といっていいでしょう。

Scaffoldは基本を作るだけ！

Scaffoldを使って基本部分を作り手早くアプリを作る方法も説明しました。これは、非常に便利なものですが、あくまで「定型的なCRUDを作る」ものだ、ということを理解しておきましょう。まだ学習段階では、あまりScaffoldに頼るのも問題です。ある程度Railsをマスターして、自在にアプリを作れるようになったら、「この部分はScaffoldで作っておこう」ということが次第にわかってくるでしょう。

データベース関係は、この章でほぼ終わりです。これで、モデル・ビュー・コントローラーの3要素すべてを身につけたことになります。が、「覚えた」ということと、「使いこなせる」ということはまったく別のものです。覚えた知識をその場その場で的確に使えるか、ということが重要です。

これには、とにかく経験あるのみ。少しでも多くのアプリを書いて、経験を積んでいきましょう。焦らず、着実に！

Chapter

5

その他に覚えておきたい機能！

MVC以外にも、Webアプリを開発する上で知っておきたいことはたくさんあります。ここでは「フロントエンドフレームワークとの連携」「ユーザー認証」「ページネーション」について説明し、応用として新メッセージボードを作ります。またRails6の新機能「ActionText」を使い、マルチフォント対応のミニブログを作成します。

Section
5-1 Reactとの連携

フロントエンドフレームワークについて

Railsの基本中の基本であるMVCについてはだいぶわかってきました。が、MVCが使えればなんでも作れるというわけでもありません。それ以外にも「これは抑えておきたい！」というものがRailsにはあります。こうした「MVC以外の重要機能」について、最後にまとめて説明することにしましょう。

まずは、「フロントエンドフレームワークとの連携」について考えてみます。

フロントエンドフレームワークとは？

いきなり「フロントエンドフレームワーク」なんて言葉が出てきて戸惑った人も多いかもしれませんね。「何だそれは、聞いたことないぞ？」という人もいるかもしれません。

「フロントエンド」というのは、Webブラウザ側のことです。これに対して、サーバー側のことを「バックエンド」といいます。つまり、フロントエンドフレームワークというのは、「Webブラウザ側で働くフレームワーク」のことです。

これまでRailsというフレームワークについて説明をしてきましたが、これはすべて「バックエンド（サーバー側）」で動くものです。Webブラウザに表示されるものも、すべてサーバー側でレンダリングされ、表示内容を作成してからWebブラウザへと送られます。

こうした「あらかじめサーバー側で用意した表示内容を表示するだけ」というWebアプリは、最近では次第に少なくなりつつあります。それより、Webブラウザに表示されてから、リアルタイムにページが変化するようなものが増えてきています。

例えば、Googleマップなどは、サーバーであらかじめ用意したものを表示しているわけではありませんね？ あれは、ユーザーの操作に応じてリアルタイムに表示内容をサーバーから受け取っては画面をアップデートして動いているんです。

このようなWebアプリでは、「Webブラウザの中で、必要に応じて表示を更新したり、サーバーにアクセスしてデータを受け取ったりする処理」を動かす仕組みが必要です。これは当然、JavaScriptで作ることになりますが、そんな複雑なものを作るためには相当な時間と労力がかかってしまうでしょう。

そうした開発を支援するために用いられるのが、「フロントエンドフレームワーク」なのです。

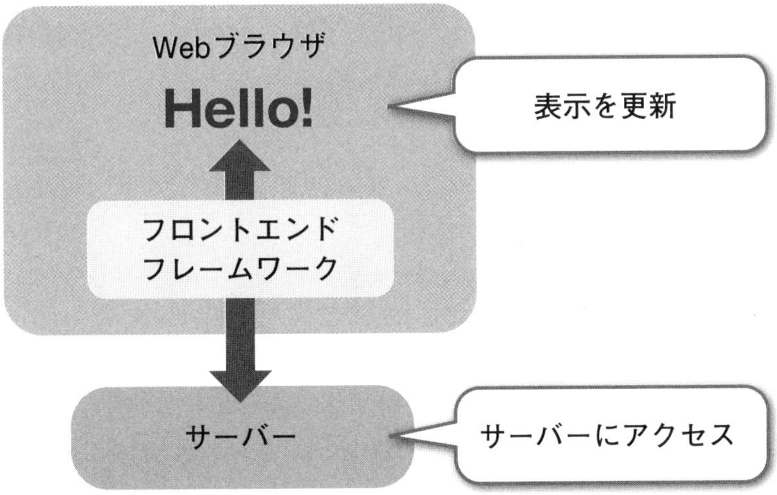

図5-1 フロントエンドフレームワークは、Webブラウザの中にあり、表示を更新したりサーバーにアクセスしたりする。

Reactとは？

このフロントエンドフレームワークは既に多くのものが登場していますが、その中でももっとも広く使われているのが「React」でしょう。

Reactは、Facebookによって開発されたフレームワークです。オープンソースですので、誰でも無料で利用することができます。このReactは、以下のWebサイトで公開されています。

https://ja.reactjs.org/

図5-2 ReactのWebサイト。

Reactの特徴

このReactの最大の特徴は、「リアクティブプログラミング」と呼ばれる技術にあります。これは、「リ・アクティブ(Re-Active)」な働きを実現するものです。Webページに表示されているさまざまな要素を、React側で操作すると、その要素が更新されるのです。

例えばReactに用意した変数の値を書き換えると、それを表示しているWebページの要素が自動的に更新され書き換わったりします。Reactを使えば、JavaScript側ですべての表示をリアルタイムに操作できるのです。

また、Reactでは「仮想DOM」と呼ばれるものを使っています。DOMというのはDocument Object Modelの略で、Webページに表示されている要素をJavaScriptのオブジェクトとして扱えるようにするための技術です。これはJavaScriptの基本となる技術ですが、表示の更新などが非常に遅いのですね。

Reactはリアクティブプログラミングにより常にWebページの表示を更新していきますので、遅さは致命的です。そこで、「仮想DOM」という仮想的にDOMを再構築した技術を使い、高速にDOMの更新が行なえるようにしています。

まぁ、このあたりは「何いってるのか全然わからない」と思うかもしれませんね。別に、これらは今すぐ理解すべきものではありませんよ。ただ、「そういうフロントエンドの最新技術を使ったフレームワークがReactなんだ」ということなのです。

これから先は、読まなくてOK！

ということで、ReactとRailsを連携して使う方法についてこれから説明していきますが、これは興味ない人は読まなくても構いません。まったく知らなくても、Railsの基本的な使い方には何ら影響のないものですから。というわけで、「興味ない」という人は、次の5-2に進みましょう。

「Reactは使ったことがある」「いつか使ってみたいから興味がある」という人だけ、これから先の説明を読んでください。今、興味のない人は、今読む必要はありません。もっとWeb開発について学んでいけば、近い将来「Reactってやってみたい」ときっと思うはずです。そうなったときに、改めてここを読み返せばいいでしょう。

React用アプリケーションを作成する

では、実際にReactをRailsで利用してみましょう。これにはいくつかの方法があるのですが、ここではもっとも簡単な「新たにReactに対応したアプリを作る」というアプローチで行なっていきましょう。

では、コマンドプロンプトまたはターミナルのウインドウを開いてください。まだRailsアプリケーションが実行中の場合は、Ctrlキー+Cキーで停止しておきましょう。そして、「cd ..」コマンドで、アプリケーションの上の階層(つまり、デスクトップ)に移動します。そして、以下のようにコマンドを実行しましょう。

```
rails new RailsReactApp --webpack=react
```

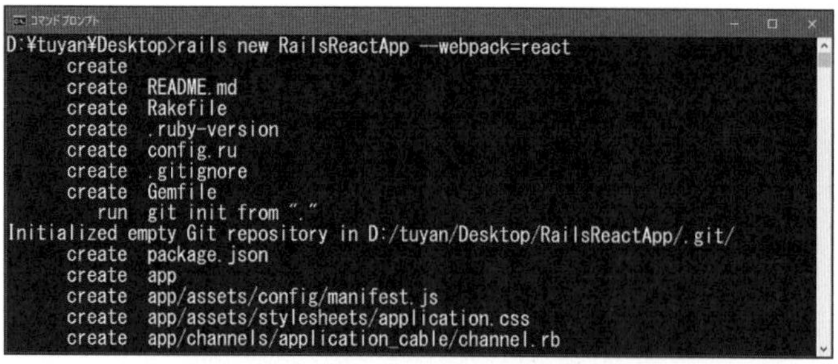

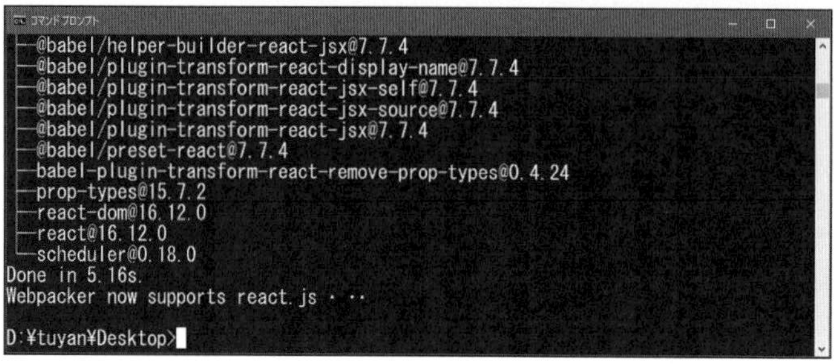

図5-3 RailsReactAppアプリケーションを作る。

これで、「RailsReactApp」というフォルダが作成され、そこに新しいRailsのアプリケーションが保存されます。ここでは、引数に--webpack=reactというオプションが付けられていますね。これで、Reactがアプリケーションに組み込まれた状態で作成されます。

コントローラーを作る

作成したら、さっそくコントローラーを作りましょう。「cd RailsReactApp」でアプリケーションのフォルダ内に移動し、以下のコマンドを実行してください。

```
rails generate controller hello index
```

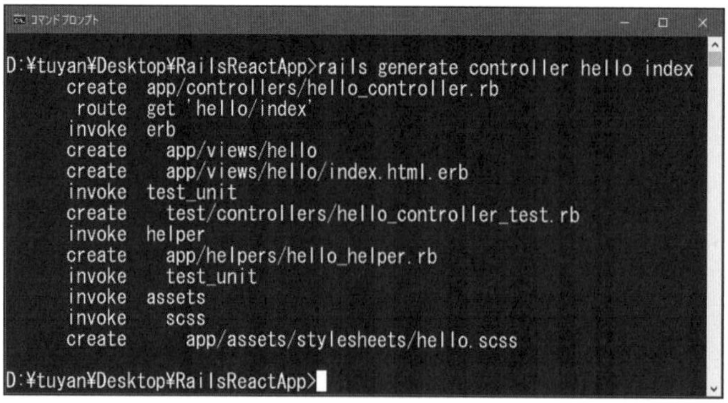

図5-4 Helloコントローラーを作成する。

これで、Helloコントローラーが作成されました。ここでは、indexアクションを1つだけ用意してあります。このHelloのindexアクションに、Reactを利用した表示を組み込んでみましょう。

作成されたコントローラー（hello_controller.rb）は、以下のようになっています。

リスト5-1

```
class HelloController < ApplicationController
  def index
  end
end
```

ただ空のindexメソッドがあるだけですね。とりあえず、これで問題ありません。Reactはフロントエンドで動くフレームワークです。コントローラーのようにサーバー側で動く部分には、処理などは必要ないのです。

indexページを作る

では、Helloコントローラーのindexアクションにページを作りましょう。「views」フォルダ内に「hello」フォルダが作成されていますね。この中の「index.html.erb」を開いて、以下のように書き換えましょう。

リスト5-2

```
<%= javascript_pack_tag 'hello_react' %>

<h1 class="display-4 text-primary">
  Hello#index</h1>
<div id="hello"></div>
```

ここでは、<%= javascript_pack_tag %>というタグを用意してあります。これは、JavaScriptのスクリプトファイルを読み込むのに使いましたね。ここでは、'hello_react'というものを指定しています。後で触れますが、これはサンプルで作成されているReactのスクリプトなのです。

そして、id="hello"と指定した<div>タグを用意しておきました。これは、後でReact側で使う予定です。

application.html.erbレイアウトを修正する

続いて、レイアウトファイルを修正しましょう。「views」フォルダ内の「layouts」フォルダの中からapplication.html.erbを開いて以下のように書き換えてください。

リスト5-3

```
<!DOCTYPE html>
<html>
  <head>
    <title>RailsReactApp</title>
    <%= csrf_meta_tags %>
    <%= csp_meta_tag %>
    <link rel="stylesheet"
    href="https://stackpath.bootstrapcdn.com/bootstrap/4.3.1/css/⏎
      bootstrap.css">
    <%= stylesheet_link_tag 'application', media: 'all',
        'data-turbolinks-track': 'reload' %>
    <%= javascript_pack_tag 'application',
        'data-turbolinks-track': 'reload' %>
  </head>

  <body class="container">
    <%= yield %>
  </body>
</html>
```

Bootstrapのスクリプトを読み込む<link>タグを追記してあります。また、<body>タグにclass属性を追加しました。その他は、デフォルトの内容そのままです。

非常に重要なのは、stylesheet_link_tagとjavascript_pack_tagの記述です。これまで、これらのタグは「特に使わないから」と省略することもありました。が、今回は絶対に省略しないでください。これらにより、React関連のスクリプトなどが組み込まれることになるため、勝手に省略したり、'application'以外の値に書き換えたりすると正常に動作しなくなります。

アクセスしよう！

修正ができたら、実際にアクセスしてみましょう。コマンドプロンプトまたはターミナルから「rails server」を実行してアプリケーションを実行し、http://localhost:3000/hello/indexにアクセスしてみましょう。「Hello React!」というメッセージが表示されますよ。これが、デフォルトで用意されているサンプルのReactの表示なのです。

図5-5 「Hello React!」というのがReactによる表示だ。

hello_react.jsxをチェック

ここでは、hello_reactというスクリプトファイルを読み込んでいます。この中で、Reactを利用した処理が実行されていたのです。「app」フォルダ内の「javascript」フォルダ内には、「packs」というフォルダがあります。この中に、hello_react.jsxというファイルが用意されています。これが、読み込まれたスクリプトです。

では、ここにどういうスクリプトが書かれているのか見てみましょう。

リスト5-4

```
import React from 'react'
import ReactDOM from 'react-dom'
import PropTypes from 'prop-types'

const Hello = props => (
  <div>Hello {props.name}!</div>
)

Hello.defaultProps = {
  name: 'David'
}

Hello.propTypes = {
  name: PropTypes.string
}

document.addEventListener('DOMContentLoaded', () => {
  ReactDOM.render(
    <Hello name="React" />,
    document.body.appendChild(document.createElement('div')),
  )
})
```

これが、デフォルトで記述されているスクリプトです。見てもなんだかわからないでしょうが、これがReactのスクリプトなのです。Reactは、JavaScriptで動いていますから、これもすべてJavaScriptです。といっても、あまり見たことのないものばかりでしょう。Reactのスクリプトは、一般的なJavaScriptのそれとはかなり違うのです。

ReactはJSXを使う！

見ていて非常に不思議に思うのは、JavaScriptのスクリプトだといいながら、その中にHTMLのようなタグが書かれていることでしょう。<div>Hello {props.name}!</div>なんて、これはどう見てもHTMLの<div>タグですね。なんでこんなものがJavaScriptの中に書かれているんでしょうか。

実は、これはReactにある「JSX」という機能を利用したものなのです。JSXというのは、スクリプトの中にHTMLのタグをそのまま値として記述できる技術です。このファイルは、「.jsx」という拡張子になっていましたね？ Reactでは、このようにしてJSXを使ったスクリプトを記述できます。JSXを使えば、直接HTMLのタグを書いて表示内容などを作れるのです。

<Hello />がコンポーネント

ここでは、document.addEventListenerというものが書かれています。これは、指定したイベントに処理を割り当てるものです。このサンプルでは、'DOMContentLoaded'というイベントに処理を割り当てています。これは、DOMコンテンツが読み込み完了したときのイベントです。

まぁ、わかりやすくいえば「Webページを読み込み終わってJavaScriptのスクリプトが実行できるような状態になった」ということを示すイベントと考えていいでしょう。

ここでは、ReactDOM.renderというメソッドを実行しています。これは、以下のように実行されます。

```
ReactDOM.render( レンダリングする内容 , 表示を割り当てる場所 );
```

第1引数には、レンダリングして表示する内容を用意します。ここで、JSXを使うのですね。そして第2引数には、第1引数のレンダリング内容をどこに表示するかを指定します。ここでは、document.createElement('div')として新しい<div>タグを組み込んでいます。これで、「<Hello / という表示をid="hello"のタグに組み込んでいます。

「<Hello >ってなんだ？ そんなタグないぞ？」と思った人。実はこれが、Reactの「コンポーネント」なのです。スクリプトを見ると、こんな文が見えますね。

```
const Hello = props => (
  <div>Hello {props.name}!</div>
)
```

これだけでは、なんだかよくわからないかもしれません。これは、もう少し整理するとこんな具合になります。

```
変数 = 関数;
```

変数に関数を代入している文だったのです。const Hello = の後にあるprops => (……)という部分が、関数です。これはJavaScriptの割と新しい関数の書き方で、「アロー関数」と呼ばれるものです。propsが引数で、その後の()部分が関数としての処理部分になります。

この関数は、表示する内容をJSXで返すような作りになっています。つまりReactでは「JSXで表示内容を返す関数」をコンポーネントいう一種の部品として扱えるようになっていたのですね。

まぁ、このhello_react.jsxの内容を今ここで理解する必要はありません。これは、「Reactのサンプルとしてこういうものが用意されているよ」ということであって、それ以上のものではありません。この先、Reactについて興味を持って学習するようになったら、ここでの説明がもっとよくわかってくるでしょう。

コラム コンポーネントは「関数」も「クラス」もある Column

ここでは、関数のコンポーネントが登場しましたが、実をいえばReactでは、クラスとして定義されたコンポーネントもあります。どちらのスタイルでも同じようにコンポーネントという部品として扱えるようになっているのです。

コンポーネントの属性を使う

サンプルでは、コンポーネントのdefaultPropsとpropTypesというプロパティを設定していました。これらは、コンポーネントで使われる「属性」のための設定です。

属性というのは、タグの中に値などを記述するのに利用されるものです。例えば、<p id="A" name="hoge">というようにタグが書かれていたなら、idとnameがこのp要素の属性というわけです。このように、コンポーネントでは、コンポーネントタグに書かれる属性の値を簡単に扱うことができます。

ではその例として、先ほどのhello_react.jsxを書き換えて、属性を利用したコンポーネントを作り利用してみましょう。

リスト5-5

```
import React from 'react'
import ReactDOM from 'react-dom'
import PropTypes from 'prop-types'

const Calc = props => {
  let n = props.number;
  let total = 0;
  for (let i = 0;i <= n;i++){
    total += i;
  }
  return (
    <div>ゼロから {props.number} までの合計は、「{total} 」です。</div>
  );
}

Calc.defaultProps = {
  number: 0
}

Calc.propTypes = {
  number: PropTypes.integer
}

document.addEventListener('DOMContentLoaded', () => {
  let el = (<div>
    <Calc number="100" />
    <Calc number="200" />
    <Calc number="300" />
  </div>);
  let dom = document.querySelector('#hello');
  ReactDOM.render(el, dom);
})
```

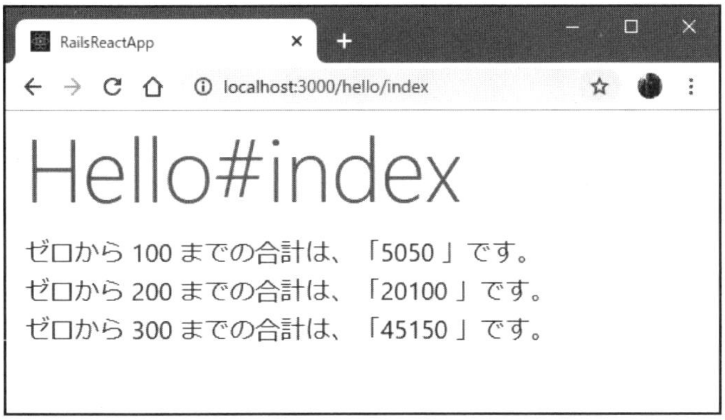

図5-6 /hello/indexにアクセスすると、ゼロから100, 200, 300までの合計を計算し表示する。

修正したら、そのままページをリロードしましょう(Webアプリが実行中であるなら、ですよ)。ゼロから100, 200, 300までそれぞれの合計を計算して表示します。

Calcコンポーネントとnumber属性

ここでは、Calcという関数コンポーネントを作成し、そこにnumberという属性を用意しています。Calcの関数コンポーネントを作っているところでは、最初にこのようにして属性の値を取り出していますね。

```
let n = props.number;
```

そして、ゼロからこの値までの合計を計算して、<div>タグにまとめてreturnしている、というわけです。その後にあるdefaultPropsとpropTypesを見てみましょう。

```
Calc.defaultProps = {
  number: 0
}

Calc.propTypes = {
  number: PropTypes.integer
}
```

これらが、それぞれ属性の初期値と値の型(タイプ)を設定していることがなんとなくわかるでしょう。こうやって属性を設定していたのですね。

作成したCalcコンポーネントがどのように使われているのか、ReactDOM.renderで出力する内容がどうなっているのか見てみましょう。

```
<Calc number="100" />
<Calc number="200" />
<Calc number="300" />
```

<Calc />というタグに、numberという属性で計算する数字を指定していますね。こんな具合に、Reactではコンポーネントが必要な値を属性として設定することができるのですね。

サーバーから情報を得るには?

Reactのコンポーネントの基本的な使い方がわかったところで、肝心の「ReactとRailsを連携する」という方法について考えていきましょう。

まず、「Railsはサーバー側(バックエンド)、Reactはフロントエンド」であるという点をよく頭に入れておいてください。したがって、「RailsアプリのどこかにReactコンポーネントを使う処理を書けばOK」というわけにはいきません。両者は完全に切り離されているのですから。

では、どうするのか。これは、「RailsとReact」ではなく、「サーバーとJavaScript」のやり取りを行なう方法として考えるべきです。通常、WebブラウザからJavaScriptを使ってサーバーにアクセスし、必要なデータを取り出すような場合は、「Ajax」と呼ばれる機能を使います。

Ajaxは、「Asynchronous JavaScript + XML」の略で、「JavaScriptとXMLによる非同期通信」のことです。ただし、最近はあんまりXMLは使わず、代わりにJSONを利用することも多くなってきました。ですので、ここでは単純に「JavaScriptを使ったサーバーとの非同期通信」のことだ、と考えてください。

このAjaxを利用することで、JavaScriptからサーバーにアクセスをし、必要な情報を得ることができます。これを利用し、以下のようにプログラムを用意するのです。

● サーバー側

アクセスしたら、必要なデータをJSONなどの形にまとめて送り返すような仕組みを用意しておきます。場合によっては、必要な値をクエリーパラメータなどを使って値を受け取り、それをもとにデータを用意するような機能も必要になるでしょう。

● Webブラウザ(JavaScript)側

Ajaxを使い、サーバーに用意されたアドレスにアクセスをしてデータを受け取ります。そして、受け取ったデータを使ってJSXで画面表示を作成し、ReactDOM.renderで表示します。

このように、サーバー側とWebブラウザ側のそれぞれに「データを送信する」「データを受信する」という機能を用意し、両者の間をAjaxでつなぐことで連携処理するのです。

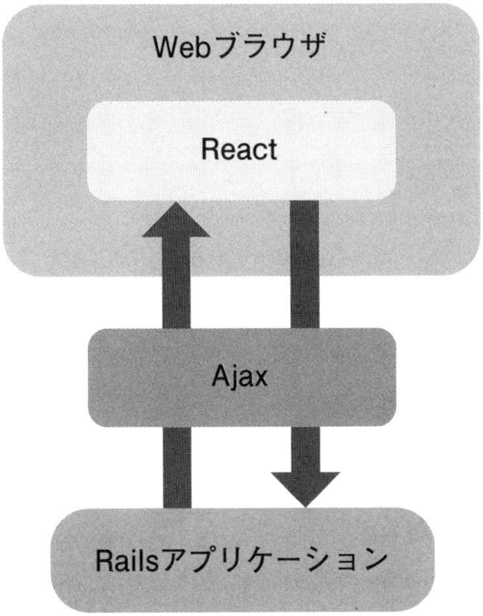

図5-7 ReactからAjaxを使いサーバー側にアクセスをし、サーバー側からは必要な情報をJSONなどにまとめて送り返す。

Datumモデルを作成する

では、実際に簡単なサンプルを作って試してみましょう。まずは、データを管理するモデルから作成しましょう。コマンドプロンプトまたはターミナルで以下を実行してください。Railsアプリが実行中の場合は、[Ctrl]キー+[C]キーで一度中断してから実行しましょう。

```
rails generate model data name:text mail:text
```

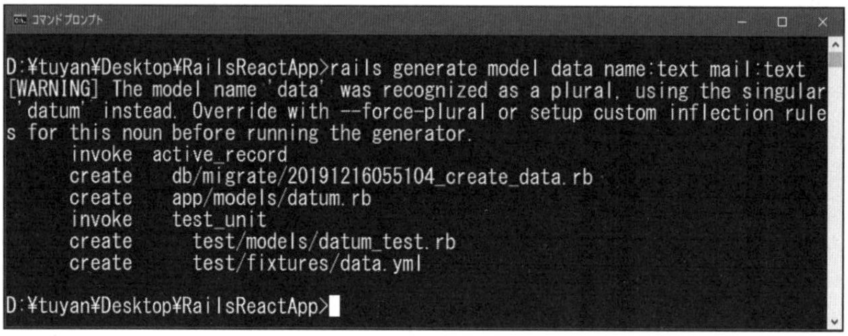
コマンドプロンプト
D:¥tuyan¥Desktop¥RailsReactApp>rails generate model data name:text mail:text
[WARNING] The model name 'data' was recognized as a plural, using the singular 'datum' instead. Override with --force-plural or setup custom inflection rules for this noun before running the generator.
invoke active_record
create db/migrate/20191216055104_create_data.rb
create app/models/datum.rb
invoke test_unit
create test/models/datum_test.rb
create test/fixtures/data.yml
D:¥tuyan¥Desktop¥RailsReactApp>

図5-8 rails generate modelでモデルを作成する。

ここでは、「name」「mail」という2つの項目を持ったモデルを作成しました。ごく簡単なサンプルということで、あまり実用性はありませんがこれで充分でしょう。

Datumモデルクラス

作成されたモデルは、「models」フォルダの中の「datum.rb」というファイルです。このフィルを開き、以下のように修正しておきます。

リスト5-6

```
class Datum < ApplicationRecord
  validates :name, presence:true
  validates :mail, presence:true
end
```

nameとmailをそれぞれpresenceで必須項目にしておきました。モデルについてはこれでいいでしょう。

コラム どうして「Datum」クラス？ Column

モデルクラスを見て、ちょっと不思議に思った人はいませんか？ rails generate model data と「data」モデルを作ったはずなのに、できたのはDatumクラスです。不思議ですね？

実は、Railsでは「モデルクラスは単数形」という暗黙のルールがあります（コントローラーなどは複数形でしたね）。dataという単語は、実は複数形なのです。単数形は、datumになります。それで、Datumクラスが作られたのですね。

マイグレーション

モデルの作成により、マイグレーションファイルが作成されます。「db」フォルダ内の「migrate」フォルダ内に、「xxx_create_data.rb」というファイルが作成されているでしょう。ここには、以下のようなスクリプトが生成されています。

リスト5-7

```
class CreateData < ActiveRecord::Migration[6.0]
  def change
    create_table :data do |t|
      t.text :name
      t.text :mail

      t.timestamps
    end
  end
end
```

dataテーブルを生成するスクリプトです。create_table :dataで、nameとmail、そしてtimestampsが項目として用意されています。これにより、dataテーブルが生成されます。

では、マイグレーションを行ないましょう。コマンドプロンプトまたはターミナルから以下を実行してください。

```
rails db:migrate
```

これでマイグレーションが実行され、データベース側にdataテーブルが作成されます。今回のアプリケーションは、データベース関連はデフォルトのままにしてありますから、「db」フォルダ内の「development.sqlite3」というデータベースファイルにテーブルが保存されます。

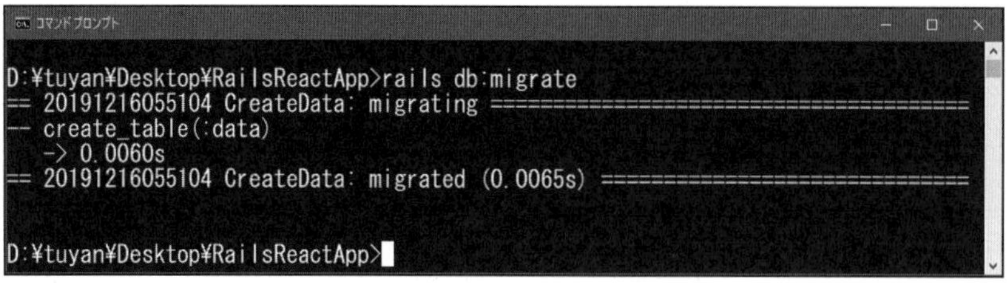
コマンドプロンプト
D:¥tuyan¥Desktop¥RailsReactApp>rails db:migrate
== 20191216055104 CreateData: migrating ======================================
-- create_table(:data)
-> 0.0060s
== 20191216055104 CreateData: migrated (0.0065s) =============================
D:¥tuyan¥Desktop¥RailsReactApp>

図5-9 rails db:migrateでマイグレーションを実行する

シードの作成

続いて、ダミーデータをシードとして用意しましょう。「db」フォルダ内の「seeds.rb」を開いてください。そして以下のように追記をしておきます。

リスト5-8

```
Datum.create(id:1, name:'Taro', mail:'taro@yamada')
Datum.create(id:2, name:'Hanako', mail:'hanako@flower')
Datum.create(id:3, name:'Sachiko', mail:'sachiko@happy')
```

Datumモデルのレコードを3つ作成しておきました。これはあくまでサンプルですので、それぞれの内容は適当に記述して構いません。

記述できたら、コマンドプロンプトまたはターミナルから以下を実行してシードを適用してください。

```
rails db:seed
```

Dataコントローラーを作る

では、Datumモデルを利用するためのDataコントローラーを作成しましょう。コマンドプロンプトまたはターミナルから以下のコマンドを実行してください。

```
rails generate controller data index ajax
```

図5-10 rails generate controllerでDataコントローラーを作成する。

これで、「controllers」フォルダ内に「data_controller.rb」というファイルが作成されます。今回は、index, ajaxという2つのアクションを設定しておきました。indexがWebブラウザからアクセスするためのアクション、ajaxがJavaScript内からAjaxを使ってアクセスしデータを取得するためのアクションです。

コントローラーを記述する

では、作成したDataコントローラーを完成させましょう。data_controller.rbを開き、以下のように内容を書き換えてください。

リスト5-9

```
class DataController < ApplicationController
  def index
  end

  def ajax
    if params[:name] then
      data = Datum.where 'name like ?', '%' +
          params[:name] + '%'
    else
      data = Datum.all
    end
    render plain:data.to_json
  end

end
```

indexアクションについては何もしていません。ajaxアクションでは、送信されたnameパラメータの値を取り出し、それを使ってDatum.whereで検索を行なっています。パラメータがない場合は.Datum.allで全レコードを取得しています。

レコードを取り出したら、data.to_jsonでJSONデータとして取り出し、それをrender plain:でテキストとして送信しています。

これで、nameパラメータを使って検索したレコードをJSON形式で送信する処理ができました！

ビューテンプレートを作成する

続いて、ビューテンプレートを作成しましょう。まず、レイアウト用のファイルからです。今回は、デフォルトで用意されているapplication.html.erbをそのまま利用することにします。

「views」フォルダ内の「layouts」フォルダからapplication.html.erbを開いてください。そして以下のように内容を修正しましょう。

リスト5-10

```
<!DOCTYPE html>
<html>
  <head>
    <title>RailsReactApp</title>
    <%= csrf_meta_tags %>
    <%= csp_meta_tag %>
    <link rel="stylesheet"
    href="https://stackpath.bootstrapcdn.com/bootstrap/4.3.1/css/⏎
      bootstrap.css">
    <%= stylesheet_link_tag 'application', media: 'all',
        'data-turbolinks-track': 'reload' %>
    <%= javascript_pack_tag 'application',
        'data-turbolinks-track': 'reload' %>
  </head>

  <body class="container">
    <%= yield %>
  </body>
</html>
```

Bootstrapのリンクと、<body>へのclass属性の追記を行なっているだけです。レイアウトはこれでいいでしょう。

続いて、indexアクションのテンプレートです。「views」フォルダ内の「data」フォルダ内にあるindex.html.erbを開いて以下のように書き換えてください。

リスト5-11

```
<%= javascript_pack_tag 'dummy_data' %>

<h1 class="display-4 text-primary">
  Data#index</h1>
<div id="data"></div>
```

ここでは、'dummy_data' というスクリプトファイルを読み込むようにしてあります。これにReactの処理を用意すればいいでしょう。また、コンポーネントを組み込むために、id="data"を指定した<div>タグを用意しておきました。

この他、ajax.html.erbも作成されていますが、今回はajaxアクションではビューテンプレートは使わないのでそのままにしておきましょう。

Reactのスクリプトを作成する

では、indexから読み込まれるReactのスクリプトを用意しましょう。「app」フォルダ内の「javascript」フォルダ内にある「packs」フォルダ内に、「dummy_data.jsx」という名前でスクリプトファイルを用意してください。そして以下のように記述しましょう。

リスト5-12

```
import React from 'react'
import ReactDOM from 'react-dom'
import PropTypes from 'prop-types'

var target_dom = null;

document.addEventListener('DOMContentLoaded', () => {
  target_dom = document.querySelector('#data');
  const url = new URL(location.href);
  let f = url.searchParams.get("name");
  if (f == null){ f = ''; }
  getData(f);
});

function getData(f){
  let url = "http://localhost:3000/data/ajax";
  if (f != ''){
    url += '?name=' + f;
```

```
  }
  fetch(url)
  .then(
    res => res.json(),
    (error) => {
      const el = (
        <p>ERROR!!</p>
      );
      ReactDOM.render(el, target_dom);
    }
  )
  .then(
    (result) => {
      let arr = [];
      for(let n in result){
        let val = result[n];
        arr.push(<li class="list-group-item">⏎
          {val.id}:{val.name} ({val.mail})</li>);
      }
      const el = (
        <ul class="list-group">{arr}</ul>
      );
      ReactDOM.render(el, target_dom);
    },
    (error) => {
      const el = (
        <p>ERROR!!</p>
      );
      ReactDOM.render(el, target_dom);
    }
  );
}
```

図5-11 /data/indexにアクセスすると、dataテーブルの全レコードをリスト表示する。その後に「?name=値」とつけると、その値をnameに含むレコードを検索して表示する。

修正ができたら、rails serverでRailsアプリケーションを実行しましょう。そして、/data/indexにアクセスしてみてください。dataテーブルに保管されているレコードの内容がリストにまとめられ表示されます。

また、/data/index?name=○○というようにパラメータを付けてアクセスすると、nameパラメータの値をnameに含むものだけを検索し表示します。indexアクション内から、Ajaxでajaxアクションにアクセスし、レコードを取り出し表示しているのがわかるでしょう。

Ajax利用の基本

ここではReactを使った処理が行なわれていますが、これらについては別途Reactの入門書などで学んでもらうことにしましょう。ここでは、Ajaxでサーバーにアクセスし結果を受け取る仕組みだけ簡単に説明しておきます。

● サーバーにアクセスし、結果をJSONデータとして受け取る
（受け取ったJSONデータをJavaScriptのオブジェクトとして取り出す）

```
fetch( アドレス )
    .then(
      res => res.json()),
      (error) => { ……処理…… }
    .then(
      (result) => { ……処理…… },
      (error) => { ……処理…… }
));

・サーバーにアクセスし、結果を普通のテキストとして受け取る
fetch( アドレス )
    .then(
      (result) => { ……処理…… },
      (error) => { ……処理…… }
));
```

fetchという関数を使いサーバーにアクセスをします。引数には、アクセスするアドレスをテキストで指定します。その後に、2つのthenがありますね。このfetchは、非同期処理（メイン処理とは別スレッドで処理を実行するもの）であるため、fetchによるアクセスが完了した後の処理をその後のthenというメソッドで設定しています。

結果をJSONデータとして受け取る場合は、1つ目のthenを用意します。これは、サーバーからJSONデータとして受け取ったものをJavaScriptのオブジェクトに変換して利用するためのものです。JSONデータではない場合は、このthenは不要です。その後に、2つ目のthenがありますが、これがJSONへの変換処理が完了した後に呼び出されるものです。

それぞれのthenでは、2つの関数が引数に用意してありますね。1つ目は、問題なく作業が終了した後の処理です。そして2つ目は、例外（エラー）が発生したときに呼び出される処理になります。特に例外処理などいらないなら、この2番目の関数は不要です。

Ajaxというと難しそうですが、「fetch(○○).then(○○);」という基本的な書き方さえわかれば、実はそんなに難しいわけではありません。本書はRubyの本であってJavaScriptの本ではないので説明はこのぐらいにしておきます。上記の書き方だけ頭に入れておくと、AjaxとRailsを連携させるのも簡単になりますよ。

Yahoo!ニュース・ヘッドラインを表示しよう！

では、Ajaxを利用したサンプルを作ってみましょう。ここでは例として、Yahoo!ニュースからヘッドライン情報を取得して表示するアプリを作ってみます。

Yahoo!ニュースは、さまざまなニュースを集めリアルタイムに更新しています。Ajaxは、そのスクリプトがあるサーバーにしかアクセスできないため、JavaScriptだけでは外部サイトの情報は取り出せません。が、Railsの内部からは外部サイトにアクセスすることが可能です。

そこで、Yahoo!ニュースにアクセスするアクションを作成し、これにAjaxで定期的にアクセスすることで、リアルタイムにその情報が表示されるような仕組みを作ってみよう、というわけです。

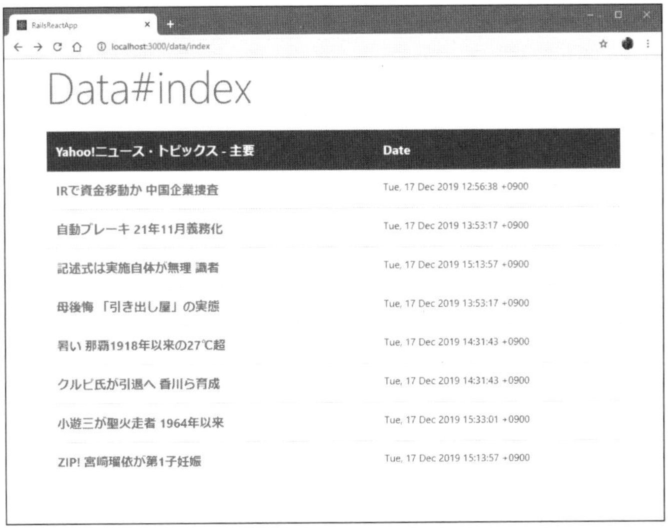

図5-12 Yahoo!ニュースのヘッドライン表示システム。

ajaxアクションを修正する

今回のサンプルはごくシンプルなものなので、Dataコントローラーをそのまま修正して作ってしまうことにしましょう。

では、アクションを修正します。DataControllerクラス(data_controller.rb)のajaxアクションメソッドを以下のように書き換えてください。

リスト5-13

```
def ajax
  url = 'https://news.yahoo.co.jp/pickup/rss.xml'
  uri = URI.parse(url)
  response = Net::HTTP.get_response(uri)
  render plain:Hash::from_xml(response.body).to_json
end
```

修正したら、/data/ajaxにアクセスをしてみましょう。Yahoo!ニュースの記事データがJSON形式のテキストとして表示されたなら問題なく動作しています。

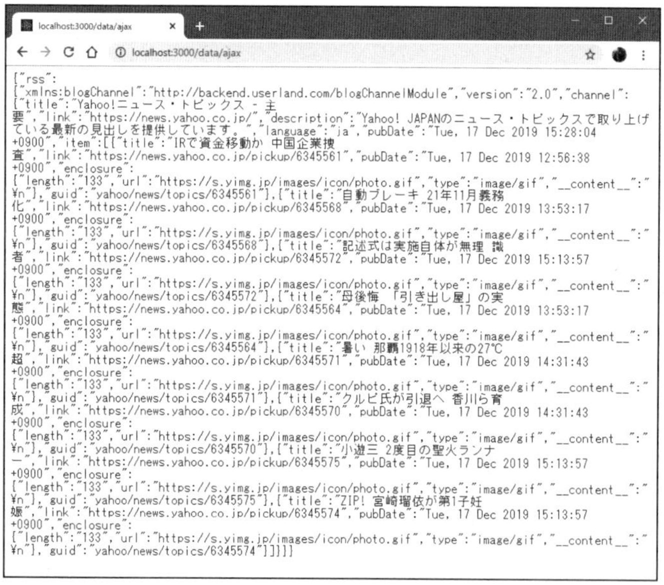

図5-13 /data/ajaxにアクセスすると、Yahoo!ニュースのデータがJSONで表示される。

HTTPでアクセスする

ここでは、Rubyに用意されている「Net::HTTP」というクラスを利用しています。このクラスは、外部のサーバーにHTTPアクセスするための機能を提供するものです。これは、URIクラスと組み合わせて以下のようにして指定アドレスにアクセスします。

● URIの作成

```
uri = URI.parse( アドレス )
```

● レスポンスの取得

```
response = Net::HTTP.get_response(uri)
```

URI.parseの引数には、アクセスするサーバーのアドレスを指定します。そして、Net::HTTPのget_responseメソッドを呼び出し、指定アドレスにアクセスしてレスポンスを得ます。返ってくるのはNet::HTTPResponseというオブジェクトなので、ここから必要な情報を取り出す必要があります。

今回の例のように、サーバーからデータが返ってくる場合は、Net::HTTPResponseの「body」を取り出せば、返されたテキストが得られます。

XMLをJSONに変換

ここでは、Yahoo!ニュースのRSSデータを取得しています。RSSというのは、更新情報などをXML型式でまとめたものです。このRSSから、必要な情報を取り出して処理をすればいいのです。

ただし、このRSSはXML型式になっていますから、このままではちょっと扱いづらいですね。最終的に、Ajaxでアクセスした側(JavaScriptのプログラム)に結果が渡って処理を行なうことになるので、JavaScriptで一番処理しやすい形＝JSONデータに変換しておくとよいでしょう。

```
render plain:Hash::from_xml(response.body).to_json
```

それを行なっているのが、この部分です。Hash.from_xmlというのは、引数に指定したXMLデータをハッシュに変換するメソッドです。そして、その後のto_jsonはJSONデータに変換するものでしたね。つまりこの1文で、「XMLデータをハッシュにし、それを更にJSONデータに変換して出力する」という作業をまとめて行なっていたのですね。

コラム メソッドチェーンを使いこなせ! Column

ここでは、Hashのfrom_xmlを呼び出し、その返されたオブジェクトのto_jsonを呼び出し、その返されたオブジェクトのhtml_safeを呼び出し……というように、「メソッドを呼び出し、その戻り値のオブジェクトのメソッドを更に呼び出し、……」とメソッドの呼び出しを次々に続けて行なっています。

こうした書き方を、一般に「メソッドチェーン」と呼びます。メソッドチェーンを使うと、普通ならば2行3行と分けて書かないといけない処理が1行で済んでしまうので、コードも見やすくなります。

JavaScriptやRubyでは、メソッドチェーンをしやすいようにメソッドが設計されていたりします。メソッドチェーンは慣れると一連の処理を1文にまとめて書けるため、とてもコードもわかりやすくなります。今のうちから書き方に慣れておくとよいでしょう。

dummy_data.jsxを修正する

最後に、「javascript」「packs」フォルダ内のdummy_data.jsxを修正しましょう。ファイルを開いて以下のように書き換えてください。

リスト5-14

```
import React from 'react'
import ReactDOM from 'react-dom'
import PropTypes from 'prop-types'

var target_dom = null;

document.addEventListener('DOMContentLoaded', () => {
  target_dom = document.querySelector('#data');
  const url = new URL(location.href);
  let f = url.searchParams.get("name");
  if (f == null){ f = ''; }
  getData(f);
});

function getData(f){
  let url = "http://localhost:3000/data/ajax";
  fetch(url)
  .then(
```

```
    res => res.json(),
    (error) => {
      const el = (
        <p>ERROR!!</p>
      );
      ReactDOM.render(el, target_dom);
    }
  )
  .then(
    (result) => {
      console.log(result);
      let arr = [];
      for(let n in result.rss.channel.item){
        let data = result.rss.channel.item[n];
        arr.push(
          <tr>
            <th>{data.title}</th>
            <td class="small">{data.pubDate}</td>
          </tr>
        );
      }
      const el = (
        <table class="table mt-4">
          <thead class="thead-dark">
          <tr><th><a href={data.link}>{data.title}</a></th>
          <th>Date</th></tr>
          </thead>
          <tbody>{arr}</tbody>
          </table>
      );
      ReactDOM.render(el, target_dom);
    },
    (error) => {
      console.log(error);
      const el = (
        <p>ERROR!!</p>
      );
      ReactDOM.render(el, target_dom);
    }
  );
}
```

ここでは、getData関数でdata/ajaxにアクセスをし、結果を受け取って、それを元にテーブルの表示を作成しています。ここでは、こんな形でデータを取り出し処理していますね。

```
for(let n in result.rss.channel.item){
  let data = result.rss.channel.item[n];
  ……処理……
}
```

Yahoo!ニュースのRSSでは、返されたAjaxデータのrssというところにデータがまとめられています。result.rss.channelにはチャンネル情報がまとめてあり、この中にチャンネルのタイトルや説明などが保管されています。

RSSで配信されている記事の情報は、result.rss.channel.itemに各記事の内容がまとめられています。このitemから順にオブジェクトを取り出し、その中の値を書き出していくことで、RSSの記事情報をまとめていくことができます。ここでは、title, link, pubDateといった値を取り出して記事のタイトルと追加日時、記事へのリンクなどを用意しています。

このあたりは、RSSの構造や仕組みなどがわからないとちょっと意味不明かもしれません。興味のある人は、少し調べてみるとよいでしょう。

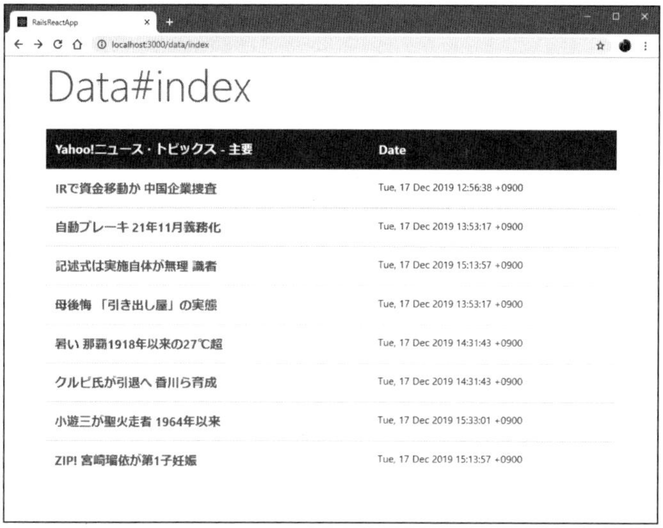

図5-14 完成した/data/indexのページ。Yahoo!ニュースのヘッドラインが表示され、クリックするとその記事にジャンプする。

Twitterの投稿を表示する

これでRSSの基本はわかってきましたね。アクセスするサーバーのアドレスなどを書き換えれば、他のRSSを読み込ませることもできるようになります。

例えば、Twitterで「#brexit」のハッシュタグがついた投稿を検索して表示させてみましょう。DataControllerクラスのajaxアクションメソッドに用意したurlの値を以下のように指定すれば、TwitterのBrexit情報を表示するシステムが出来上がります。

```
url = 'https://queryfeed.net/twitter?q=brexit'
```

/data/indexにアクセスして表示を確認しましょう。どんな情報が表示できるか、いろいろなRSSのアドレスを調べて試してみると面白いですよ！

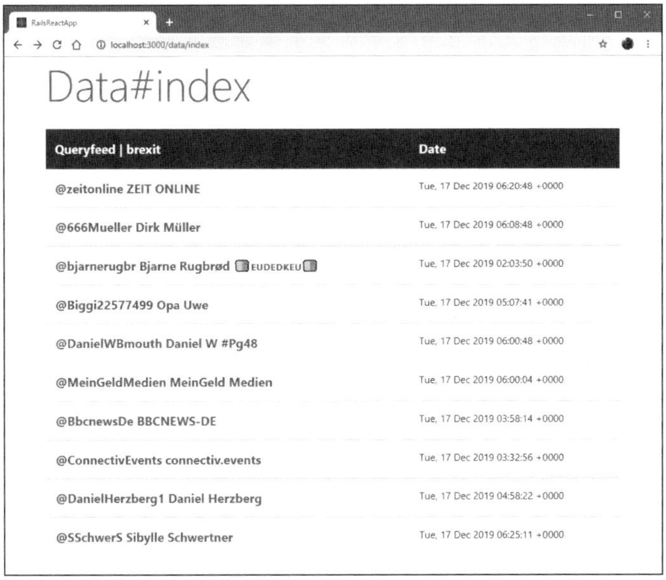

図5-15 アドレスを変更し、BrexitのTwitter投稿を表示させてみる。

Section 5-2

Deviseでユーザー認証を行なおう

ユーザー認証は難しい!

利用者をユーザー登録するWebサイトというのはずいぶんとたくさんあります。ユーザーごとに表示をカスタマイズしたり、さまざまなコンテンツを投稿したりするサイトでは、「今、アクセスしているのは誰か?」がわからないといけません。また荒らしのような投稿を防ぐためにも、登録したユーザーだけが利用できるようなシステムを構築する必要があります。

こうしたときに用いられるのが「ユーザー認証」というシステムです。あらかじめアカウント名とパスワードを登録しておき、各自のアカウント/パスワードを入力してログインしないとサービスを利用できないようにする機能ですね。

このユーザー認証機能は、どうやって実装するのでしょうか。おそらく既にいくつもWebアプリを作ってきた皆さんなら、なんとなく想像はつくんじゃないでしょうか。「ユーザー名とパスワードのテーブルを用意して、ログインのフォームから送信された値を元にデータを検索して……」といった具合に。

もちろん、そうやって簡単なログインシステムを作ることもできます。が、自作したシステムというのはどうしてもセキュリティの面で甘いものになりがちです。ユーザー認証を必要とするWebサイトというのは、一般公開されているサイトに比べるとプライベートな情報や重要な情報などを扱うものが多いため、万が一、情報が流出したりすると大変な問題につながってしまうかもしれません。

そこで、ユーザー認証に関しては、ある程度きちんと作られているライブラリを利用して実装するほうがよいでしょう。ここでは、「Devise」というユーザー認証ライブラリの使い方を説明しましょう。このDeviseは、以下のWebサイトで公開されているオープンソースのライブラリです。

https://github.com/plataformatec/devise

図5-16　Deviseの公開サイト。GitHubで公開されている。

Deviseアプリケーションを作る

このDeviseは、Railsに標準で組み込まれてはいませんから、別途インストール作業を行なう必要があります。といっても、どこからかソフトをダウンロードしてくる必要はありません。これは、RubyGemというRubyのパッケージ管理プログラムを利用します。

今回は、Devise用に新たなアプリケーションを用意することにしましょう。コマンドプロンプトまたはターミナルは開いていますか？ まだRailsアプリケーションが実行中の場合は、Ctrlキー＋Cキーで停止しましょう。そして「cd ..」コマンドでアプリケーションの外側に移動します(おそらく、デスクトップに移動しているはずです)。ここで、以下のように実行してください。

```
rails new RailsDeviseApp
```

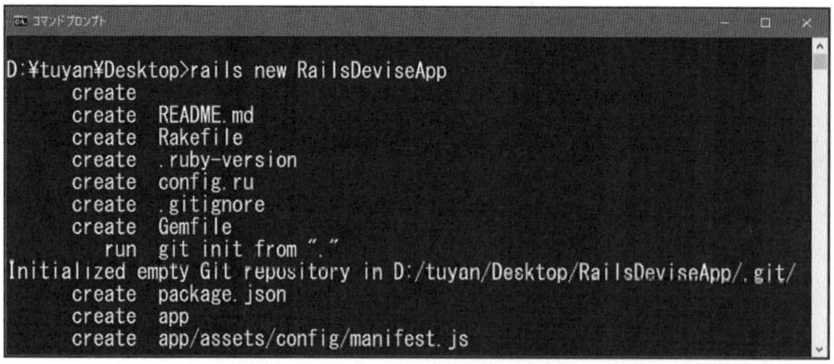

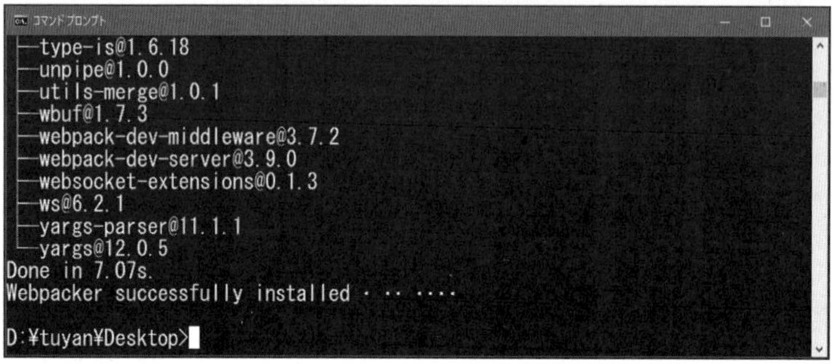

図5-17 rails newで新しいアプリケーションを作る。

これでRailsDeviseAppアプリケーションが作成されました。「cd RailsDeviseApp」を実行して、このフォルダ内に移動しておきましょう。

Deviseをインストールする

続いて、Deviseのインストールを行ないます。「RailsDeviseApp」アプリケーションフォルダの中にある「Gemfile」というファイルを開いてください。そしてそこに以下の文を追記します。

リスト5-15

```
gem 'devise'
```

ファイルを保存したら、コマンドプロンプトまたはターミナルから以下のコマンドを実行しましょう。

```
bundle install
```

これで、Deviseに必要なライブラリ類がインストールされます。ちょっと時間がかかりますが、ただ待っていればすべて作業は終わります。

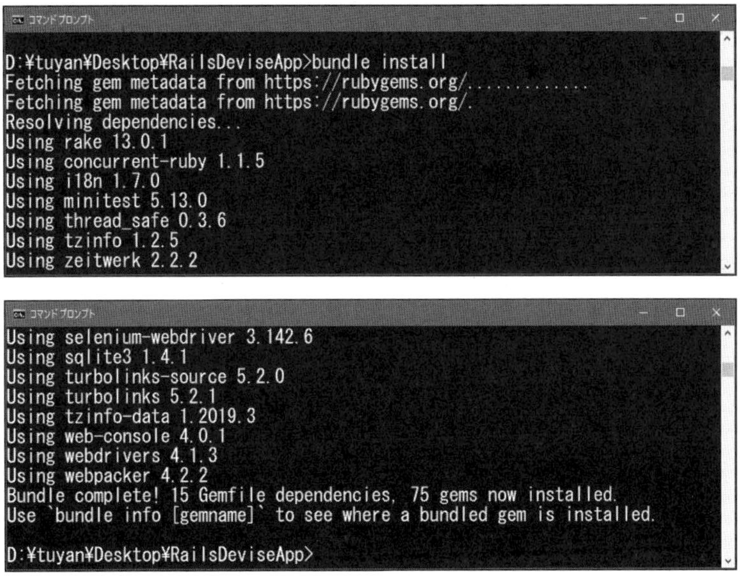

コマンドプロンプト
D:¥tuyan¥Desktop¥RailsDeviseApp>bundle install
Fetching gem metadata from https://rubygems.org/............
Fetching gem metadata from https://rubygems.org/.
Resolving dependencies...
Using rake 13.0.1
Using concurrent-ruby 1.1.5
Using i18n 1.7.0
Using minitest 5.13.0
Using thread_safe 0.3.6
Using tzinfo 1.2.5
Using zeitwerk 2.2.2
コマンドプロンプト
Using selenium-webdriver 3.142.6
Using sqlite3 1.4.1
Using turbolinks-source 5.2.0
Using turbolinks 5.2.1
Using tzinfo-data 1.2019.3
Using web-console 4.0.1
Using webdrivers 4.1.3
Using webpacker 4.2.2
Bundle complete! 15 Gemfile dependencies, 75 gems now installed.
Use `bundle info [gemname]` to see where a bundled gem is installed.
D:¥tuyan¥Desktop¥RailsDeviseApp>

図5-18 Deviseをアプリケーションに追加する。

Deviseのインストールと設定

続いて、Deviseのインストール作業を行ないます。これもコマンドプロンプトまたはターミナルから行ないます。以下のように実行をしてください。

```
rails generate devise:install
```

これで、プロジェクト内にDevise利用のための設定ファイルが作成され、Deviseが利用できる状態になります。

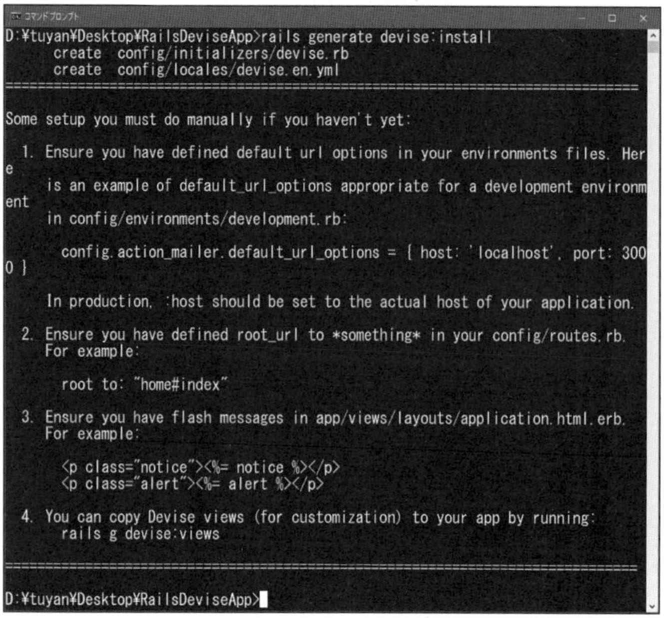

図5-19 Deviseのインストールを行なう。

Deviseを生成する

次に行なうのは、Devise関連のファイルの生成です。Railsには、rails generateというコマンドを使ってモデルやコントローラーを作成しますが、これを拡張し、「rails generate devise」でDeviseの機能を生成することができます。

では、コマンドプロンプトまたはターミナルから以下のように実行してください。

```
rails generate devise account
```

deviseの後の「account」は、Devise用に生成するモデルの名前です。今回は、accountという名前でモデルを作成した、というわけです。

コマンドプロンプト
D:¥tuyan¥Desktop¥RailsDeviseApp>rails generate devise account
invoke active_record
create db/migrate/20191217112656_devise_create_accounts.rb
create app/models/account.rb
invoke test_unit
create test/models/account_test.rb
create test/fixtures/accounts.yml
insert app/models/account.rb
route devise_for :accounts
D:¥tuyan¥Desktop¥RailsDeviseApp>

図5-20 rails generate deviseでDevise関連のファイルを生成する。

マイグレーションを行なう

rails generate deviseはモデルを生成しますから、その後で必ずマイグレーションしておく必要があります。コマンドプロンプトまたはターミナルから以下を実行しましょう。

```
rails db:migrate
```

これでaccountテーブルが生成され、Deviseの機能が利用可能な状態となりました。まだ、ユーザー認証のページなどを作っていませんが、とりあえずこれでDeviseの機能は使えるようになりました。

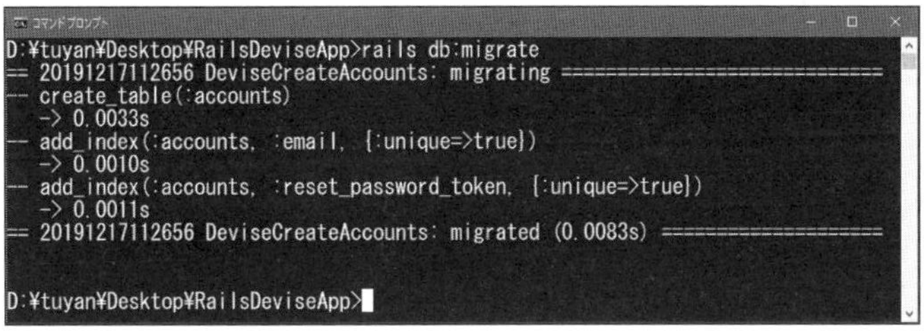

コマンドプロンプト
D:¥tuyan¥Desktop¥RailsDeviseApp>rails db:migrate
== 20191217112656 DeviseCreateAccounts: migrating ============================
-- create_table(:accounts)
-> 0.0033s
-- add_index(:accounts, :email, {:unique=>true})
-> 0.0010s
-- add_index(:accounts, :reset_password_token, {:unique=>true})
-> 0.0011s
== 20191217112656 DeviseCreateAccounts: migrated (0.0083s) ===================
D:¥tuyan¥Desktop¥RailsDeviseApp>

図5-21 マイグレーションを実行する。

Helloコントローラーを作成する

では、サンプルとして利用するコントローラーを作成しましょう。ここでは「Hello」というコントローラーを用意します。コマンドプロンプトまたはターミナルから以下を実行してください。

```
rails generate controller hello index login_check
```

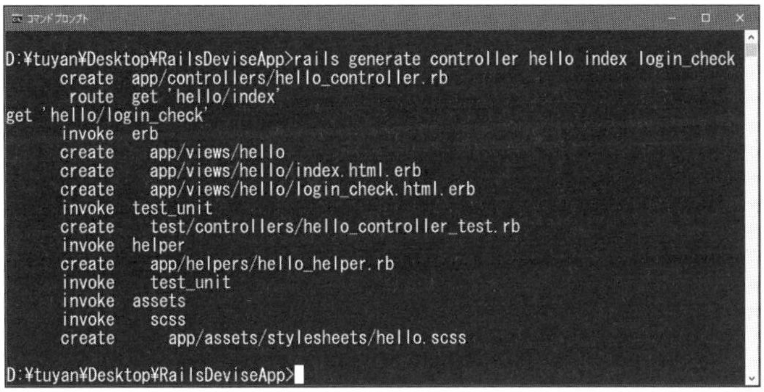

コマンドプロンプト
D:¥tuyan¥Desktop¥RailsDeviseApp>rails generate controller hello index login_check
create app/controllers/hello_controller.rb
route get 'hello/index'
get 'hello/login_check'
invoke erb
create app/views/hello
create app/views/hello/index.html.erb
create app/views/hello/login_check.html.erb
invoke test_unit
create test/controllers/hello_controller_test.rb
invoke helper
create app/helpers/hello_helper.rb
invoke test_unit
invoke assets
invoke scss
create app/assets/stylesheets/hello.scss
D:¥tuyan¥Desktop¥RailsDeviseApp>

図5-22 Helloコントローラーを作成する

ここでは、indexとlogin_checkという2つのアクションを用意しておきました。通常のページと、ログインしていなければアクセスできないページのサンプルになります。

Helloのページを作成する

では、このDeviseを利用したWebページを作ってみましょう。通常のページと、ログインしないとアクセスできないページのサンプルを用意することにします。

まず、テンプレートから作成しましょう。「views」内の「hello」フォルダの中にある「index.html.erb」からです。これを以下のように修正しましょう。

リスト5-16

```
<h1 class="display-4 text-primary">
  Hello#index</h1>
<p><%= @msg %></p>
<hr>
<div><%=link_to 'login_check page!&gt;&gt;'.html_safe,
  {action:'login_check'} %></div>
<div><%= link_to "Sign out&gt;&gt;".html_safe,
  destroy_account_session_path,
  method: :delete %></div>
```

Chapter 1 Chapter 2 Chapter 3 Chapter 4 Chapter 5 Addendum

特に難しいことはしていません。link_toを使い、login_checkアクションとログアウト用のリンクを追加しただけです。ログアウトについては後で説明します。

続いて、logincheck.html.erbの修正です。こちらは以下のように書き換えてください。

リスト5-17

```
<h1 class="display-4 text-primary">
  <%= @account.email %></h1>
<p><%= @msg %></p>
<hr>
<div><%=link_to '&lt;&lt;go back'.html_safe,
  {action:'index'} %></div>
```

とても単純ですね。@account.emailというものを表示していますが、これはログインしているアカウントの情報を表示するものです。このあたりは後で改めて説明します。

application.html.erbの修正

最後にレイアウトのテンプレートを修正しておきましょう。ここでは、「views」フォルダ内の「layouts」フォルダ内にある「application.html.erb」をそのまま使うことにします。これを以下のように修正しておきます。

リスト5-18

```
<!DOCTYPE html>
<html>
  <head>
    <title>RailsDeviseApp</title>
    <%= csrf_meta_tags %>
    <%= csp_meta_tag %>
    <link rel="stylesheet"
    href="https://stackpath.bootstrapcdn.com/bootstrap/4.3.1/css/⏎
      bootstrap.css">
    <%= stylesheet_link_tag 'application', media: 'all',
        'data-turbolinks-track': 'reload' %>
    <%= javascript_pack_tag 'application',
        'data-turbolinks-track': 'reload' %>
  </head>

  <body class="container">
    <%= yield %>
  </body>
</html>
```

例によって、Bootstrap用の<link>タグを追加し、<body>にclass属性を付け足しただけです。これでテンプレート関係は完成しました！

HelloControllerの修正

続いて、アクションを作りましょう。「controllers」フォルダの中からhello_controller.rbを探して開いてください。そして、HelloControllerクラスを以下のように修正しましょう。

リスト5-19

```
class HelloController < ApplicationController
  layout 'application'
  before_action :authenticate_account!, only: :login_check

  def index
```

```
    @msg = 'this is sample page.'
  end

  def login_check
    @account = current_account
    @msg = 'account created at: ' + @account.created_at.to_s
  end
end
```

これで、indexとlogin_checkのアクションが用意されました。before_actionというものが追記されていたり、login_checkで見慣れない関数が見られますが、これらについては後で説明することにしましょう。

ログイン処理をチェック!

これでDeviseを利用したページのサンプルができました。では、「rails server」コマンドを実行し、実際に動作を確かめてみましょう。

まずは、/hello/indexにアクセスしてみましょう。indexアクションのページが現れます。下の方には、「login_check page!」というリンクが表示されていますね。

図5-23 indexアクションの表示。login_checkへのリンクがある。

check_pageに移動する

このリンクをクリックして/login_checkに移動してみてください。するとページは現れず、ログインのための表示が現れます。

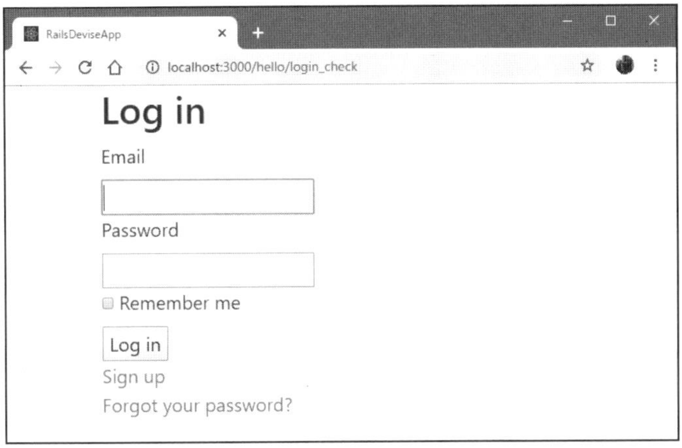

図5-24　ログインページが現れる。

アカウントの登録

まだアカウントを登録していないので、下の方に見える「Sign up」というリンクをクリックしましょう。これでアカウント登録の画面に進みます。

ここにメールアドレスとパスワード(2箇所)を入力し、「Sign up」ボタンをクリックすると、アカウントが登録されます。

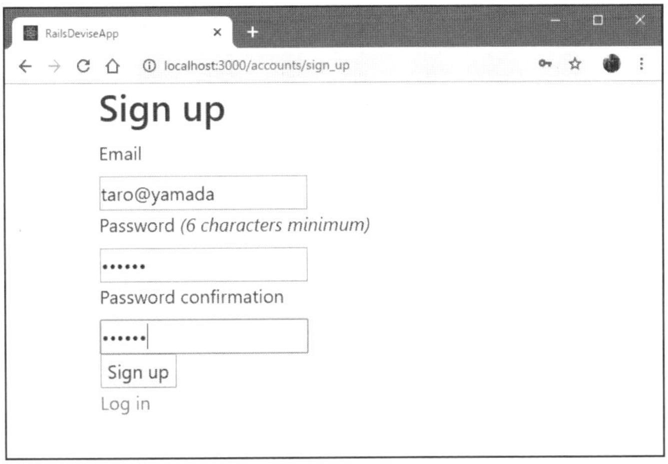

図5-25　アカウントを登録する。

login_checkが表示された！

サインアップすると、アカウントを作成してログインし、/login_checkに移動します。タイトルにはログインしているアカウント(メールアドレス)が表示され、その下にアカウントが作成された日時が表示されます。

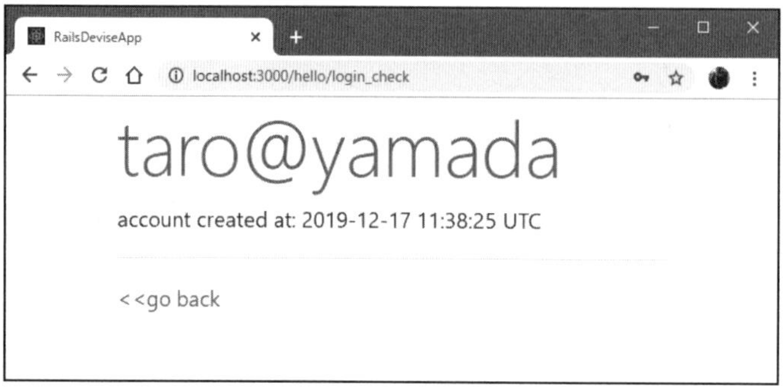

図5-26　ログインして/login_checkにアクセスできた。

ログインの仕組み

では、どのようにしてログイン処理が実装されているのか、詳しく見ていきましょう。まずは、HelloControllerクラスからです。ここで、特定のページをログイン必須に設定しています。それを行なっているのがこの文です。

```
before_action :authenticate_account!, only: :login_check
```

before_actionというのは、アクションが実行される前に呼び出されるフィルターでしたね。ここで、「authenticate_account!」というものを呼び出しています。

これは、Deviseを組み込むと自動的に用意されるメソッドで、アクションが呼ばれる際にこれが自動的に実行されるようになります。ログインチェックのメソッドは、

```
authenticate_モデル名!
```

という名前で用意されます。今回は、rails generate deviseを実行したときに「account」という名前で作成をしましたね？ ですから、「authenticate_account!」という名前でメソッドが用意されたのです。

このauthenticate_account!の中で、ログインされているかチェックし、ログインしていなければログイン画面にリダイレクトする、という処理を行なっているのです。

ただし、それだけだと、コントローラーにあるすべてのアクションでauthenticate_account!が実行されてしまうので、その後に「only:」というオプションを付けてあります。これは、特定のアクションでのみauthenticate_account!が呼ばれるようにするものです。これで、only:の後に記述してあるlogin_checkアクションが呼び出されたときだけ、authenticate_account!が実行されるようになります。

複数のアクションにauthenticate_account!を設定したい場合は、only:の後に配列としてアクション名を用意してください。例えば、only: [:login_check, :index] という感じですね。

ログインページのアドレス

では、このauthenticate_account!によって呼び出されるログイン画面は、どこにあるのでしょう？ Deviseでは、以下のアドレスに用意されています。

```
http://localhost:3000/コントローラー/sign_up
```

「コントローラー」はDevise用に作成されたコントローラーのことです。この例では「accounts」となります(accountモデルの複数形です)。ここに直接アクセスすれば、ログインをすることができます。

基本的には、authenticate_account!をbefore_actionで設定してあれば、直接このページにアクセスする必要はないはずですが、手作業でログインを行なう必要が生じた場合などには、このアドレスをWebブラウザから打ち込んで実行するとよいでしょう。

モデルの情報

ログインしている場合、ログインしている利用者の情報は「current_モデル」という名前のメソッドで取り出すことができます。ここでは、「current_account」となります。

取り出されるのは、Deviseに設定したモデル(ここではAccount)のインスタンスです。このモデルには、ログインした利用者に関する各種の情報が用意されています。以下に整理しておきましょう。

id	このアカウント情報のID番号です。
email	メールアドレス。アカウント名に相当するものです。
encrypted_password	暗号化されたパスワードです。暗号化されていますからパスワードそのものではありません。
created_at/updated_at	アカウントの作成日時、更新日時です。

current_モデルでモデルを取得し、その中からこれらの情報を取り出せば、現在ログインしている利用者に関する情報を得ることができます。

ヘルパー関数について

この他、ログインに関するヘルパー関数がいくつか用意されています。いずれも引数なしで呼び出せる非常に単純なものです。なお、「モデル名」部分には、Devise用に用意されているモデル名が入ります。ここでは「account」になります。

```
モデル名_signed_in?
```

現在、ログインしているかどうかを真偽値で返します。trueならばログインしています。

```
current_モデル名
```

現在ログインしている利用者モデルのインスタンスを取得します。サンプルでは、Accountインスタンスが得られます。

```
モデル名_session
```

このスコープのセッションにアクセスするものです。ここからセッション情報を取り出したりできます。

コラム パスワードはどこに保管される？ Column

モデルに用意されている項目を見て、「パスワードはどこにあるんだろう？」と疑問に思った人もいるかもしれません。実は、パスワードは保存されていません。
それでどうやってパスワードをチェックしているのか？ それは、encrypted_passwordを使います。これは、決まった方式で暗号化されたテキストです。ログイン画面からパスワードが送られると、それを暗号化し、保存されている暗号化されたテキストと同じかどうかをチェックするのです。同じであれば、同じパスワードが送られてきたと判断できます。
暗号化されたテキストから元のパスワードを復号するのは、かなり難しい(スーパーコンピュータで何十年もかかるほど)ので、このやり方ならば万が一ハッキングされてもパスワードが流出する心配はありません。

ログアウトは？

最後に、ログアウトについても触れておきましょう。ログアウトは、Deviseでは以下のアドレスで用意されています。

```
http://localhost:3000/コントローラー/sign_out
```

コントローラーは、ここでは「accounts」となりますね。では、直接ここにアクセスすればログアウトできるんだ……と思った人。実はできません。なぜなら、これは「GET」アクセスしてもだめなのです。「DELETE」という特殊なHTTPメソッドでアクセスをしないといけないようになっています。

先ほどindex.html.erbに用意したリンクをよく見てみましょう。

```
link_to…略…, destroy_account_session_path, method: :delete
```

アクセス先には、「destroy_モデル_session_path」というものが設定されています。これは、ログアウトのパスが保管されている変数です。そしてその後に、「method: :delete」として、DELETEメソッドでアクセスするように指定しています。

ログアウトは、このlink_toを使ってリンクを用意しておくのが基本と考えておきましょう。

Deviseの画面をカスタマイズする

Deviseは、非常に簡単にログインの処理を組み込むことができて大変便利です。が、表示されるログイン画面やサインアップ画面は固定なので、ちょっとあっさりしすぎたデザインですし、説明なども表示されません。もっとWebアプリケーションに合わせたデザインにしたい、と思うこともあるでしょう。

このような場合は、Deviseのビューを作成し、カスタマイズすればいいのです。Deviseには、ビューのテンプレートを生成し、それを読み込んで利用することができます。

コマンドプロンプトまたはターミナルから、以下のように実行してください。

```
rails generate devise:views
```

これを実行すると、「views」内に「devise」というフォルダが作られ、この中にDeviseで利用するビューテンプレートが保存されます。

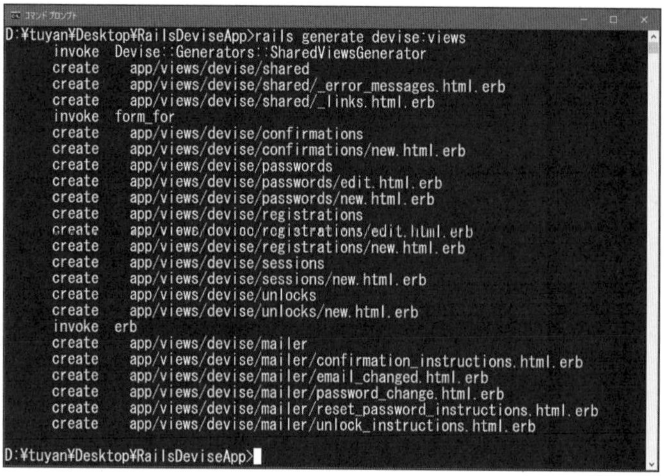

図5-27 rails generate devise:viewsでビューテンプレートを生成する。

生成されるビューについて

この「devise」フォルダを見ると、その中にいくつものフォルダが用意されていて、更にその中にたくさんのテンプレートファイルが作成されていることがわかります。あまりにたくさんのファイルが作られていて驚いたかもしれません。

これらはどのような用途に用いられるテンプレートなのか、フォルダごとにざっと整理しておきましょう。

confirmations	利用者確認のメールを送信するためのものです。
mailer	パスワードのリセットなど、メールで連絡する操作を行なうためのものです。
passwords	パスワードを忘れたときのパスワード作成や変更などの操作のためのものです。
registrations	アカウント登録のためのものです。
sessions	ログインのためのものです。
shared	各種のリンク作成のコードをまとめたものです。
unlocks	ロックされたアカウント解除のためのものです。

これらは、Deviseを利用するとすべて必要となるものです。ちょっと面倒ですが、カスタマイズするときはすべての表示を統一したデザインに変更するなどしておくべきでしょう。

ログイン画面をカスタマイズする

では、カスタマイズの例として、ログイン画面を修正してみましょう。これは「sessions」フォルダ内の「new.html.erb」というファイルとして用意されています。これを開き、以下のように内容を書き換えてください。

リスト5-20 ——/devise/sessions/new.html.erb

```
<h2 class="display-4 text-primary">
  Log in</h2>

<%= form_for(resource, as: resource_name,
  url: session_path(resource_name)) do |f| %>
  <div class="form-group">
    <%= f.label :email %><br />
    <%= f.email_field :email, class:'form-control',
      autofocus: true, autocomplete: "email" %>
  </div>

  <div class="form-group">
    <%= f.label :password %><br />
    <%= f.password_field :password, class:'form-control',
      autocomplete: "current-password" %>
  </div>

  <% if devise_mapping.rememberable? %>
    <div class="form-group">
      <%= f.check_box :remember_me, class:'form-check-input' %>
      <%= f.label :remember_me %>
    </div>
  <% end %>

  <div class="actions">
    <%= f.submit "Log in" %>
  </div>
<% end %>
<hr>
<%= render "devise/shared/links" %>
```

Bootstrapを利用した形にページのデザインを作り直しました。実際に/hello/login_checkにアクセスしてログイン画面を呼び出してみましょう。カスタマイズされた画面が表示されるはずです。これで、Webサイトのページデザインに合わせた形でログイン関係のページも表示できるようになりますね。

なお、先ほど既にログインをしている場合は、一度/helloにアクセスして「Sign out>>」リンクをクリックしログアウトしてから動作確認をしましょう。

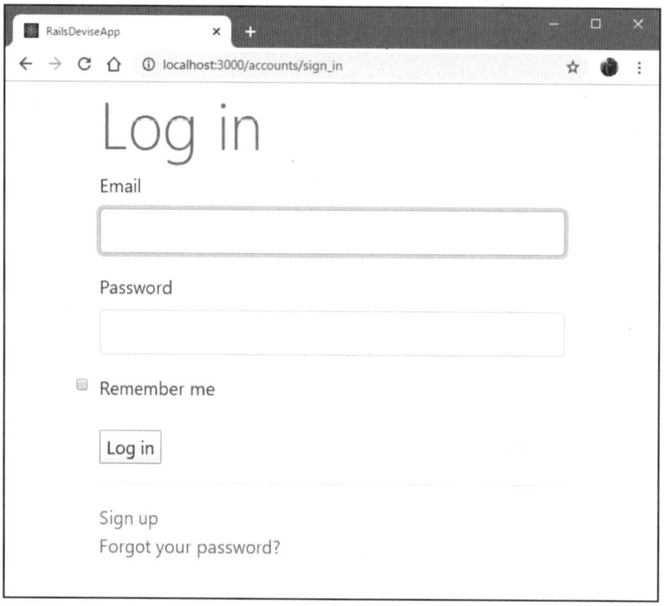

図5-28 /hello/login_checkにアクセスすると、/accounts/sign_inにリダイレクトされ、カスタマイズしたログイン画面が現れる。

<%= %>タグは手を触れない！

テンプレートカスタマイズのポイントは、「<%= %>で出力される部分にはタッチしない」ということでしょう。Deviseでは、送信されるフォームの内容などが勝手に変更されるとうまく処理できなくなる可能性があります。

フォームそのものの内容には手を付けず、あくまでその表示デザインに絞ってカスタマイズするように心がけましょう。

Section 5-3 ページネーション

ページネーションとは？

多量のデータを扱うようになると、データをいかに小分けして表示していくか、を考えないといけなくなります。「全部表示」では、膨大な量のデータになってしまうようなとき、データの一覧を表示するのにallは使えません。データの一部分を決まった大きさで切り分け表示する仕組みが必要です。

これは、一般に「ページネーション」と呼ばれます。ページネーションとは、その名の通り、テーブルのデータを決まった数ごとにページ分けして表示できるようにする仕組みです。

Rails自体には、ページネーションの仕組みは用意されていませんが、例によってライブラリとしてページネーションのプログラムがいろいろと揃っているので、それらを利用することで簡単にページネーションを実装できます。

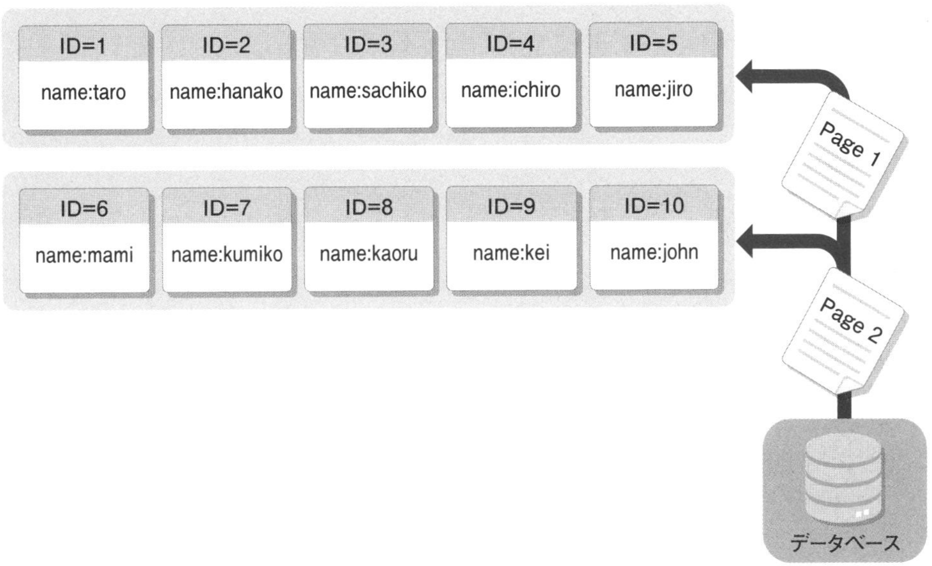

図5-29 ページネーションは、データ全体を一定の数ごとのページとして整理し、次々とページをめくるようにデータを順序よく表示していく考え方だ。

Kaminariについて

このページネーションは、自分で作成することもできます。モデルに用意されている「offset」「limit」といったメソッドを使うことで、一定数ごとにデータを表示していくような仕組みを作ることは可能でしょう。

が、Railsにはページネーションのためのライブラリもいろいろと出回っており、これらを利用することで簡単にページネーションを実装することもできます。せっかくあるのですから、こうしたライブラリを使わない手はありません。

ここでは、「Kaminari」というライブラリを利用してみることにしましょう。Kaminariは、Railsのページネーションライブラリの中ではおそらくもっとも広く使われているものでしょう。これは以下のアドレスで詳細が公開されています。

https://github.com/amatsuda/kaminari

例によって、ソフトウェアはコマンドラインからインストールしますので、ここはKaminariの情報を得るためのサイトと考えておきましょう。

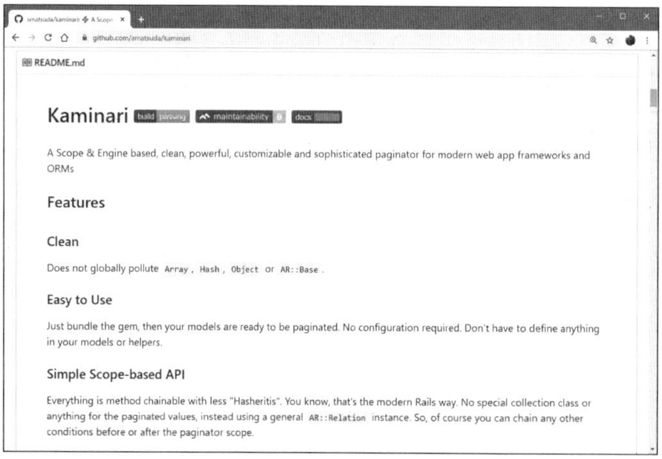

図5-30 Kaminariのサイト。ここから情報を得ることができる。

Kaminariをインストールする

では、Kaminariをインストールしましょう。これも、RubyGemを利用します。プロジェクトのフォルダ内にある「Gemfile」を開き、以下のように追記をしてください。

リスト5-21

```
gem 'kaminari'
```

記述し保存をしたら、コマンドプロンプトまたはターミナルから以下のようにコマンドを実行します。これでKaminariがインストールされます。

```
bundle install
```

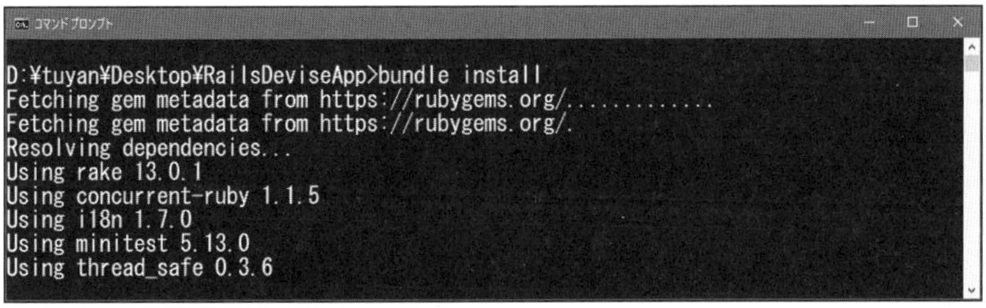
コマンドプロンプト
D:¥tuyan¥Desktop¥RailsDeviseApp>bundle install
Fetching gem metadata from https://rubygems.org/............
Fetching gem metadata from https://rubygems.org/.
Resolving dependencies...
Using rake 13.0.1
Using concurrent-ruby 1.1.5
Using i18n 1.7.0
Using minitest 5.13.0
Using thread_safe 0.3.6

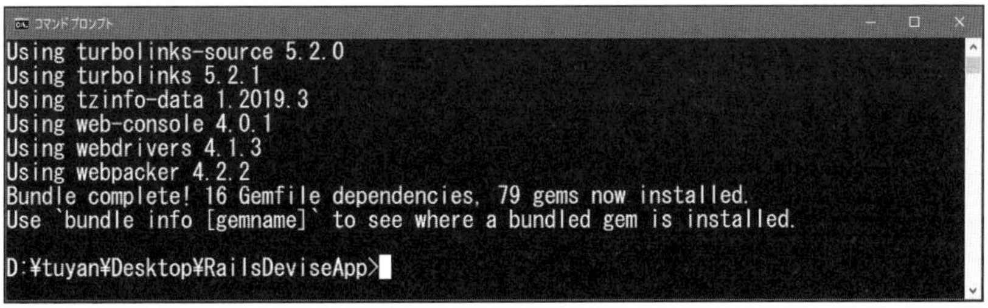
コマンドプロンプト
Using turbolinks-source 5.2.0
Using turbolinks 5.2.1
Using tzinfo-data 1.2019.3
Using web-console 4.0.1
Using webdrivers 4.1.3
Using webpacker 4.2.2
Bundle complete! 16 Gemfile dependencies, 79 gems now installed.
Use `bundle info [gemname]` to see where a bundled gem is installed.
D:¥tuyan¥Desktop¥RailsDeviseApp>

図5-31 bundle installでKaminariをインストールする。

サンプルアプリを作ろう

では、実際にKaminariを使ってページネーションを利用してみましょう。まずは、サンプルとして、たくさんのデータがあるWebアプリを作りましょう。

ここではごく単純なモデルを利用したアプリをScaffoldで作ることにします。先ほどDevise用に作成した「RailsDeviseApp」アプリケーションをそのまま利用することにしましょう。

ではコマンドプロンプトまたはターミナルから、以下のように実行してください。

```
rails generate scaffold data_page data:text
```

これで、data_pageというWebアプリのMVCが自動生成されます。このdata_pageには、「data」というテキストの項目が1つだけ用意してあります。まぁ、ダミーなので項目は1つあれば十分でしょう。

図5-32 Scaffoldでdata_pageを作成する。

マイグレーションする

作成したら、マイグレーションを行なっておきましょう。コマンドプロンプトまたはターミナルから、以下のようにコマンドを実行してください。

```
rails db:migrate
```

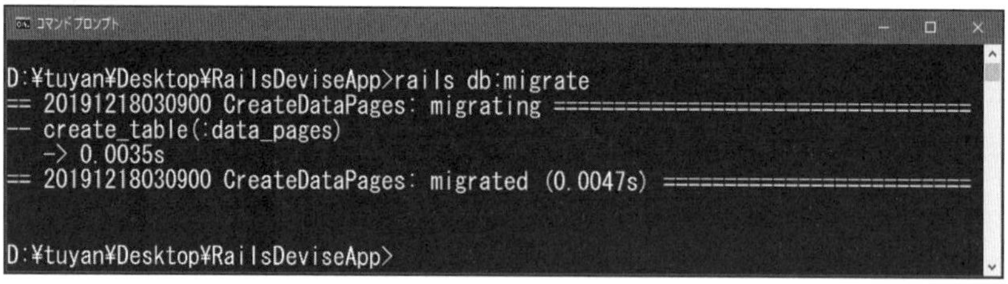

図5-33 rails db:migrateでマイグレーションを実行する。

ダミーデータを用意する

続いて、ダミーのデータをシードとして用意しておきましょう。「db」フォルダ内にある「seeds.rb」を開き、前に記述しておいた文をすべて削除してから、以下の文を追記してください。

リスト5-22

```
data = ['one','two','three','four','five','six','seven','eight',⏎
  'nine','ten','zero',
  'white','black','gray','red','blue','green','yellow','cyan','magenta']

for i in 1..100 do
  DataPage.create data:data.sample
end
```

記述し保存をしたら、コマンドプロンプトまたはターミナルからシードを実行しましょう。以下のようにコマンドを実行してください。これで100個のダミーデータが作成されます。

```
rails db:seed
```

コマンドプロンプト
D:¥tuyan¥Desktop¥RailsDeviseApp>rails db:seed
D:¥tuyan¥Desktop¥RailsDeviseApp>

図5-34 rails db:seedでダミーデータを作成する。

設定ファイルを作成する

次に行なうのは、Kaminariの設定ファイルを生成する作業です。これもコマンドプロンプトまたはターミナルから行ないます。以下のように実行してください。

```
rails generate kaminari:config
```

これで、「conig」内の「initializers」フォルダの中に、「kaminari_config.rb」というファイルが作成されます。これが、Kaminariの設定ファイルです。

```
D:¥tuyan¥Desktop¥RailsDeviseApp>rails generate kaminari:config
      create  config/initializers/kaminari_config.rb

D:¥tuyan¥Desktop¥RailsDeviseApp>
```

図5-35 rails generate kaminari:configで設定ファイルを作る。

設定ファイルの中身

では、作成された設定ファイル(kaminari_config.rb)の中身がどうなっているのか、開いてチェックしましょう。以下のように記述されているはずです。

リスト5-23

```
# frozen_string_literal: true
Kaminari.configure do |config|
  # config.default_per_page = 25
  # config.max_per_page = nil
  # config.window = 4
  # config.outer_window = 0
  # config.left = 0
  # config.right = 0
  # config.page_method_name = :page
  # config.param_name = :page
  # config.params_on_first_page = false
end
```

ここに、コメントとして記述されている文が、Kaminariの設定です。これらの中から設定したい項目の#を削除し、値を記述すれば、その設定項目が使われるようになります。ここで用意されている項目の内容は以下のようになります。

default_per_page	1ページに表示されるデータの数
max_per_page	1ページの最大表示数
window	現在のページの左右に表示するページ番号の数
outer_window	左右の両端に表示するページ番号の数
left	左側の「…」の左に表示するページ番号の数(outer_windowの左側の表示のみ指定)
right	右側の「…」の右に表示するページ番号の数(outer_windowの右側の表示のみ指定)

page_method_name	メソッドの名前
param_name	ページ番号のパラメータの名前

設定を修正する

このkaminari_config.rbの設定項目の値を書き換えることで、表示をカスタマイズできるようになります。では、実際に書き換えてみましょう。

リスト5-24

```
Kaminari.configure do |config|
  config.default_per_page = 10
  config.window = 3
  config.outer_window = 1
end
```

コメント部分はカットしてあります。今回は、3つの設定だけを用意してあります。修正したら、rails serverでサーバーが起動していたら一度終了して、再度起動してください。「config」内の設定ファイルは、起動時に読み込まれるため、修正したらサーバーをリスタートする必要があります。

アクションを修正する

これで、Kaminariが利用できるようになりました。では、data_pageのページの表示をカスタマイズして、データをページネーションして表示するようにしてみましょう。

まずは、コントローラーの修正からです。「controllers」内に作成されている「data_pages_controller.rb」を開いてください。ここに書かれているDataPagesControllerというクラスが、data_pageのコントローラーになります。Scaffoldで作成しているので、indexアクションに全データの表示のための処理が用意されています。

デフォルトでは、indexは以下のように記述されているはずです。

リスト5-25

```
def index
  @data_pages = DataPage.all
end
```

単純ですね。DataPageモデルのallを呼び出し、全データを取り出して@data_pagesに代入しているだけです。

これを、「指定のページのデータだけ取り出す」というように修正しましょう。以下のように書き換えてください。

リスト5-26

```
def index
  @data_pages = DataPage.page params[:page]
end
```

DataPageモデルの「page」というメソッドを使うように変更されていますね。これが、Kaminariの機能です。Kaminariは、モデルクラスに「page」というメソッドを追加します。これが、ページ単位でデータを取り出すものです。引数には、ページ番号を指定します。ここでは、pageパラメータの値をそのまま引数指定してあります。

テンプレートを修正する

続いて、テンプレートを修正しましょう。「views」内に、新たに「data_pages」というフォルダが作成されているはずですね。この中にある「index.html.erb」を開いて以下のように修正してください。

リスト5-27

```
<p id="notice"><%= notice %></p>

<h1 class="display-4 text-primary">Data Pages</h1>

<div class="mt-4 mb-4">
  <%= page_entries_info @data_pages %>
</div>

<table class="table">
<thead>
  <tr>
    <th>ID</th>
     <th>Data</th>
     <th>Created at</th>
     <th colspan="3"></th>
    </tr>
</thead>
```

```
<tbody>
<% @data_pages.each do |data_page| %>
  <tr>
    <td><%= data_page.id %></td>
    <td><%= data_page.data %></td>
    <td><%= data_page.created_at %></td>
    <td><%= link_to 'Show', data_page %></td>
    <td><%= link_to 'Edit', edit_data_page_path(data_page) %></td>
    <td><%= link_to 'Destroy', data_page, method: :delete,
        data: { confirm: 'Are you sure?' } %></td>
  </tr>
<% end %>
</tbody>
</table>
<br>
<div><%= paginate @data_pages %></div>
<br>
<%= link_to 'New Data Page', new_data_page_path %>
```

スタイルの追加

ページ移動のリンクの表示をわかりやすくするためにスタイルを用意しておくことにしましょう。「app」フォルダ内の「assets」フォルダの中の「stylesheets」フォルダの中に「application.css」ファイルがあります。これは、アプリケーションで使われるスタイルを用意しておくものでしたね。ここに以下のような形でスタイルを用意しましょう。

リスト5-28

```
body { font-size:20px; }
.page { padding:5px; border:1px lightblue solid; }
.first { padding:5px; border:1px lightblue solid; }
.prev { padding:5px; border:1px lightblue solid; }
.next { padding:5px; border:1px lightblue solid; }
.last { padding:5px; border:1px lightblue solid; }
```

これで修正は完了です。サーバーを起動し、/data_pages にアクセスをしてみましょう。data_pageのデータが10個だけ表示されます。その下にページ移動のためのリンクがずらっと表示され、クリックすれば表示されるページを移動できます。

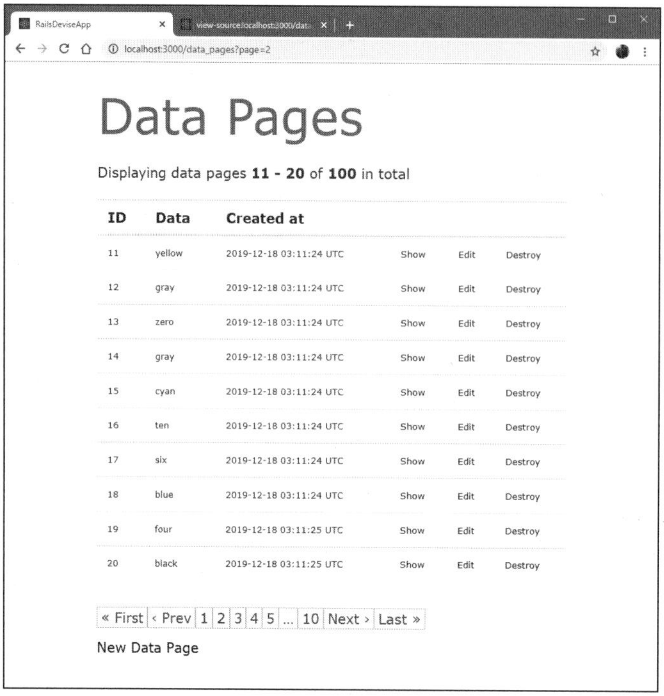

図5-36　テーブルの下に移動のリンクがズラッと表示されている。

Kaminari用のタグについて

Kaminariをインストールすると、専用のメソッドが追加されます。これらを利用することで、ページネーションに必要な項目を用意することができます。今回、利用しているのは以下のようなタグです。

●ページ情報の表示

```
page_entries_info データ
```

「page_entries_info」というメソッドは、表示しているページに関する情報を出力するものです。その後の引数には、アクションメソッド側でpageメソッドを使ってとり出したデータを指定します。

これで、「Displaying data pages 11 - 20 of 100 in total」といった具合に、データの総数と、現在表示しているデータの範囲が示されます。

●ページ移動タグの表示

```
paginate データ
```

テーブルの下部にページ移動のためのリンクがズラッと表示されていましたが、これを作成していたのが、この「paginate」というメソッドです。引数には、コントローラー側でpageを使ってとり出したデータを渡します。

ナビゲーションの表示スタイル

ページネーションでもっとも重要となるのが、paginateメソッドで書き出されるページ移動のリンクです。これは、表示するページ番号の数などはKaminariの設定で行なますが、表示はスタイルシートを使って自分でデザインする必要があります。

ナビゲーションの表示のタグには、それぞれスタイルシートのクラスが指定されています。このクラスを自分で用意しておくことで、表示を調整できます。用意されているクラスは以下のようになります。

nav.pagination	ナビゲーションのリンク全体をまとめる<nav>タグのクラス
span.first	最初のページに戻る「first」リンクのクラス
span.pre	前のページに戻る「prev」リンクのクラス
span.page	ページ番号のクラス
span.next	次のページに進む「next」リンクのクラス
span.last	最後のページに進む「last」リンクのクラス
span.page current	現在表示しているページ番号のクラス
span.page gap	間を省略する「…」とその先のリンクとの間隔に使うクラス

これらのクラスを用意することで、リンクの表示をカスタマイズすることができます。nav.paginationで、リンク全体のフォントサイズなどの設定を行ない、後は個別に表示内容を設定していけばいいでしょう。

Section 5-4

新メッセージボードを作ろう

ユーザー認証とページネーションを使ったアプリ

では、新たに覚えた「ユーザー認証」と「ページネーション」を使ったWebアプリを作ってみましょう。以前、モデルなどを利用する前に作った、ごく簡単なメッセージボードを覚えていますか？ あれのアップデート版として、ログインして投稿する、ちょっとだけ本格的なものを作成してみます。

新メッセージボードとは？

新メッセージボードは、アクセスすると、ログイン画面に自動的にリダイレクトされ、ログインしないと表示されません。ログインすると、投稿フォームと、既に投稿されている書き込みが表示されます。投稿データは新しいものから順に表示されます。ページネーションで10項目ごとに表示していきます。

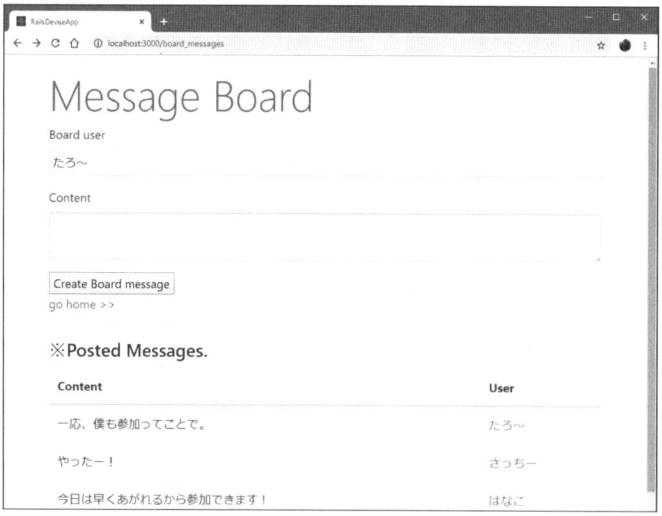

図5-37 新メッセージボード。ログインすると投稿のページに移動する。

「go home」リンクをクリックすると、利用者のホーム画面に移動します。ここでニックネームや自己紹介などを入力できます。ニックネームは投稿した際に表示されます。

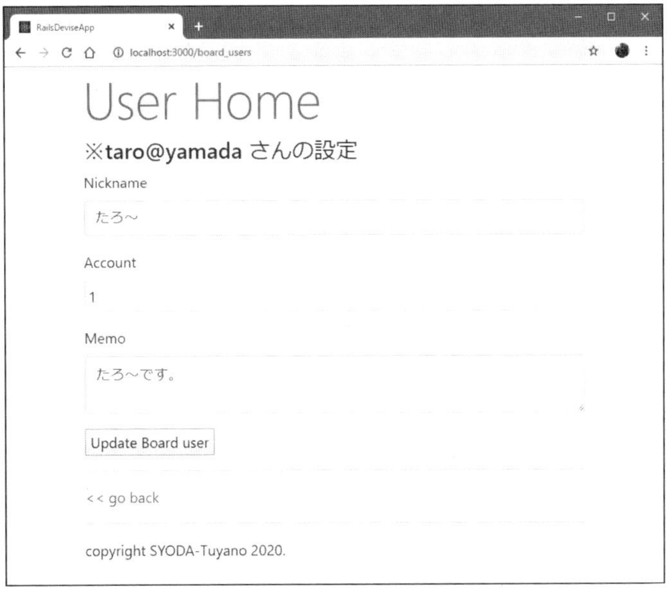

図5-38 ホーム画面。ニックネームや自己紹介を設定する。

投稿の一覧に表示されているニックネームをクリックすると、投稿者の情報を表示するページに移動します。ここで自己紹介などを見ることができます。

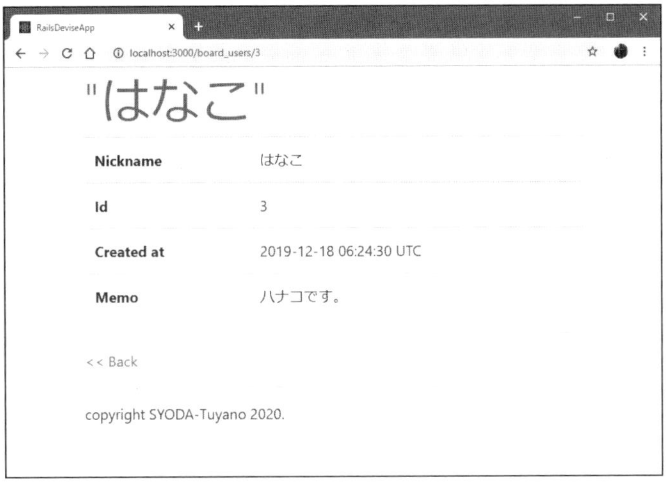

図5-39 投稿者の情報表示ページ。

Scaffoldで基本部分を作る

では、アプリを作成していきましょう。今回の新メッセージボードも、ユーザー認証を利用するため、RailsDeviseAppをそのまま利用して作成することにします。もし、独立したアプリとして作成したいという場合は、rails newで新しいアプリケーションを作成した後、5-1の説明に従ってDeviseのユーザー認証機能を組み込んでから作業をして下さい。

まずは、どのようなテーブルを用意する必要があるか、その基本設計を考えましょう。今回は、「投稿メッセージのテーブル」と、「ユーザー情報を補足するテーブル」を用意します。テーブルの項目を決め、Scaffoldで必要なファイルを作成していきましょう。

利用者情報テーブル

まずは、利用者の情報に関するテーブルです。今回、ログイン処理にDeviseを利用しますが、Deviseではアカウント名(メールアドレス)とパスワードしか保管されません。Deviseのテーブルを拡張してもいいのですが、今回は別にユーザー情報のテーブルを用意し、Deviseのテーブル(ここではaccount)と連携させることにします。用意する項目は以下の通りです。

ニックネーム	メッセージボードで表示される名前。ログインするアカウント名はメールアドレスなので、これは直接表示させません。別途、専用のアカウント名を用意することにします。
accountのID番号	Devise用に作成したテーブル(ここではaccount)のID番号を保管します。これで、accountテーブルと連携できるようになります。
自己紹介	簡単な自己紹介を書ける項目も用意しておきます。

では、以上の項目を持ったアプリをScaffoldで作成しましょう。コマンドプロンプトまたはターミナルはRailsDeviseAppが選択されたままになっていますか？　その状態から、以下のように実行してください。

```
rails generate scaffold board_user nickname:text⏎
  account_id:integer memo:text
```

ここでは、「board_user」という名前で作成をします。保管する項目は「nickname」「account_id」「memo」としておきました。

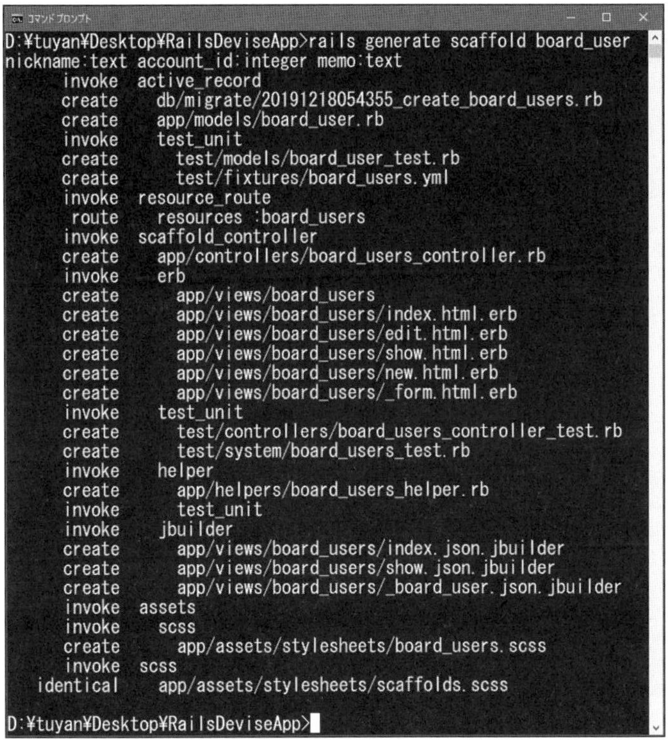

```
D:¥tuyan¥Desktop¥RailsDeviseApp>rails generate scaffold board_user
nickname:text account_id:integer memo:text
      invoke  active_record
      create    db/migrate/20191218054355_create_board_users.rb
      create    app/models/board_user.rb
      invoke    test_unit
      create      test/models/board_user_test.rb
      create      test/fixtures/board_users.yml
      invoke  resource_route
       route    resources :board_users
      invoke  scaffold_controller
      create    app/controllers/board_users_controller.rb
      invoke    erb
      create      app/views/board_users
      create      app/views/board_users/index.html.erb
      create      app/views/board_users/edit.html.erb
      create      app/views/board_users/show.html.erb
      create      app/views/board_users/new.html.erb
      create      app/views/board_users/_form.html.erb
      invoke    test_unit
      create      test/controllers/board_users_controller_test.rb
      create      test/system/board_users_test.rb
      invoke    helper
      create      app/helpers/board_users_helper.rb
      invoke      test_unit
      invoke    jbuilder
      create      app/views/board_users/index.json.jbuilder
      create      app/views/board_users/show.json.jbuilder
      create      app/views/board_users/_board_user.json.jbuilder
      invoke  assets
      invoke    scss
      create      app/assets/stylesheets/board_users.scss
      invoke  scss
   identical    app/assets/stylesheets/scaffolds.scss

D:¥tuyan¥Desktop¥RailsDeviseApp>
```

図5-40 board_userをScaffoldで作成する。

メッセージのテーブル

続いて、投稿するメッセージのテーブルです。これは、メッセージ本体と、投稿者のIDが用意してあればいいでしょう。

メッセージ	投稿メッセージを保管するものです。
board_userのID番号	このメッセージを投稿した利用者のID番号です。

これも、Scaffoldでファイルを作成します。以下のようにコマンドプロンプトまたはターミナルから実行をしてください。

```
rails generate scaffold board_message content:text board_user_id:integer
```

これで、「board_message」という名前でアプリが作成されます。用意される項目は、それぞれ「content」「board_user_id」となります。

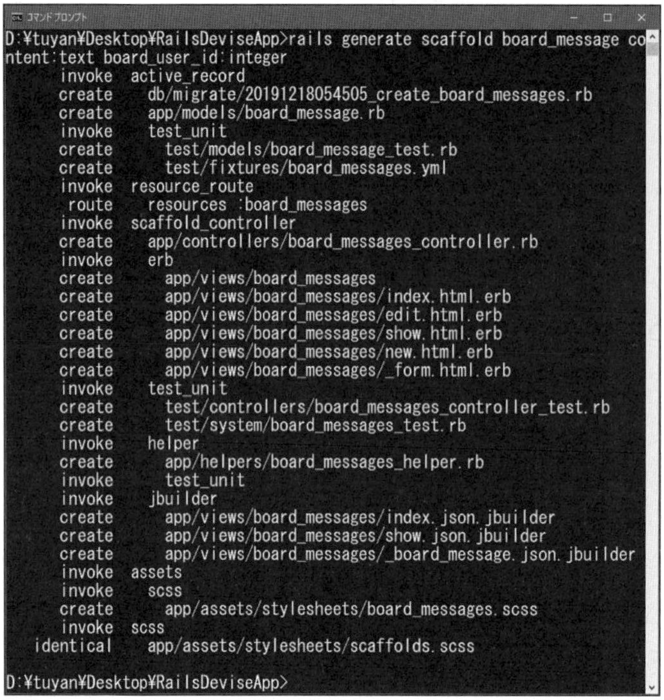

図5-41 Scaffoldで、board_messageを作成する。

マイグレーションする

これで必要なファイル類は作成されました。では、マイグレーションを行なっておきましょう。以下のようにコマンドプロンプトまたはターミナルから実行してください。

```
rails db:migrate
```

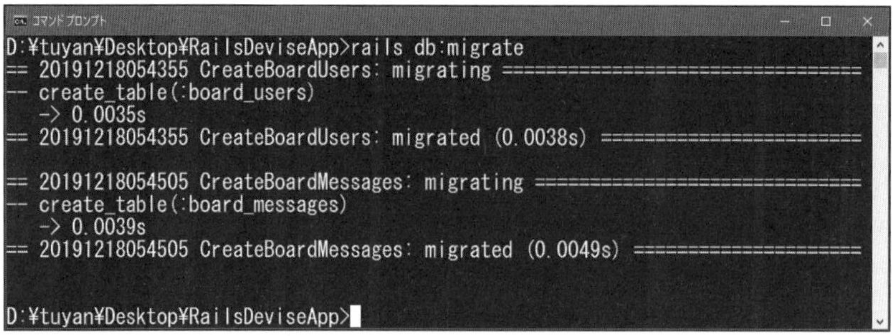

図5-42 rails db:migrateでマイグレーションを行なう。

モデルの修正を行なう

では、MVCの作成・修正を行ないましょう。まずはモデルからです。今回、作成されたモデルはアソシエーションを設定する必要があります。また必須項目の指定も用意しておいたほうがいいでしょう。

「models」フォルダの中に、「board_user.rb」「board_message.rb」という名前でファイルが作成されています。これらを開き、以下のように記述しましょう。

リスト5-29 ——board_user.rb

```
class BoardUser < ApplicationRecord
  belongs_to :account
  has_many :board_message

  validates :nickname, presence: {message:'は、必須項目です。'}
end
```

リスト5-30 ——board_message.rb

```
class BoardMessage < ApplicationRecord
  belongs_to :board_user

  validates :content, presence: {message:'は、必須項目です。'}
end
```


アソシエーションの設定

今回の2つのモデルは、計3つのモデル間で連携(アソシエーション)しています。作成した2つのモデル+「Account (Deviseのモデル)」の3つです。これらの関係を整理すると以下のようになります。

- **Accountのデータ1つに対し、BoardUserのデータ1つが連携する。**
- **BoardUserのデータ1つに対し、BoardMessageのデータ複数が連携する。**

AccountとBoardUserは、1対1で関連付けられます。あるアカウントに関連付けられるBoardUserは常に1つだけです。これに対し、BoardUserとBoardMessageは1対多で関連付けられます。ある投稿者(BoardUser)が投稿するメッセージ(BoardMessage)は、多数あるかもしれませんからね。

これらの関係を元に、アソシエーションの設定を用意します。BoardUserは、Account

に対しbelongs_toの関係となり、BoardMessageに対しhas_Manyの関係となります。またBoardMessageは、BoardUserに対しbelongs_toの関係となります。

コラム Accountにhas_oneはいらないの? Column

ここでの関連付けを見て、「Accountには、has_one: :board_userを用意しなくてもいいのか?」と思った人もいるかもしれませんね。

その通り、AccountはBoardUserに対しhas_oneの関係にあります。ですから、account.rbを開き、Accountクラスにhas_one: :board_userを追記しておいてももちろん構いません。が、実は書かなくてもかまわないのです。

アソシエーションの設定は、「あるモデル内から、関連する別のモデルのデータを取り出す必要があるか?」を考えて行ないます。BoardUserやBoardMessageでは、関連するモデルのデータがあると非常に便利ですね。ですからアソシエーションの設定を用意しておく意味があります。

が、Accountは、Deviseで使われるモデルであり、直接Accountのindexやshowアクションなどにアクセスして表示を見たり、editアクションで内容を編集したりしません。Account内からBoardUserの情報を必要とすることなど特にないのです。ですから、アソシエーションの設定は用意する必要がないのです。

コントローラーとビューを修正する

続いて、コントローラーとビューを作りましょう。「controllers」フォルダ内には、「board_users_controller.rb」「board_messages_controller.rb」という名前でファイルが作成されています。これらの中には、Scaffoldで作成されたCRUD関連のアクションメソッドが一通り用意されています。

が、これらの多くは、今回、必要としません。今回、必要になるアクションはどんなものか、整理してみましょう。

BoardMessagesControllerのindex	投稿されたメッセージを表示するページ。ここから直接投稿もできるようにする。
BoardUsersControllerのindex	投稿者本人の情報を表示し編集する、ホーム画面。
BoardUsersControllerのshow	指定した投稿者の情報を表示する画面。

この3つがあれば、メッセージボードとしては機能します。もちろん、投稿したメッセー

ジの編集や削除などの機能も必要ならば用意してもいいですが、今回はシンプルなメッセージボードということでこれらの機能はすべてカットして考えることにします。

これらのアクションは処理を用意しますが、それ以外のアクションについては、トップページにリダイレクトするように変更しておくことにしましょう。

BoardUsersControllerクラス

では、BoardUsersControllerクラス(board_users_controller.rb)から作成しましょう。以下のリストのように内容を書き換えてください。

リスト5-31 ――board_users_controller.rb

```
class BoardUsersController < ApplicationController
  before_action :set_board_user, only: [:show, :edit, :update, :destroy]
  before_action :authenticate_account!
  # layout 'board_users' # 必要に応じて用意

  def index
    users = BoardUser.where 'account_id == ?',
        current_account.id
    if users[0] == nil then
      user = BoardUser.new
      user.account_id = current_account.id
      user.nickname = '<<no name>>'
      user.save
      users = BoardUser.where 'account_id == ?',
          current_account.id
    end
    @board_user = users[0]
  end

  def show
    @board_user = BoardUser.find params[:id]
  end

  def new
    redirect_to '/board_messages'
  end

  def edit
    redirect_to '/board_messages'
  end
```

```
  def create
    redirect_to '/board_messages'
  end

  def update
    respond_to do |format|
      if @board_user.update(board_user_params)
        format.html { redirect_to '/board_messages' }
        format.json { render :show, status: :ok,
            location: @board_user }
      else
        format.html { render :index }
        format.json { render json: @board_user.errors,
            status: :unprocessable_entity }
      end
    end
  end

  def destroy
    redirect_to '/board_messages'
  end

  private
  def set_board_user
    @board_user = BoardUser.find(params[:id])
  end

  def board_user_params
    params.require(:board_user).permit(:nickname, :account_id, :memo)
  end
end
```

indexの処理

ここでは、indexとcreateが用意されています。indexは、投稿者のホーム画面となるものですね。投稿者のBoardUserを取り出し、インスタンス変数に設定してテンプレート側に渡すようにしておきます。投稿者のBoardUserは、以下のようにして取り出しています。

```
users = BoardUser.where 'account_id == ?', current_account.id
```

BoardUser.whereを使い、account_idがcurrent_accountのidと同じものを検索してい

ます。authenticate_account!をbefore_actionに設定したことで、このコントローラーのアクションはすべてログインしないとアクセスできなくなっています。

ということは、アクションが呼び出されたときには、必ずログインしており、current_accountに利用者のAccountインスタンスが設定されている、ということになりますね。このAccountのIDを元に、関連付けられているBoardUserを取り出せば、現在ログインしている利用者の投稿者データが得られる、というわけです。

ただし、whereで検索をしていますから、得られるのは1つのデータではなく、データの配列になっています。ここから最初のデータを取り出し、利用すればいいのです。

もし、データが1つもなかったら、まだBoardUserが登録されていない(初めてアクセスをした)ということになります。この場合は、新しいBoardUserを作成しておきます。

```
user = BoardUser.new
user.account_id = current_account.id
user.nickname = '<<no name>>'
user.save
```

newで作成後、account_idにcurrent_accountのidを代入しておきます。また、nicknameは必須項目になっていますので、デフォルトの値として'<<no name>>'を指定しておき、saveします。これで、再度whereを実行すれば、作成したBoardUserインスタンスが取り出されるようになります。

updateの処理

もう1つ用意しているのは、投稿者情報を更新するときの処理を行なうupdateです。これは、indexに用意しておく投稿者情報のフォームを送信したときに内容を更新するものになります。データの更新は、既に説明してありますね。

今回、無事に保存できた場合のリダイレクト先をBoardMessageのindexに変更してあります。

```
format.html { redirect_to '/board_messages' }
```

これで、修正したらメッセージの一覧に戻るようになります。また、投稿時に問題が発生した場合、renderで表示するテンプレートをindexに変更してあります。

```
format.html { render :index }
```

こうすることで、更新に問題があると再度indexのテンプレートを使って表示がされるようになります。こうしておけば、indexとupdateで別々のテンプレートを用意する必要がなくなります。indexのテンプレートを1つだけ用意しておけば済むのです。

BoardUsersControllerのビュー

続いて、BoardUsersControllerクラスのアクションで利用するビューテンプレートを作っておきましょう。

今回、必要となるのは、まずindex用のテンプレートですね。これは、「views」内の「board_users」フォルダの中にある「index.html.erb」と、「_form.html.erb」の2つで作ります。_form.html.erbは、投稿者の情報を修正するためのフォームですね。

index.html.erb

まずは、index.html.erbからです。これは、ホーム画面です。フォームをロードして表示します。

リスト5-32 ——/board_users/index.html.erb

```
<h1 class="display-4 text-primary">
  User Home</h1>
<h2 class="h4">※<%=@board_user.account.email %> さんの設定</h2>
<%= render 'form', board_user: @board_user %>
<hr>
<p><%=link_to '<< go back', controller: :board_messages %></p>

<hr>
<div>copyright SYODA-Tuyano 2020.</div>
```

これは、割と単純ですね。@board_user.account.emailでログインしている投稿者のアカウント(メールアドレス)を表示します。そして、_form.html.erbを読み込んでフォームを表示します。@board_userには、コントローラーのindexアクションで、BoardUser.where 'account_id == ?', current_account.idというようにしてとり出したインスタンスの1つが@board_userに代入されており、これを使って表示を作っています。

Chapter 1 Chapter 2 Chapter 3 Chapter 4 Chapter 5 Addendum

_form.html.erb

index.html.erbの中にロードして表示されるフォームが、_form.html.erbです。これは、フォームに用意する項目などは変わりません。表示のレイアウトを整えておく程度にしておきましょう。

リスト5-33 ——/board_users/_form.html.erb

```
<%= form_with(model: board_user, local: true) do |form| %>
  <% if board_user.errors.any? %>
    <div id="error_explanation">
      <h2><%= pluralize(board_user.errors.count, "error") %>
          prohibited this board_user from being saved:</h2>
      <ul>
        <% board_user.errors.full_messages.each do |message| %>
          <li><%= message %></li>
        <% end %>
      </ul>
    </div>
  <% end %>
  <%= form.hidden_field :account_id %>

  <div class="form-group">
    <%= form.label :nickname %>
    <%= form.text_field :nickname, class:'form-control' %>
  </div>

  <div class="form-group">
    <%= form.label :account_id %>
    <div class="border p-1">
      <%=@board_user.account_id %></div>
    <%= form.hidden_field :account_id %>
  </div>

  <div class="form-group">
    <%= form.label :memo %>
    <%= form.text_area :memo, class:'form-control' %>
  </div>

  <div>
    <%= form.submit %>
  </div>
<% end %>
```

フォーム関係は基本的には変更ありませんが、一箇所だけ変えているところがあります。それは、account_idです。この部分は勝手に変更されると困るので、hidden_fieldに変更し、非表示フィールドにしてあります。

show.html.erb

もう1つ、BoardUsersControllerクラスではアクションが用意してありました。showアクションです。これは、特定の投稿者の情報を表示するページでしたね。これのテンプレート(show.html.erb)も修正しておきましょう。

リスト5-34 ――/board_user/show.html.erb

```
<h1 class="display-4 text-primary">
  "<%=@board_user.nickname %>"</h1>
<table class="table">
  <tr>
    <th>Nickname</th>
    <td><%= @board_user.nickname %></td>
  </tr>
  <tr>
    <th>Id</th>
    <td><%= @board_user.id %></td>
  </tr>
  <tr>
    <th>Created at</th>
    <td><%= @board_user.created_at %></td>
  </tr>
  <tr>
    <th>Memo</th>
    <td><%= @board_user.memo %></td>
  </tr>
</table>

<hr>
<%= link_to '<< Back', controller: :board_messages %>
<hr>
<div>copyright SYODA-Tuyano 2020.</div>
```

テーブルを使って@board_userの内容を整理して表示しているだけです。コントローラー側のshowアクションで@board_userを用意しているのを確認しておいてください。

Chapter 1 Chapter 2 Chapter 3 Chapter 4 Chapter 5 Addendum

BoardMessagesControllerクラス

続いて、BoardMessagesControllerクラスを作成しましょう。こちらは、indexとcreateのアクションだけを用意しておくことになります。以下のようにboard_messages_controller.rbを書き換えてください。

リスト5-35 ——board_messages_controller.rb

```
class BoardMessagesController < ApplicationController
  before_action :set_board_message, only: [:show, :edit,⏎
    :update, :destroy]
  before_action :authenticate_account!
  layout 'board_messages'

  def index
    @board_messages = BoardMessage.page(params[:page])⏎
      .order('created_at desc')
    users = BoardUser.where('account_id == ?', current_account.id)[0]
    if users == nil then
      user = BoardUser.new
      user.account_id = current_account.id
      user.nickname = '<<no name>>'
      user.save
      users = BoardUser.where 'account_id == ?', current_account.id
    end
    @board_user = users
    @board_message = BoardMessage.new
    @board_message.board_user_id = @board_user.id
  end

  def show
    redirect_to '/board_messages'
  end

  def new
    redirect_to '/board_messages'
  end

  def edit
    redirect_to '/board_messages'
  end

  def create
```

```
    @board_messages = BoardMessage.page(params[:page])⏎
      .order('created_at desc')
    @board_message = BoardMessage.new(board_message_params)
    @board_user = BoardUser.where('account_id == ?',⏎
      current_account.id)[0]
    respond_to do |format|
      if @board_message.save
        format.html { redirect_to '/board_messages' }
        format.json { render :show, status: :created,⏎
          location: @board_message }
      else
        format.html { render :index }
        format.json { render json: @board_message.errors,⏎
          status: :unprocessable_entity }
      end
    end
  end

  def update
    redirect_to '/board_messages'
  end

  def destroy
    redirect_to '/board_messages'
  end

  private
  def set_board_message
    @board_message = BoardMessage.find(params[:id])
  end

  def board_message_params
    params.require(:board_message).permit(:content, :board_user_id)
  end
end
```

indexアクションの内容

ここでも、先ほどBoardUsersControllerクラスのindexで行なっていたのと同じような処理をしています。

すなわち、BoardUser.whereでログインしている利用者のBoardUserインスタンスを検索し、もしまだなかったならBoardUser.newで新しいインスタンスを作りsaveする、という処理です。これで、初めてアクセスしてきた利用者のBoardUserが自動的に用意されるようになります。

肝心のメッセージの取り出しは、以下のように行なっています。

```
@board_messages = BoardMessage.page(params[:page])⏎
  .order('created_at desc')
```

BoardMessage.pageを使い、ページネーションを利用してデータの一覧を取り出しています。このとき、orderも呼び出して並び順を新しいものから順に変更しています。pageメソッドでも、検索されるのはwhereと同じオブジェクトですから、orderなどのメソッドもまったく同様に利用することができるのです。

createアクションの内容

createは、メッセージを投稿した際の処理を行なっています。BoardMessage.new(board_message_params)でインスタンスを作り、saveするおなじみの処理ですね。

ただし、それ以外に、なぜか@board_messagesや@board_userといった値も用意しています。なぜ、これらの値も必要なのでしょう？ それは、投稿したフォームの値に問題があって、再度indexを表示したときに、これらの値が用意されていないとエラーになってしまうためです。

ですから、if @board_message.saveのelse内に用意しておけば(正確には、更にその中のformat.html内)いいのですが、ここではわかりやすいように最初にインスタンス変数をすべてそろえておくような形で書いておきました。

index.html.erb

では、アクション用のテンプレートを作りましょう。まずは、indexアクションのテンプレートからです。「views」内の「board_messages」フォルダの中のindex.html.erbを以下のように書き換えてください。

リスト5-36 ——/board_messages/index.html.erb

```
<p id="notice"><%= notice %></p>
<h1 class="display-4 text-primary">Message Board</h1>
<%= render 'form', board_message: @board_message %>
<p><%= link_to 'go home >>', controller: :board_users %></p>
<hr>
<h2 class="h4">※Posted Messages.</h2>
<table class="table">
```

```
  <thead>
    <tr>
      <th>Content</th>
      <th width="200px">User</th>
     </tr>
  </thead>

  <tbody>
    <% @board_messages.each do |board_message| %>
      <tr>
        <td><%= board_message.content %></td>
        <td><%=link_to board_message.board_user.nickname,
            controller: :board_users, action: :show,
            id:board_message.board_user_id  %></td>
      </tr>
    <% end %>
  </tbody>
</table>
<br>
<div><%= paginate @board_messages %></div>
<hr>
<div>copyright SYODA-Tuyano 2020.</div>
```

最初に、render 'form', board_message: @board_messageというもので_form.html.erbをロードし表示しています。これで、冒頭に投稿フォームが掲載されるようになります。

その後のテーブルでは、@board_messagesの内容を一覧表示しています。そしてその下に、paginate @board_messagesでページ移動のリンクを表示します。

_form.html.erb

メッセージの投稿フォームは、「views」内の「board_messages」フォルダ内の「_form.html.erb」として用意されています。これも修正しておきましょう。といっても、投稿フォームの内容はそのままで表示のレイアウトだけを整えておきます。

リスト5-37 ——/board_messages/_form.html.erb

```
<%= form_with(model: board_message, local: true) do |form| %>
  <% if board_message.errors.any? %>
    <div id="error_explanation">
      <h2 class="h4"><%= pluralize(board_message.errors.count,⏎
        "error") %>
          prohibited this board_message from being saved:</h2>
```

```
      <ul>
        <% board_message.errors.full_messages.each do |message| %>
          <li><%= message %></li>
        <% end %>
      </ul>
    </div>
  <% end %>

  <div class="form-group">
    <%= form.label :board_user_id %>
    <div class="border p-1">
      <%=@board_user.nickname %></div>
    <%= form.hidden_field :board_user_id %>
  </div>

  <div class="form-group">
    <%= form.label :content %>
    <%= form.text_area :content, class:'form-control' %>
  </div>

  <div class="actions">
    <%= form.submit %>
  </div>
<% end %>
```

こちらのフォームも、1箇所だけ変更しています。board_user_idの部分で、これもIDを勝手に書き換えられては困るのでhidden_fieldにしてあります。その代わりに、<%=@board_user.nickname %>を追加して、投稿者のニックネームが表示されるようにしてあります。

レイアウトとスタイルシート

これで、必要な作業は一通り終わりです。この他にも、用意しておいたほうがよいものとしては、レイアウトテンプレートがあります。レイアウトは、既に何度も作りましたから、作り方はもうわかりますね。

では、「views」フォルダ内の「layouts」フォルダ内に「board_messages.html.erb」という名前でファイルを用意し、以下のように記述をしましょう。

Chapter 1 Chapter 2 Chapter 3 Chapter 4 Chapter 5 Addendum

リスト5-38

```
<!DOCTYPE html>
<html>
  <head>
    <title>Board Messages</title>
    <%= csrf_meta_tags %>
    <link rel="stylesheet"
    href="https://stackpath.bootstrapcdn.com/bootstrap/4.3.1/css/⏎
      bootstrap.css">
    <%= stylesheet_link_tag 'board_messages', media: 'all',
      'data-turbolinks-track': 'reload' %>
    <%= javascript_pack_tag 'application',
      'data-turbolinks-track': 'reload' %>
  </head>

  <body class="container">
    <%= yield %>
    <div class="mt-5 text-center small text-scondary border-top⏎
      border-scondary">
    2020 SYODA-Tuyano.
  </div>
  </body>
</html>
```

ここでは、スタイルシートを読み込むstylesheet_link_tagに、'board_messages'とスタイルシート名を指定しておきました。これも用意しておく必要があります。「assets」フォルダ内の「stylesheets」フォルダに「board_messages.scss」ファイルを作成し、以下のように記述をしておきましょう。なお、既にファイルが用意されている場合はそのままそれを利用して下さい。

リスト5-39

```
.page { padding:10px; }
.first { padding:10px; }
.prev { padding:10px; }
.next { padding:10px; }
.last { padding:10px; }
```

これでレイアウトは完成です。同様にして、board_usersレイアウトとスタイルシートも作成して、BoardUsersControllerクラスに設定しておきましょう。基本的には、board_messagesのレイアウトとほぼ同じような形で用意すればいいでしょう。

すべて完成したら、/board_messagesにアクセスして動作を確認しましょう。まだログインしていなければ、ログインページにリダイレクトされるので、そこでメールアドレスとパスワードを入力すると、ログインし新しいメッセージボードのページが表示されます。投稿されたメッセージの表示や、新たな投稿が問題なく行なえるか確かめてみましょう。

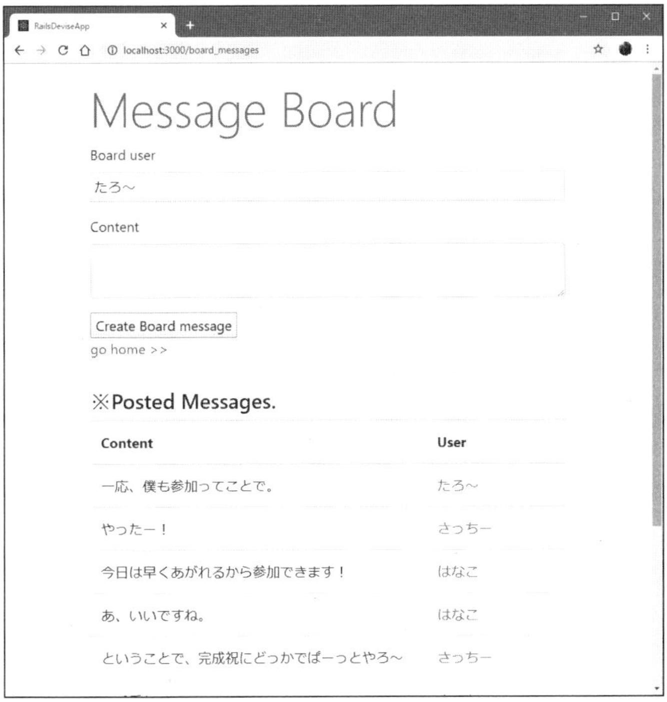

図5-43　/board_messagesにアクセスする。ログインしていると、新メッセージボードが表示される。

Section 5-5 ActionTextで超ミニブログを作ろう！

3つのテーブルを組み合わせてミニブログ！

既に皆さんは、結構本格的なWebアプリケーションを作れるだけの知識を持っているはずです。が、知識があれば何でも作れるというわけではありません。どういうアプリはどんな形で設計し作っていくのか、ノウハウが必要です。特に重要となるのが「複数のモデル(テーブルを組み合わせ)で動くWebアプリ」の開発テクニックでしょう。

メッセージボードは、複数のモデルは使っていますが、メッセージのモデルとユーザーモデルで、「メッセージ関係に、ユーザー管理の機能を付け足した」という感じのものでした。あまり「複数モデルの連携」ということを意識してはいなかったんじゃないでしょうか。

そこで、今度はいくつものモデル(テーブル)を利用したWebアプリケーションを実際に作ってみることにしましょう。

今回、作るのは、ミニブロクです。必要最小限の機能だけの小さなブログプログラムです。今回作るのは、ざっと以下のような機能を持っています。

- 投稿を管理するページを持っていて、新しい投稿を送信したり、既にあるものを編集したりできます。投稿できる内容は、テキストだけ。グラフィックなどは使えません。
- ジャンルのテーブルを持っていて、記事にジャンル設定をできます。また、指定したジャンルの投稿だけを表示できます。
- トップページやジャンルのページは、基本的に5つの記事まで表示されます。前後のページを移動するリンクで表示を移動できます。
- トップページやジャンルのページにある記事のタイトルをクリックすると、その記事のコンテンツを表示するページに移動できます。
- 使用するスタイルの設定を持っており、これを変更することで全体のデザインをがらりと変えることができます。

まぁ、あんまり高度な機能は持っていませんが、それでも「ブログの基本システムを自分で設計し作れる」というのは、すごいことですよ！ これをベースに、後は勉強しながら少し

Chapter 1
Chapter 2
Chapter 3
Chapter 4
Chapter 5
Addendum

ずつ機能を追加していけば、オリジナルのすてきなブログシステムを作ることだってできるはずです。

図5-44　ミニブログの画面。投稿した記事が新しいものから順に並ぶ。タイトルをクリックすると、記事の内容を表示するページに移動する。

Action Textのインストール

今回のサンプルは、以前から利用してきたRailsAppか、あるいは現在開いているRailsDeviseAppのどちらかを利用して組み込むことにしましょう。RailsDeviseAppをそのまま利用する場合は、そのまま作業を進めて問題ありません。RailsAppを利用する場合は、事前にKaminariをインストールしておきましょう。コマンドプロンプトまたはターミナルでRailsAppのフォルダ内に移動し、以下を実行して下さい。

```
gem 'kaminari'
bundle install
```

これでKaminariがインストールされます。後は、これ以降の説明に従って作業していけばいいでしょう。

新たなアプリケーションとして作成したという人は、rails newでアプリケーションを作成後、3-1の説明に従ってSQLite3が使えるように設定をして下さい。それから、上記のようにKaminariをインストールしておきましょう。

ブログ作成に入る前に、「Action Text」というものをインストールしておきましょう。Action Textというのは、Rails 6からサポートされる機能で、スタイル付きテキストの編集などを行なうためのものです。

ブログですから、テキストをボールドにしたり、リストを表示したりというようなちょっとしたスタイル設定ができるとずいぶん表現力もアップしますね。そこで、このAction Textをインストールして利用することにしましょう。

インストールは、railsコマンドで行ないます。

```
rails action_text:install
```

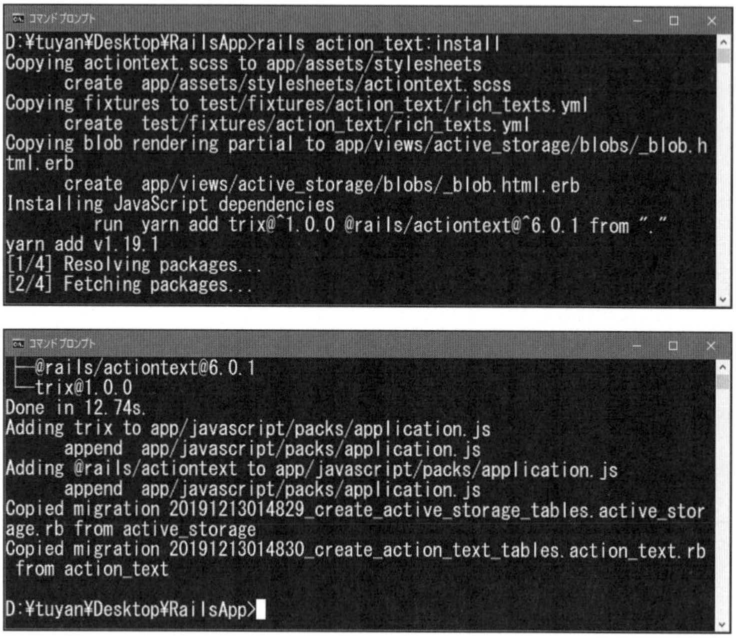

```
D:¥tuyan¥Desktop¥RailsApp>rails action_text:install
Copying actiontext.scss to app/assets/stylesheets
      create  app/assets/stylesheets/actiontext.scss
Copying fixtures to test/fixtures/action_text/rich_texts.yml
      create  test/fixtures/action_text/rich_texts.yml
Copying blob rendering partial to app/views/active_storage/blobs/_blob.h
tml.erb
      create  app/views/active_storage/blobs/_blob.html.erb
Installing JavaScript dependencies
         run  yarn add trix@^1.0.0 @rails/actiontext@^6.0.1 from "."
yarn add v1.19.1
[1/4] Resolving packages...
[2/4] Fetching packages...
```

```
├─@rails/actiontext@6.0.1
└─trix@1.0.0
Done in 12.74s.
Adding trix to app/javascript/packs/application.js
      append  app/javascript/packs/application.js
Adding @rails/actiontext to app/javascript/packs/application.js
      append  app/javascript/packs/application.js
Copied migration 20191213014829_create_active_storage_tables.active_stor
age.rb from active_storage
Copied migration 20191213014830_create_action_text_tables.action_text.rb
 from action_text

D:¥tuyan¥Desktop¥RailsApp>
```

図5-45 railsコマンドでAction Textをインストールする。

インストールにはかなりかかりますのでじっくり待ちましょう。また、これはインストール時に、Action Textが利用するデータベーステーブルのためのマイグレーションファイルを作成するため、マイグレーションを実行するまでは使えないので注意しましょう。

モデルを作成しよう

では、開発に入りましょう。今回も例によって、サンプルで作っているRailsAppプロジェクトにモデルとコントローラーを追加して作ることにしましょう。

今回のミニブログでは、データベースに3つのテーブルを作成します。それは、以下のようなものです。

●システム設定のデータ。細かい設定データも、データベースを使って管理したほうが便利です。

- 投稿記事のデータ。これがブログの中心部分となります。
- ジャンルのデータ。ジャンルはユーザーが自分でどんどん追加していけるように、独自テーブルとして用意しておきます。

この3つのテーブルをうまく使ってブログを動かしていくわけですね。では、それぞれのモデルを作成していきましょう。

設定データのモデル

まずは、ブログの設定情報を管理するテーブル用のモデルから作成しましょう。ここでは、以下の様な項目を管理することにします。

- ブログタイトル
- サブタイトル
- スタイル名

スタイル名というのは、使用するスタイルシートの名前です。これを変更することでデザインを変えられるようにしよう、というわけです。では、コマンドプロンプトまたはターミナルから、rails generate modelコマンドを以下のように実行しましょう。

```
rails generate model blogconfig title:text subtitle:text stylename:text
```

今回、モデル名は「Blogconfig」としました。項目は「title」「subtitle」「stylename」で、いずれもtextにしてあります。

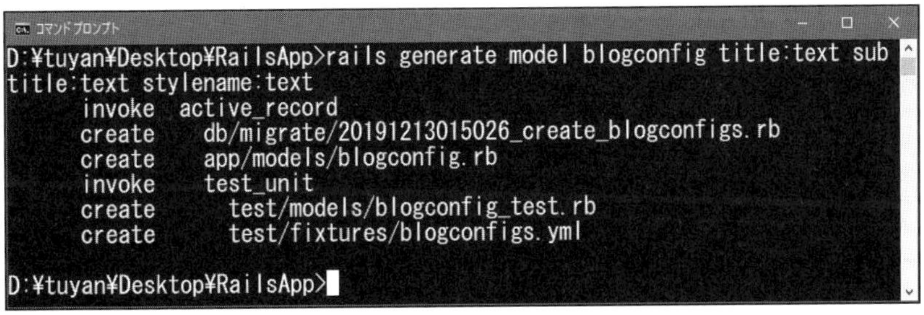

図5-46 blogconfigモデルを作成する。

ジャンルデータのモデル

続いて、ジャンルのデータを管理するテーブルのモデルです。これは、以下の2つの項目だけを用意しておきます。

- ●ジャンル名
- ●説明

このモデルは「Bloggenre」という名前で用意することにしましょう。コマンドプロンプトまたはターミナルから、以下のようにコマンドを実行してください。

```
rails generate model bloggenre name:text memo:text
```

このBloggenreには、「name」「memo」という項目を用意してあります。いずれもtextの項目になります。

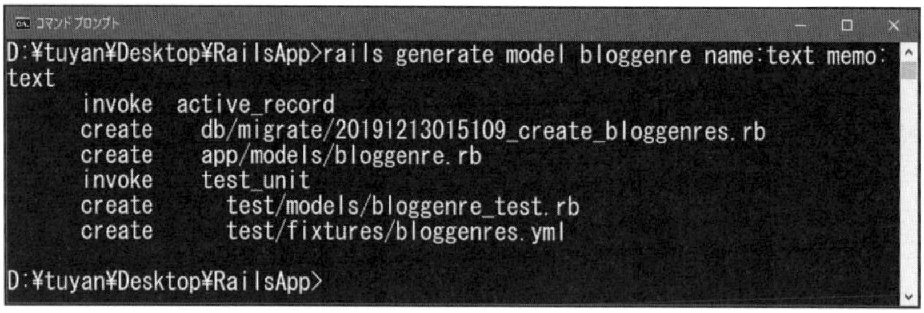

図5-47 bloggenreモデルを作成する。

投稿データのモデル

最後に、ブログの投稿記事を管理するテーブルのモデルを用意しましょう。これは、以下の様な項目を用意しておきます。

- ●タイトル
- ●リード(内容を簡単にまとめた文)
- ●コンテンツ
- ●ジャンル(Bloggenre)のID

ここでは、この章で説明したアソシエーションを使っています。記事に設定されるジャンルのID番号を保管する項目を用意しておきます。では、コマンドプロンプトまたはターミナルから以下のように実行しましょう。

```
rails generate model blogpost title:text read:text content:text⏎
  bloggenre_id:integer
```

モデル名は、「Blogpost」としておきました。項目は「title」「read」「content」「bloggenre_id」となっています。bloggenre_idが、関連付けられているbloggenreのID番号を保管するための項目です。この項目だけintegerで、他はすべてtextとして用意してあります。

```
D:¥tuyan¥Desktop¥RailsApp>rails generate model blogpost title:text read:
text content:text bloggenre_id:integer
      invoke  active_record
      create    db/migrate/20191213015144_create_blogposts.rb
      create    app/models/blogpost.rb
      invoke    test_unit
      create      test/models/blogpost_test.rb
      create      test/fixtures/blogposts.yml

D:¥tuyan¥Desktop¥RailsApp>
```

図5-48 Blogpostモデルを作成する。

マイグレーションの実行

モデルが一通りできたら、マイグレーションを行ないましょう。コマンドプロンプトまたはターミナルから、以下のように実行をしてください。

```
rails db:migrate
```

これで、作成した3つのモデルのテーブルがデータベース側に準備されます。これで、モデルが利用可能な状態になりました。

```
D:¥tuyan¥Desktop¥RailsApp>rails db:migrate
== 20191213014829 CreateActiveStorageTables: migrating ======================
-- create_table(:active_storage_blobs, {})
   -> 0.0065s
-- create_table(:active_storage_attachments, {})
   -> 0.0052s
== 20191213014829 CreateActiveStorageTables: migrated (0.0139s) =============

== 20191213014830 CreateActionTextTables: migrating =========================
-- create_table(:action_text_rich_texts)
   -> 0.0035s
== 20191213014830 CreateActionTextTables: migrated (0.0044s) ================

== 20191213015026 CreateBlogconfigs: migrating ==============================
-- create_table(:blogconfigs)
   -> 0.0024s
== 20191213015026 CreateBlogconfigs: migrated (0.0034s) =====================

== 20191213015109 CreateBloggenres: migrating ===============================
-- create_table(:bloggenres)
   -> 0.0040s
== 20191213015109 CreateBloggenres: migrated (0.0056s) ======================

== 20191213015144 CreateBlogposts: migrating ================================
-- create_table(:blogposts)
   -> 0.0042s
== 20191213015144 CreateBlogposts: migrated (0.0057s) =======================


D:¥tuyan¥Desktop¥RailsApp>
```

図5-49 マイグレーションを実行する。

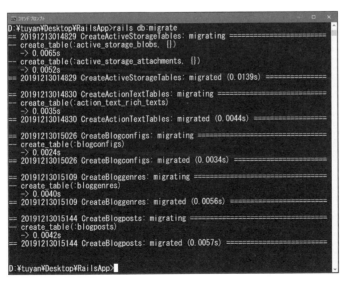

シードの追記

もう1つだけ、モデル関係でやっておくことがあります。それは、blogconfigのデータ作成です。blogconfigは、ブログの設定情報を記録しておくもので、これは1つだけしかデータがありません。ですからシードとしてデータを追加しておき、コントローラーにはデータの追加作成は用意しないことにします。

「db」内の「seeds.rb」を開いて、以下のように文を追加しましょう。

```
Blogconfig.create(id:1, title:'my blog', subtitle:'サンプルで作った⏎
  ブログです。', stylename:'gray')
```

保存したら、コマンドプロンプトまたはターミナルを開いて、以下のようにコマンドを実行します。これで必要なデータがテーブルに追加されます。

```
rails db:seed
```

モデルクラスの記述

これでモデル関係のファイルは一通り準備できました。後はソースコードを書いておくだけですね。では、まとめて書いてしまいましょう。それぞれ「models」フォルダ内の「blogconfig.rb」「bloggenre.rb」「blogpost.rb」に書いてください。

リスト5-40 ——Blogconfigクラス(blogconfig.rb)

```
class Blogconfig < ApplicationRecord
  validates :title, :stylename, presence: {message:'は、必須項目です。'}
end
```

リスト5-41 ——Bloggenreクラス(bloggenre.rb)

```
class Bloggenre < ApplicationRecord
  has_many :blogpost

  validates :name, presence: {message:'は、必須項目です。'}
end
```

リスト5-42 ——Blogpostクラス(blogpost.rb)

```
class Blogpost < ApplicationRecord
```

Chapter 1
Chapter 2
Chapter 3
Chapter 4
Chapter 5
Addendum

```
  belongs_to :bloggenre
  has_rich_text :content

  validates :title, :content, presence: {message:'は、必須項目です。'}
end
```

アソシエーションに注意！

ここでは、validatesでいくつか必須項目のバリデーション設定をしてあります。まぁ、これらは必要というわけではありませんので、用意しなくても問題はありません。

重要なのは、アソシエーションの設定です。Bloggenreに「has_many」を、Blogpostに「belongs_to」をそれぞれ用意しています。これは忘れると問題ですから、必ず用意しておいてください。

Action Textの指定

ここではもう1つ、Action Textのための設定が用意されています。Blogpostクラスにある「has_rich_text:content」という項目です。これは、「contentにAction Textを設定する」役割を果たします。has_rich_textで指定した項目が、Action Textによるスタイル付きテキストの値を扱えるようになるのです。

Action Text利用に必要な設定は、実はこれだけです。簡単ですね！

コントローラーの作成

これでモデルは一通り用意できました。続いて、コントローラーの作成です。これも、今回は3つもモデルに対応したコントローラーを用意しないといけないので、まずはrails generate controllerで必要なコントローラー類を作成してしまいましょう。

blogconfigsコントローラーの作成

まずは、設定データの管理を行なうblogconfigsコントローラーからです。ここでは、indexとeditアクションを作成しておきます。新規作成と削除はいりません。コマンドプロンプトまたはターミナルから以下のように実行しましょう。

```
rails generate controller blogconfigs index edit
```

Chapter 1
Chapter 2
Chapter 3
Chapter 4
Chapter 5
Addendum

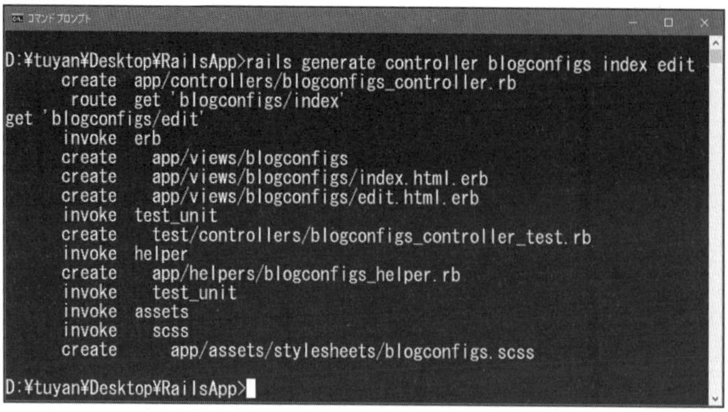

図5-50 blogconfigsコントローラーを作成する。

bloggenresコントローラーの作成

続いて、bloggenresです。これは、index, add, editアクションを用意しておくことにしましょう。showやdeleteなどはここでは作成しません。では、コマンドプロンプトまたはターミナルから以下のように実行してください。

```
rails generate controller bloggenres index add edit
```

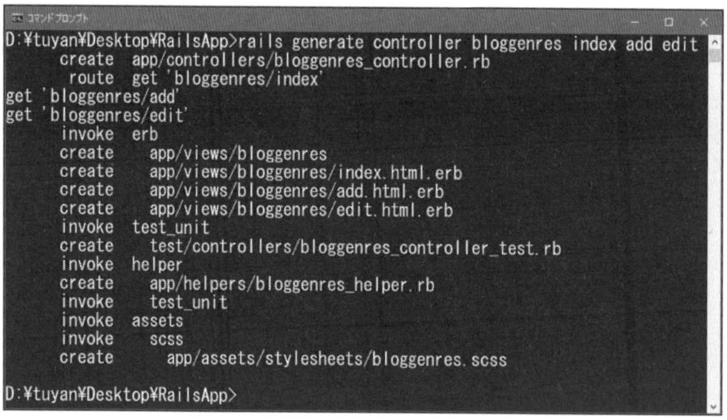

図5-51 bloggenresコントローラーを作成する。

blogpostsコントローラーの作成

最後は、blogpostsです。これは、一通りのアクションが必要になります。index, edd, edit, deleteを用意しておくことにしましょう。コマンドプロンプトまたはターミナルから以下を実行してください。

```
rails generate controller blogposts index add edit delete
```

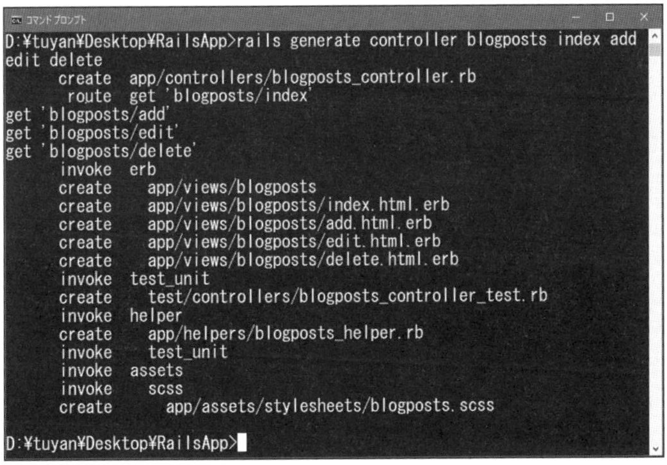

図5-52　blogpostsコントローラーを作成する。

BlogconfigsControllerクラスの作成

作成したコントローラーのクラスを先に作成しておきましょう。すべてこれらを書いてから、その後でまとめてテンプレートを作っていくことにします。

まずは、BlogconfigsControllerクラスからです。「controllers」内から「blogconfigs_controller.rb」を開いて、以下のように記述をしてください。

リスト5-4 3

```
class BlogconfigsController < ApplicationController
  layout 'blog'

  def index
    @blogconfig = Blogconfig.find 1
  end

  def edit
    @blogconfig = Blogconfig.find 1
    if request.patch? then
      @blogconfig.update blogconfig_params
      redirect_to '/blogconfigs'
    end
```

```
  end

  private
  def blogconfig_params
    params.require(:blogconfig).permit(:title, :subtitle, :stylename)
  end

end
```

データは1つだけ！

blogconfigモデルは、データがID = 1の1つだけしかない、という変わったデータベース。だから、データの一覧などは必要ありません。indexでは、ID = 1のデータを検索して中身を表示します。editでは、ID=1のデータを@blogconfigに代入しておき、patchで送信されたらblogconfig_paramsを元に@blogconfigをアップデートします。表示と更新だけしか必要がないので、割とシンプルにまとまっていますね。

BloggenresControllerクラスの作成

続いてbloggenreモデルを扱うBloggenresControllerクラスです。これは、bloggenres_controller.rbというファイル名で用意されていますね。これを開いて以下のように修正しましょう。

リスト5-44

```
class BloggenresController < ApplicationController
  layout 'blog'

  def index
    @data = Bloggenre.all
  end

  def add
    @bloggenre = Bloggenre.new
    if request.post? then
      @bloggenre = Bloggenre.create bloggenre_params
      redirect_to '/bloggenres'
    end
  end
```

```
  def edit
    @bloggenre = Bloggenre.find params[:id]
    if request.patch? then
      @bloggenre.update bloggenre_params
      redirect_to '/bloggenres'
    end
  end

  private
  def bloggenre_params
    params.require(:bloggenre).permit(:name, :memo)
  end

end
```

index, add, editアクションを用意

ここでは、indexでデータの一覧を用意し、addではnewしたものをsaveして保存、editでは送信された値をもとにupdateで更新、といった作業をしています。

どれも、今までやったやり方そのままですので、ほとんど説明の必要はないでしょう。よくわからない人は、データのCRUDの基本をもう一度確認しておきましょう。

BlogpostsControllerクラスの作成

最後は、BlogspotsControllerクラスです。これがブログの投稿記事を管理するものになるので、index, add, edit, deleteといった基本的なものが必要となります。ただしshowは今回、カットしています。投稿データの内容は実際にブログを見ればいいんですから不要でしょう。

では、blogspots_controller.rbを開いて、以下のように書き換えてください。

リスト5-45

```
class BlogpostsController < ApplicationController
  layout 'blog'

  def index
    @data = Blogpost.all.order('created_at desc')
  end
```

```
  def add
    @blogpost = Blogpost.new
    @genres = Bloggenre.all
    if request.post? then
      @blogpost = Blogpost.create blogposts_params
      redirect_to '/blogposts'
    end
  end

  def edit
    @blogpost = Blogpost.find params[:id]
    @genres = Bloggenre.all
    if request.patch? then
      @blogpost.update blogposts_params
      redirect_to '/blogposts'
    end
  end

  def delete
    @blogpost = Blogpost.find(params[:id])
    if request.post? then
      @blogpost.destroy
      redirect_to '/blogposts'
    end
  end

  private
  def blogposts_params
    params.require(:blogpost).permit(:title, :read, :content,⏎
      :bloggenre_id)
  end

end
```

deleteはPOSTで削除

今回も、基本的な処理はこれまでやってきたindex, add, editといったアクションの処理と同じです。もうさすがにこのあたりの基本的な処理の流れはわかってきたことでしょう。

ただし、deleteだけはちょっと変えています。今まで、JavaScriptでアラートを出して確認してから削除をしてましたが、今回は削除のページからPOST送信されたら削除を行なうようにしています。といっても、やっていることは簡単です。if request.post? thenで

POSTされたかチェックし、trueなら@blogpost.destroyで削除しているだけです。

このあたりは、実際にdeleteのテンプレートを作成すると、より動作がよくわかるようになるでしょう。

レイアウトの作成

残るはテンプレート関係ですが、個々のアクション用のテンプレートを作る前に、全体のレイアウトを行なうテンプレートを用意しておきましょう。3つのコントローラーで使うテンプレートを用意しておきます。

レイアウト用のテンプレートはまだ用意されていません。これらは自分で作る必要があります。「layouts」フォルダ内に「blog.html.erb」という名前でファイルを作成し、内容を記述してください。

リスト5-46 ――blog.html.erb

```
<!DOCTYPE html>
<html>
  <head>
    <title>RailsApp</title>
    <%= csrf_meta_tags %>
    <link rel="stylesheet"
    href="https://stackpath.bootstrapcdn.com/bootstrap/4.3.1/css/⏎
      bootstrap.css">
    <%= stylesheet_link_tag 'blog', media: 'all',
      'data-turbolinks-track': 'reload' %>
    <%= stylesheet_link_tag 'actiontext', media: 'all',
      'data-turbolinks-track': 'reload' %>
    <%= javascript_pack_tag 'application',
      'data-turbolinks-track': 'reload' %>
  </head>

  <body class="container">
    <%= yield %>
    <div class="mt-5 text-center small text-scondary border-top⏎
      border-scondary">
    2020 SYODA-Tuyano.
  </div>
  </body>
</html>
```

ここでは、stylesheet_link_tagが2つ用意されていますね。それぞれ'blog'と'actiontext'

をリンクするためのものです。blogは、今回のブログ用のスタイルシートファイルです。actiontextは、Action Textで使用するスタイルシートファイルをロードするためのものです。

また、その後にはこういうタグも追記してあります。

```
<%= javascript_pack_tag 'application', 'data-turbolinks-track': 'reload'
%>
```

これは、指定したJavaScriptファイルを読み込むためのタグを生成するものでしたね。ここでは、'application'を指定しています。Action Textは、JavaScriptも使っているため、このタグを用意して必要なスクリプトをロードするようにしています。したがって、今回はこのタグは省略してはいけません。

blog.scssを用意する

では、stylesheet_link_tagで読み込むスタイルシートのファイルを作成しましょう。今回は、3つのコントローラーを作ったので、3つのscssファイルが作成されていますが、どのコントローラーでも同じスタイルを使うように共通のスタイルシートファイルを用意することにします。

では、「app」フォルダ内の「assets」フォルダの中にある「stylesheets」フォルダに、「blog.scss」という名前でファイルを作成しましょう。そして以下のように記述をしておきます。

リスト5-47

```
h1 { margin-bottom:25px; }
p { margin: 10px 0px; }
body { font-size:20px; }
table { margin:25px 0px; }
```

基本的に、主な要素のマージンを指定しているだけでのものです。全体でスタイル設定しておきたい内容は、ここに記述するようにしましょう。

Chapter 1
Chapter 2
Chapter 3
Chapter 4
Chapter 5
Addendum

blogconfigsのテンプレート

さあ、後は、各コントローラーに用意したアクションのテンプレートです。これも、だいたい基本的な書き方はわかってますから、どんどん作っていきましょう。まずは、「views」内の「blogconfigs」フォルダにある、index.html.erbとedit.html.erbからです。

リスト5-48 ——index.html.erb

```
<h1 class="display-4 text-primary">
  Blogconfigs#index</h1>
<p>※ブログの設定内容</p>
<table class="table">
  <tr><th>Title</th>
    <td><%= @blogconfig.title %></td></tr>
  <tr><th>Subtitle</th>
    <td><%= @blogconfig.subtitle %></td></tr>
  <tr><th>Style Name</th>
    <td><%= @blogconfig.stylename %></td></tr>
  </tr>
</table>
<p><a href="/blogconfigs/edit">編集画面>></a></p>
```

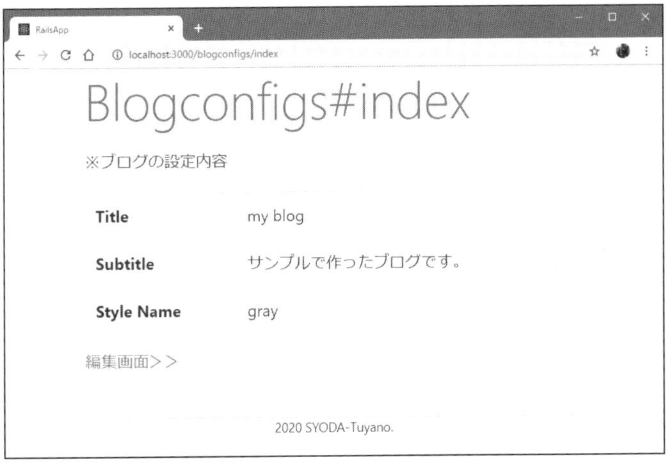

図5-53 blogconfigsのindex.html.erbを使った表示。完成するとこのようになる。

リスト5-49 ——edit.html.erb

```
<h1 class="display-4 text-primary">
  Blogconfigs#edit</h1>
```

```
<p>※ブログ設定の編集</p>
<% if @blogconfig.errors.any? %>
<ul>
  <% @blogconfig.errors.full_messages.each do |err| %>
    <li><%= err %></li>
  <% end %>
</ul>
<% end %>
<%= form_for(@blogconfig, url:{controller:'blogconfigs',⏎
  action:'edit'}) do |form| %>
  <div class="form-group">
    <label for="title">Title</label>
    <%= form.text_field :title,{class:"form-control"} %>
  </div>
  <div class="form-group">
    <label for="subtitle">Sub Title</label>
    <%= form.text_field :subtitle,{class:"form-control"} %>
  </div>
  <div class="form-group">
    <label for="stylename">Style</label>
    <%= form.text_field :stylename,{class:"form-control"} %>
  </div>
  <td><%= form.submit "更新" %></td></tr>
<% end %>
```

図5-54 blogconfigsのedit.html.erbを使った表示。完成するとこうなる。

どちらも@blogconfigを表示するだけ！

blogconfigは、1つのデータしかありません。これは、@blogconfigに代入されています。indexでは、この中から各項目の値を取り出して表示しています。

editでは、form_forを使い、@blogconfigの項目をフォームで表示しています。送信先はeditです。BlogConfigsControllerクラスのeditではif request.patch? thenで更新の処理を用意してありました。このフォームが送信されていたのですね。

bloggenresのテンプレート

続いて、「views」内の「bloggenres」フォルダにあるテンプレートです。ここにはindex, add, edit用のテンプレートが用意されています。これもまとめて作っておきましょう。

リスト5-50 ——index.html.erb

```
<h1 class="display-4 text-primary">
  Bloggenres#index</h1>
<p>※ジャンル・データの一覧</p>
<table class="table">
  <tr>
    <th>Id</th><th >name</th><th>memo</th><th></th>
  </tr>
  <% @data.each do |obj| %>
  <tr>
    <td><%= obj.id %></td>
    <td><%= obj.name %></td>
    <td><%= obj.memo %></td>
    <td><a href="/bloggenres/<%= obj.id %>">Edit</a></td>
  </tr>
  <% end %>
</table>
<p><a href="/bloggenres/add">新規作成>></a></p>
```

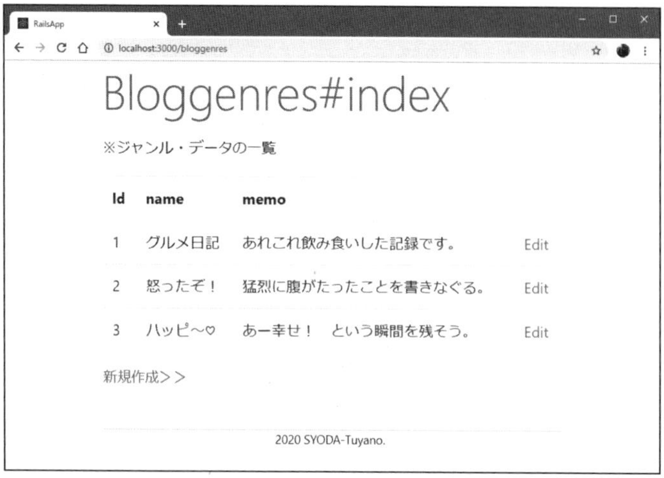

図5-55 bloggenresのindex.html.erb利用の画面。完成するとこうなる。

リスト5-51 ——add.html.erb

```
<h1 class="display-4 text-primary">
    Bloggenres#add</h1>
<p>※ジャンル・データの作成</p>
<% if @bloggenre.errors.any? %>
<ul>
  <% @bloggenre.errors.full_messages.each do |err| %>
    <li><%= err %></li>
  <% end %>
</ul>
<% end %>
<%= form_for(@bloggenre, url:{controller:'bloggenres',
    action:'add'}) do |form| %>
  <div class="form-group">
    <label for="name">Name</label>
    <%= form.text_field :name,{class:"form-control"} %>
  </div>
  <div class="form-group">
    <label for="memo">Memo</label>
    <%= form.text_field :memo,{class:"form-control"} %>
  </div>
  <td><%= form.submit "作成" %></td></tr>
<% end %>
```

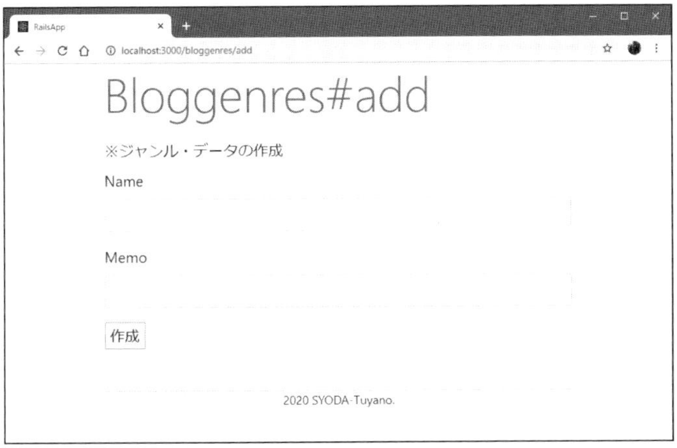

図5-56 bloggenresのadd.html.erbを使った画面。完成するとこうなる。

リスト5-52 ——edit.html.erb

```
<h1 class="display-4 text-primary">
    Bloggenres#edit</h1>
<p>※「<%= @bloggenre.name %>」ジャンルの編集</p>
<% if @bloggenre.errors.any? %>
<ul>
  <% @bloggenre.errors.full_messages.each do |err| %>
    <li><%= err %></li>
  <% end %>
</ul>
<% end %>
<%= form_for(@bloggenre, url:{controller:'bloggenres',
    action:'edit'}) do |form| %>
  <div class="form-group">
    <label for="name">Name</label>
    <%= form.text_field :name,{class:"form-control"} %>
  </div>
  <div class="form-group">
    <label for="memo">Memo</label>
    <%= form.text_field :memo,{class:"form-control"} %>
  </div>
  <td><%= form.submit "更新" %></td></tr>
<% end %>
```

図5-57 bloggenresのedit.html.erbを使った画面。完成するとこうなる。

すべて基本通り！

bloggenres関係は、すべてこれまでやった基本的なテンプレートの形そのままです。indexでは@dataを繰り返しでテーブルに表示し、addとeditでは@bloggenreオブジェクトを元にフォームヘルパーでフォームを作ってadd, editアクションに送信しています。特に独自の記述というのはありませんので、よく読めばだいたいわかることでしょう。

BlogpostsControllerクラスのテンプレート

残るは、「views」内の「blogposts」内にあるテンプレートです。ここには、「index」「add」「edit」「delete」といったアクション用のテンプレートが用意されています。では、これらもざっと紹介しましょう。

リスト5-53 ——index.html.erb

```
<h1 class="display-4 text-primary">
    Blogposts#index</h1>
<p>※投稿記事の一覧</p>
<table class="table">
  <tr>
    <th>Id</th><th >title</th><th>read</th>
      <th>genre</th><th colspan="2"></th>
  </tr>
  <% @data.each do |obj| %>
  <tr>
    <td><%= obj.id %></td>
```

```
    <td><%= obj.title %></td>
    <td><%= obj.read %></td>
    <td><%= obj.bloggenre.name %></td>
    <td><a href="/blogposts/<%= obj.id %>">
      Edit</a></td>
    <td><a href="/blogposts/delete/<%= obj.id %>">
      Delete</a></td>
  </tr>
  <% end %>
</table>
<p><a href="/blogposts/add">新規作成>></a></p>
```

図5-58　blogpostsのindex.html.erbを使った画面。完成するとこうなる。

リスト5-54 ——add.html.erb

```
<h1 class="display-4 text-primary">Blogposts#add</h1>
<p>※ブログの記事の投稿</p>
<% if @blogpost.errors.any? %>
<ul>
  <% @blogpost.errors.full_messages.each do |err| %>
    <li><%= err %></li>
  <% end %>
</ul>
<% end %>
<%= form_for(@blogpost, url:{controller:'blogposts',
    action:'add'}) do |form| %>
  <div class="form-group">
    <label for="title">Title</label>
    <%= form.text_field :title,{class:"form-control"} %>
  </div>
  <div class="form-group">
    <label for="read">Read</label>
```

```
    <%= form.text_field :read,{class:"form-control"} %>
  </div>
  <div class="form-group">
    <label for="content">Content</label>
    <%= form.rich_text_area :content %>
  </div>
  <div class="form-group">
    <label for="bloggenre_id">Genre ID</label>
    <%= form.text_field :bloggenre_id,
        {class:"form-control"} %>
  </div>
  <%= form.submit "作成" %>
<% end %>
<h5 class="mt-4 text-primary">※ジャンルの一覧</h5>
<table class="table">
  <tr>
    <th>Id</th><th >Genre</th>
  </tr>
  <% @genres.each do |obj| %>
  <tr>
    <td><%= obj.id %></td>
    <td><%= obj.name %></td>
  </tr>
  <% end %>
</table>
```

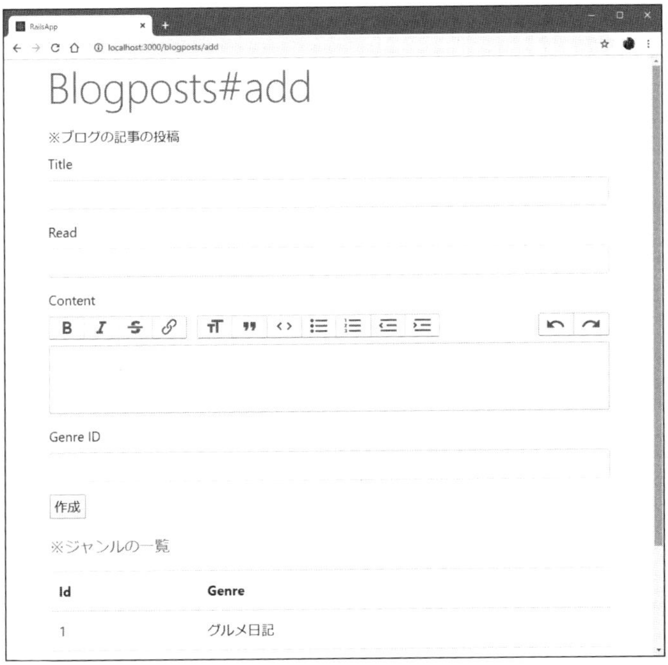

図5-59 blogpostsのadd.html.erb利用の画面。完成するとこうなる。

リスト5-55 ——edit.html.erb

```
<h1 class="display-4 text-primary">Blogposts#edit</h1>
<p>※「<%= @blogpost.title %>」の編集</p>
<% if @blogpost.errors.any? %>
<ul>
  <% @blogpost.errors.full_messages.each do |err| %>
    <li><%= err %></li>
  <% end %>
</ul>
<% end %>
<%= form_for(@blogpost, url:{controller:'blogposts',
    action:'edit'}) do |form| %>
  <div class="form-group">
    <label for="title">Title</label>
    <%= form.text_field :title,{class:"form-control"} %>
  </div>
  <div class="form-group">
    <label for="read">Read</label>
    <%= form.text_field :read,{class:"form-control"} %>
  </div>
  <div class="form-group">
    <label for="content">Content</label>
    <%= form.rich_text_area :content %>
```

```
  </div>
  <div class="form-group">
    <label for="bloggenre_id">Genre ID</label>
    <%= form.text_field :bloggenre_id,
        {class:"form-control"} %>
  </div>
  <td><%= form.submit "更新" %></td></tr>
<% end %>
<h5 class="mt-4 text-primary">※ジャンルの一覧</h5>
<table class="table">
  <tr>
    <th>Id</th><th >Genre</th>
  </tr>
  <% @genres.each do |obj| %>
  <tr>
    <td><%= obj.id %></td>
    <td><%= obj.name %></td>
  </tr>
  <% end %>
</table>
```

図5-60　blogpostsのedit.html.erb利用の画面。完成するとこうなる。

リスト5-56 ——delete.html.erb

```
<h1 class="display-4 text-primary">
  Blogposts#delete</h1>
<p>※以下を削除してもいいですか？</p>
<table class="table">
 <tr><th>Id</th>
  <td><%= @blogpost.id %></td></tr>
 <tr><th>title</th>
  <td><%= @blogpost.title %></td></tr>
 <tr><th>read</th>
  <td><%= @blogpost.read %></td></tr>
 <tr><th>content</th>
  <td><%= @blogpost.content %></td></tr>
</table>
<%= form_tag controller: "blogposts",
  action: "delete" do %>
 <%= hidden_field_tag "id", {value: @blogpost.id} %>
 <%= submit_tag "削除" %>
<% end %>
```

図5-61 blogpostsのdelete.html.erbの画面。完成するとこうなる。

ジャンル一覧の表示

ここでは、addとeditではフォームの下にジャンルの一覧を表示してあります。投稿時にはジャンルのIDを設定しますので、下にIDとジャンル名の一覧を表示しておいたほうが便利だろう、ということで用意してあります(メニューなどで直接選べるようにしたほうが便利なのは確かですが……)。

コントローラー側では、@blogpostにBlogpostインスタンスを用意しておく他に、@genres = Bloggenre.allとしてBloggenreの一覧を@genreに代入してあります。これを繰り返しでテーブルに書き出していたのですね。

deleteのフォーム

今回は、deleteアクション用のテンプレートも用意してあります。このテンプレートでは、削除するBlogpostインスタンスの内容を表示した後に、form_tagを使ってフォームを用意してあります。といっても、用意されている項目は、hidden_field_tagというもので作成された非表示フィールド(<input type="hidden">タグ)があるだけです。ここにID番号を保管しておき、送信先のdeleteでそのIDのデータを削除するようにしていたのですね。

ブログのコントローラーを作る

これで、それぞれのモデルとそのコントローラーが完成しました。が、実はこれらは「ブログの裏側で使うもの」です。投稿者が利用するための、いわばツールの部分です。

実際のブログは、こうして作成されたデータを元に表示されるものになります。これは、新たなコントローラーとして用意しておく必要があるでしょう。

では、コマンドプロンプトまたはターミナルから、以下のようにしてコントローラーを作成してください。

```
rails generate controller blogs index genre show
```

ブログのページは、「Blogs」というコントローラーとして用意をします。アクションとして、全体を表示するindex、ジャンルごとの表示をするgenre、選択した記事のコンテンツを表示するshowといったものを用意しておくことにします。

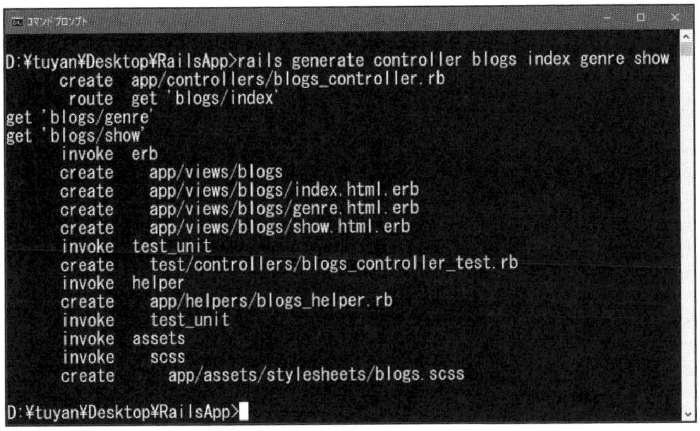

図5-62 blogsコントローラーを作成する。

BlogsControllerクラスの作成

では、コントローラーから作成しましょう。「blogs_controller.rb」という名前でファイルが作成されていますから、これを開いて以下のように記述をしてください。

リスト5-57

```
class BlogsController < ApplicationController
  layout 'blogs'

  def index
    @data = Blogpost.order('created_at desc')
        .page params[:page]
    @blogconfig = Blogconfig.find 1
  end

  def genre
    @genre = Bloggenre.find params[:id]
    @data = Blogpost.where('bloggenre_id = ?',params[:id])
      .order('created_at desc').page params[:page]
    @blogconfig = Blogconfig.find 1
  end

  def show
    @blogpost = Blogpost.find params[:id]
    @blogconfig = Blogconfig.find 1
  end

end
```

indexは全データを逆順に表示

indexアクションは、ブログのトップページになります。ここでは、投稿したデータを日付の新しいものから順に表示します。これは、以下のようにしてデータを用意します。

```
@data = Blogpost.order('created_at desc').page params[:page]
```

いろいろなメソッドが使われていることがわかりますね。まず、order('created_at desc')でcreated_atの項目を基準に降順(新しいものから古いものへ)で並べ替えています。

そしてpageを使い、指定したページのレコードを取り出しています。pageは、Kaminariによるページネーションのメソッドでしたね。

Chapter 1
Chapter 2
Chapter 3
Chapter 4
Chapter 5
Addendum

決まったジャンルのデータを表示

genreアクションでは、指定されたID番号のジャンルのデータだけを表示します。これは、以下のように行なっています。

```
@data = Blogpost.where('bloggenre_id = ?',params[:id])
     .order('created_at desc').page params[:page]
```

検索の条件に、where('bloggenre_id = ?',params[:id]) と指定してありますね。これで、bloggenre_idの値が、送られたIDと同じものだけを検索できます。そこから、更にorderでcreated_atの降順でデータを並べ替え、pageで表示するページのレコードを取り出しています。このあたりは、indexの場合とまったく同じです。

blogsのテンプレートを作成する

では、テンプレートを作りましょう。「views」の「blogs」フォルダには、index, genre, showの各アクション用のテンプレートが用意されています。これらを記述していきましょう。

index.html.erbテンプレート

まずは、トップページであるindex.html.erbです。ここでは、データの一覧と前後のページの移動リンクを表示します。

リスト5-58 ——index.html.erb

```
<% @data.each do |obj| %>
  <h3><a href="/blogs/show/<%= obj.id %>">
    <%= obj.title %></a></h3>
  <p><%= obj.read %><span class="top_created">
    (<%= obj.created_at %>)</span></p>
  <hr>
<% end %>
<div class="navigate">
<div><%= paginate @data %></div>
</div>
```

ページ移動のリンク

ここでは、@dataを繰り返し処理で表示しています。その下には、<nav>というタグの中に、<%= paginate @data %>とKaminariのページネーション用リンクを用意してあります。

図5-63 index.html.erbの利用画面。完成するとこうなる。サンプルではレコード数が少ないが、多くなると一番下にページ移動のリンクが現れる。

genre.html.erbテンプレート

続いて、genre.html.erbです。これは特定のジャンルのデータを一覧表示します。が、データの取得はコントローラー側で行ないますので、テンプレートの処理は基本的にindex.html.erbとほとんど違いはありません。

リスト5-59 ——genre.html.erb

```
<h2 class="h3 mb-4">
    ※「<%= @genre.name %>」の投稿</h2>
<% @data.each do |obj| %>
  <h4><a href="/blogs/show/<%= obj.id %>">
    <%= obj.title %></a></h4>
  <p><%= obj.read %><span class="created">
    (<%= obj.created_at %>)</span></p>
  <hr>
<% end %>
<div class="navigate mt-4">
  <div><%= paginate @data %></div>
</div>
```

図5-64 genre.html.erbの利用画面。完成するとこうなる。

show.html.erbテンプレート

最後に、show.html.erbです。これは、取得した投稿データのコンテンツを表示するためのものです。用意されている@blogpostから必要な値を取り出し表示します。

リスト5-60 ——show.html.erb

```
<h2 class="mb-5"><%= @blogpost.title %></h2>
<p><%= @blogpost.read + ' [' +
    @blogpost.bloggenre.name + ']' %></p>
<%= @blogpost.content %>
<p class="show_created">
    (<%= @blogpost.created_at %>)</p>
```

図5-65 show.html.erbの利用画面。完成するとこうなる。

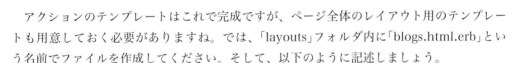

blogs.html.erbテンプレートを用意する

アクションのテンプレートはこれで完成ですが、ページ全体のレイアウト用のテンプレートも用意しておく必要がありますね。では、「layouts」フォルダ内に「blogs.html.erb」という名前でファイルを作成してください。そして、以下のように記述しましょう。

リスト5-61 ――blogs.html.erb

```
<!DOCTYPE html>
<html>
  <head>
    <title>RailsApp</title>
    <%= csrf_meta_tags %>
    <link rel="stylesheet"
    href="https://stackpath.bootstrapcdn.com/bootstrap/4.3.1/css/⏎
      bootstrap.css">
    <%= stylesheet_link_tag 'blogs',
      'data-turbolinks-track': 'reload' %>
    <%= stylesheet_link_tag @blogconfig.stylename,
      'data-turbolinks-track': 'reload' %>
  </head>
```

```
  <body class="container">
    <header id="header">
      <h1 class="display-4 mb-4"><a href="/blogs">
        <%= @blogconfig.title %></a></h1>
      <h2 class="h4 mb-4"><%= @blogconfig.subtitle %></h2>
    </header>
    <hr>
    <div id="side">
    <% Bloggenre.all.each do |genre| %>
      <p><a href="/blogs/genre/<%= genre.id %>">
        <%= genre.name %></a></p>
    <% end %>
    </div>
    <main id="main">
    <%= yield %>
    </main>
  </body>
</html>
```

設定したスタイルシートをロードする

ここでは、stylesheet_link_tagによるスタイルシートの読み込みを以下のように用意しているのがわかります。

```
<%= stylesheet_link_tag @blogconfig.stylename,
  'data-turbolinks-track': 'reload' %>
```

stylesheet_ling_tagの引数に、@blogconfig.stylenameを指定しています。これで、Blogconfigのstylenameに保管しているスタイル名のスタイルシートが読み込まれるようになります。

<div id="side">にジャンルの表示

コンテンツの表示を行なう<%= yield %>の前に、<div id="side">というタグがあります。ここでは、Bloggenre.allでジャンルの一覧を取り出し、それを繰り返しで<a>タグとして出力しています。リンク先は、href="/blogs/genre/<%= genre.id %>"というようにして、genreをアドレスに使っています。これで、各ジャンルのリンクが表示されるようになります。

スタイルシートの用意

これで一通りのファイルが用意できました。が、もう少し作っておくものがあります。それは、スタイルシートです。

ブログを表示するblogsコントロール関係は、app」フォルダ内の「assets」フォルダの中にある「stylesheets」フォルダの「blogs.scss」というスタイルシートで設定します。ここでは、以下のようにスタイルを用意しておきました。

リスト5-62

```
.page { padding:10px; }
.first { padding:10px; }
.prev { padding:10px; }
.next { padding:10px; }
.last { padding:10px; }
```

いずれもページネーション関係のものです。ブログの表示画面に関するスタイルはここに用意しておきましょう。

ブログのスタイル

このブログでは、Blogconfigのstylenameでスタイル名を指定すると、それが読み込まれるようになっています。とりあえず、サンプルとして「gray」「red」というスタイルを用意しておくことにしましょう。

「assets」内の「stylesheets」フォルダの中に、「gray.scss」「red.scss」という名前でそれぞれファイルを作成してください。そして、以下のようにスタイルを記述しておきましょう。

リスト5-63 ――gray.scss

```
body {
  color: darkgray; font-size: 14pt;
  margin: 10px 20px;
}
#header {}
#main {
  width: 75%; float: left;
}
#side {
  width: 20%; float: right;
}
```

```
a {
  color: darkgray;
  text-decoration: none;
}
a:hover {
  color: darkgray;
  text-decoration: underline;
}
```

リスト5-64 ——red.scss

```
body {
  background-color: #ffcccc;
  color: #aa0000; font-size: 14pt;
  margin: 10px 20px;
}
#header {}
#main {
  width: 75%; float: left;
}
#side {
  width: 20%; float: right;
}

a {
  color: #990000;
  text-decoration: none;
}
a:hover {
  color: #990000;
  text-decoration: underline;
}
```

これは、あくまでサンプルですので、もちろんそれぞれで内容を書き換えて構いません。

使用するスタイルの設定は、Blogconfigsで行ないます。http://localhost:3000/blogconfigs/editにアクセスし、「Style」の値を変更すればいいのです。

デフォルトでは「gray」が指定してあります。これで、gray.scssのスタイルが適用されます。この値を「red」に変更すると、red.scssのスタイルが適用されるようになります。

図5-66 Blogconfigsのstyleを「red」に変更し、/blogsにアクセスすると、ブログがred.scssのスタイルで表示されるようになる。

ルーティングの設定

さあ、完成まであと少しです！ 残るは、ルーティング情報の記述です。routes.rbを開き、以下のように設定を追記しましょう。

リスト5-65

```
get 'blogs/index'
get 'blogs', to: 'blogs#index'
get 'blogs/:page', to: 'blogs#index'
```

```
get 'blogs/genre/:id', to: 'blogs#genre'
get 'blogs/genre/:id/:page', to: 'blogs#genre'

get 'blogs/show/:id', to: 'blogs#show'

get 'blogposts/index'
get 'blogposts', to: 'blogposts#index'

get 'blogposts/delete/:id', to: 'blogposts#delete'
post 'blogposts/delete', to: 'blogposts#delete'
post 'blogposts/delete/:id', to: 'blogposts#delete'

get 'blogposts/add'
post 'blogposts/add'

get 'blogposts/:id', to: 'blogposts#edit'
patch 'blogposts/:id', to: 'blogposts#edit'

get 'blogposts/delete'

get 'bloggenres/index'
get 'bloggenres', to: 'bloggenres#index'

get 'bloggenres/add'
post 'bloggenres/add'

get 'bloggenres/:id', to: 'bloggenres#edit'
patch 'bloggenres/:id', to: 'bloggenres#edit'

get 'blogconfigs/index'
get 'blogconfigs', to: 'blogconfigs#index'

get 'blogconfigs/edit'
patch 'blogconfigs/edit'
```

これで、すべて完成です！ お疲れ様でした。

実際に各コントローラーのページにアクセスして動作を確認しましょう。まず、/bloggenresにアクセスしてジャンルをいくつか登録し、それから/blogpostsにいって記事を投稿してみましょう。それらを行なったら、/blogsにアクセスしてみてください。投稿したデータを元にブログが表示されますよ。

このブログは、自分だけが利用する前提で作成してあります。今回、Deviseによるユーザー認証についても学びましたから、「ログインすると自分のブログが作れる」というように改良してみると、更に実用的なブログになりますね！

この章のまとめ

さあ、Rails学習の最後の章も、これでおしまいです。この後、Rubyがよくわからない人のためにRuby超入門の章を用意してありますが、Railsの説明はこの章で終わりです。

ここでは、Railsの基本であるMVCから離れ、Webアプリを作る上で覚えておきたい知識を3つ取り上げました。

フロントエンドとの連携

最初に説明したのは、Reactを利用したフロントエンドとの連携についてです。特に、JSON形式のデータとしてサーバーから必要な情報を受け取る方法については、この先、必ず役立つときが来るはずですからしっかりと覚えておきましょう。

また、サンプルを作成する際に、「Net::HTTP」というクラスを使って外部のサイトにアクセスするテクニックも使いました。これは、まぁ今すぐ覚えないといけないようなものではありませんが、使えるといろいろとできることの幅が広がります。

Deviseの使い方

ユーザー認証ライブラリ「Devise」は、Railsでログイン機能を用意したいときに必ずお世話になるものといってもいいでしょう。これはインストールするだけでなく、rails generate deviseを使って必要なファイル類の作成などを行なう必要がありました。また、コントローラーにbefore_actionを使ってログインしないとアクセスできないアクションを指定する必要もありましたね。

Deviseは、作成する際のモデルの名前を使ってメソッド名などが設定されます。モデル名が変われば、メソッドの名前も変わることになるのを忘れないようにしましょう。

Kaminariの使い方

ページネーションを行なう「Kaminari」も、Railsで多用されるライブラリです。たくさんのデータを表示するような場合には、必ずこれのお世話になるといってよいでしょう。

Kaminariは、モデルに「page」メソッドを追加し、これを利用してデータを取り出すだけでページネーションが行なえるようになります。またページ移動用のリンクもpaginateメソッドで簡単に作成できます。使い方そのものは非常に簡単です。ちょっと面倒なのは、リンクのスタイル設定ぐらいでしょう。そう膨大な機能があるわけではないので、基本部分ぐらいはしっかり覚えておきましょう。

これから先は？

さて、これでRailsの学習はおしまいですが、皆さんはもうRailsを使えるようになったでしょうか。「まだまだ、何も作れる気がしない」って人もきっと多いことでしょうね。それは別におかしなことではありません。開発というものをやったことがない人なら、誰でもそうなのですから。

開発というのは、「これこれの知識を身につけたら完了」というものではありません。それは、スタート地点についたにすぎないのです。ここからが、本当のスタートになるのです。

では、これから先、どうやって進んでいけばいいんでしょう。不安な人のために、最後に簡単な「学習の仕方」をまとめておくことにしましょう。

まずは、Rubyのおさらいをしっかりと！

最初にやるべきことは、Railsではなく、「Ruby」の勉強です。皆さん、まだあまりRubyという言語を使い込んでいないのではないでしょうか。プログラミング言語は、開発のもっとも基本となるもの。これを自在に扱えるようにならないと、思うような開発は行なえません。

本書の最後にあるRuby超入門をよく読んでRubyの基礎知識をしっかり頭に入れたら、できれば本格的なRubyの入門書などを手に入れてじっくり学習することを勧めます。Railsに限らず、「1つの言語をきっちりと使えるようにする」というのは、開発の基本中の基本です。せっかくRubyをはじめたのですから、Rubyという言語をきちんと学んでおきましょう。

本書のおさらいもやっておこう！

これは、Rubyの学習と並行して進めても構いません。本書を最初からもう一度読み返してみてください。このとき、重要なのは、「すべて実際にプログラムを自分で書いて動かしながら読み進める」という点です。

プログラミングを学ぶコツは、1にも2にも「コードを書くこと」です。ただ読んだだけでは理解できないさまざまなことが、実際に書くことで身につくのです。おそらく、実際に書いてみると、頻繁に「動かない！」というトラブルに遭遇するはずです。その多くは、コードの書き間違いですが、それ以外にも思わぬ要因でプログラムがうまく動かないことに出くわすはずです。そうした実際のトラブルに遭遇し、それを解決することで開発のスキルは確実に向上していくのですから。

サンプルをアレンジしよう

本書では、いくつものサンプルアプリを作りました。ある程度Railsがわかってきたら、それらを改良して自分なりのアプリを作っていきましょう。新しい機能を追加したり、表示のデザインを変えたりしてみてください。そうやってカスタマイズしていくうちに、Railsアプリの作り方のテクニックが身についていくはずですよ。

オリジナルアプリを作ろう

ある程度、サンプルで遊んでアプリ作りに慣れてきたら、自分で一からアプリを作ってみましょう。まずは、アプリの機能を整理し、テーブルを設計します。そしてScaffoldを利用して土台を作り、独自の機能を組み込んでいきましょう。

実際に自分だけのアプリを作るようになれば、もういっぱしの「Web開発者」といってもよいでしょう。Webアプリを公開し、誰もが使えるようになれば、多くの人が利用し、さまざまなフィードバックを得ることができるようになります。

「実際に使ってみての意見」ほど開発者に役立つものはありません。どんどん作り、そしてどんどん公開してください。後は、利用するユーザーたちが、あなたを立派な開発者へと育ててくれるはずですよ。

では、いつの日か、皆さんが作ったWebアプリとインターネットのどこかで出会えることを願って……。

2020.1 掌田津耶乃

Addendum

Ruby言語超入門！

Rubyは、とてもわかりやすい言語です。まったくプログラミングをしたことがなくても、1時間も使ってみれば、簡単なプログラムぐらいは書けるようになります。ここで、Rubyの基礎をごくざっと詰め込んで、Rubyを使えるようになりましょう！

A-1 Rubyの値と変数

Rubyコマンドを使おう

Railsフレームワークは、「Ruby」という言語で動きます。Railsを学習するには、当たり前ですがRubyという言語について理解しておかないといけません。

本書のChapter 1を一通り読み終わっていれば、既にRuby言語そのものはインストールされていて使える状態になっているはずですね。そこで、「Rubyってなんだかよくわからない」という人のために、ここでごく簡単にRuby言語の基本について説明をしておきましょう。

これで「Rubyは完璧にマスターできる！」というわけでは全然ありませんが、とりあえずRailsを利用して簡単なプログラムを書いたりできるくらいはできるようになるはずですよ。

Rubyを実行するには？

Rubyを動かすにはいろいろな方法がありますが、もっとも簡単なのは、コマンドプロンプトからコマンドとして実行する方法です。

コマンドプロンプトを起動して、下のようにタイプしてみてください。

```
ruby -v
```

書いたらEnterキーを押すと、rubyコマンドが実行され、以下のようなテキストが出力されます。

```
ruby 2.6.5p114 (2019-10-01 revision 67812) [x64-mingw32]
```

細かい数値などは違っているかもしれませんが、こんな感じのテキストが表示されましたか？ これがRubyのバージョンです。これが表示されれば、ちゃんとRubyを利用する環境が整っていることになります。

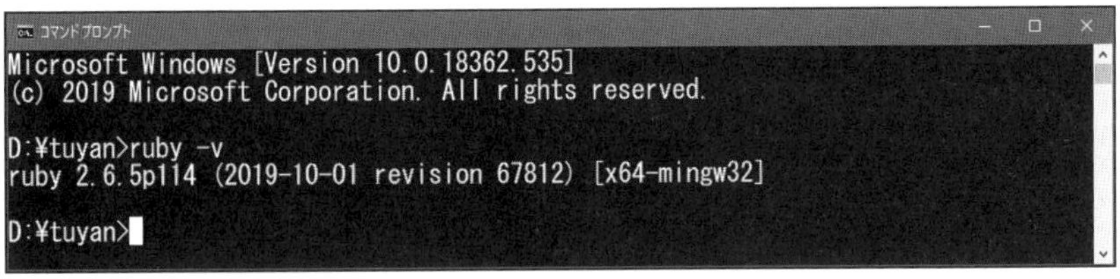

図A-1 ruby-vを実行するとバージョンが表示される。

コラム コマンドとして認識されない！ Column

もし、Windowsで「'ruby' は、内部コマンドまたは外部コマンド、操作可能なプログラムまたはバッチ ファイルとして認識されていません。」といったメッセージが表示されたら、環境変数が正しく設定されていない、と考えてください。RubyInstallerでインストールする際、「Rubyの実行ファイルへ環境変数PATHを設定する」というチェックを入れ忘れていませんでしたか？ Chapter 1の「Rubyをインストールする(Windows)」のところを読み返してみましょう。

Rubyインタープリタ

Rubyを実行するには、大きく2つの方法があります。1つは、ファイルに実行する処理(スクリプトといいます)を書いて保存し、それを実行する方法。もう1つは、その場でRubyの文を書いて逐次実行していく方法です。

まずは、簡単な「その場で実行」から試してみましょう。コマンドプロンプトまたはターミナルから、「irb」とタイプしてEnter/Returnしてください。すると画面に、

```
irb(main):001:0>
```

このように表示され、入力待ちの状態になります。このirbというコマンドは「Interactive Ruby」と呼ばれるもので、その場で1行ずつRubyの文を入力しては実行していくプログラムなのです。Rubyを試しに動かして見るには最適なツールです。

図A-2 「ruby」と実行すると、入力待ちの状態になる。

Rubyの文を書いて実行する

では、Rubyのプログラムを書いて動かしてみましょう。下のリストをそのまま打ち込んでください。

リストA-1

```
a = 10
b = 20
c= a + b
```

1行ずつ入力しEnter/Returnすると、そのつど、実行結果が出力されます。最後の「c = a + b」まで実行すると、その後に「30」と結果が表示されるでしょう。こんな具合に、irbを使うとRubyの文をその場で試しながら学んでいけるんですね。

使い方がわかったら、「quit」と入力し、Enter/Returnしてirbを終了しましょう。

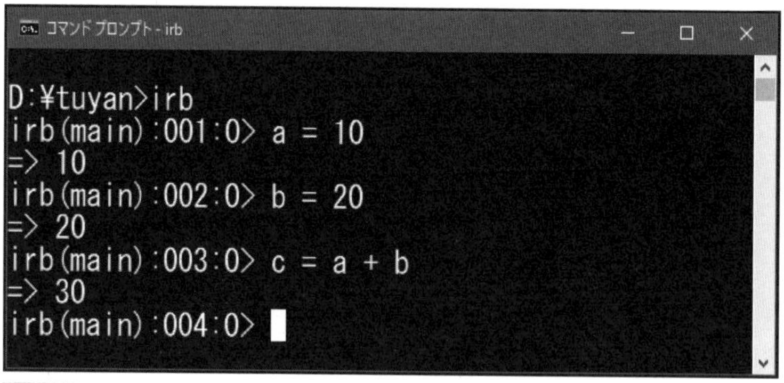

図A-3 Enter/Returnすると、書いたプログラムが実行される。

ソースコードファイルを実行する

もっと一般的なRubyの使い方としては、あらかじめプログラムを書いたテキストファイルを用意しておき、これを実行する方法でしょう。これもやってみましょう。

エディタでファイルに保存する

メモ帳でもテキストエディットでもなんでも構わないので、テキストを編集できるプログラムを起動してください。そして、以下のリストを記述しましょう。

リストA-2

```
a = 10
b = 20
c= a + b
puts "答え:" + c.to_s
```

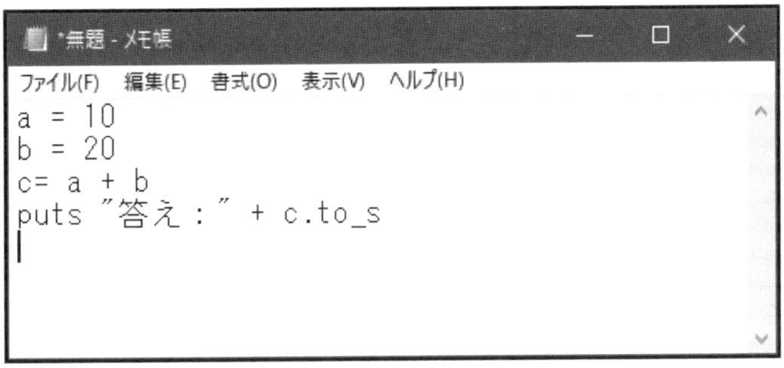
*無題 - メモ帳
ファイル(F) 編集(E) 書式(O) 表示(V) ヘルプ(H)
a = 10
b = 20
c= a + b
puts "答え:" + c.to_s

図A-4 メモ帳を起動し、プログラムを記述する。

先ほどのサンプルに「puts ～」という1行を追加しただけです。これを記述したら、＜ファイル＞メニューの＜名前をつけて保存…＞メニューを選び(メモ帳の場合です)、現れたダイアログで「script.rb」という名前をつけて保存しましょう。保存場所は、とりあえずわかりやすいようにデスクトップにしておきましょう。

このとき注意したいのは、ファイルの種類と文字コードです。メモ帳の場合、保存ダイアログにある「ファイルの種類」から「すべてのファイル」を選んでください。また、「文字コード」は「UTF-8」を選んでおきます。これでUTF-8の文字コードで保存できます。

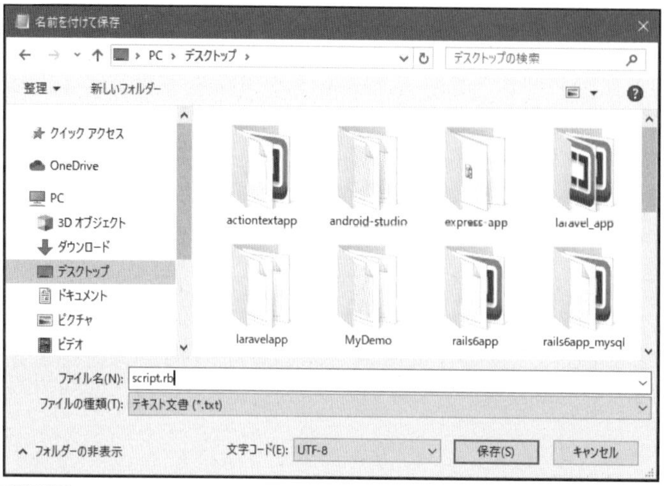

図A-5　保存ダイアログで、「script.rb」という名前で保存をする。

ファイルを保存したら、コマンドプロンプトに切り替え、そのファイルがある場所にcdコマンドで移動をします。デスクトップに保存したならば、「cd Desktop」と実行すればいいでしょう。

そして、rubyコマンドを実行します。これは、rubyの後にファイル名を付けて実行します。たとえば今回の例なら、

```
ruby script.rb
```

このように実行すると、script.rbの内容を実行します。こんな具合に、テキストで命令文を書いてその場で実行できるのがRubyの強みです。

図A-6　cd Desktopでデスクトップに移動し、ruby script.rbを実行する。なお筆者の環境ではDドライブにホームディレクトリがあるが、通常はC:¥Users¥利用者¥Desktopになる。

文の書き方

さて、プログラムの説明に入る前に、「そもそもRubyのプログラムは、どんな具合に書くのか？」という書き方の基本について頭に入れておくことにしましょう。別に難しいことではありません。次のような、ごく簡単なルールです。

● 1. 文は改行して書く

Rubyでは、1つ1つの文を改行して書きます。一行にあれこれ詰め込んで書いたりしてはいけません。

● 2. 文は半角英数字で書く

また、文で使う記号や予約語、さまざまな名前の類は、原則としてすべて半角英数字で記述します。全角文字は、全角のテキストを値として扱う場合ぐらいしか利用しません。

● 3. 大文字と小文字は別の文字

Rubyでは、大文字と小文字は別の文字として扱います。「A」と「a」は別の文字です。当然、Aとaは別のものとして扱われます。

また、全角文字と半角文字もやはり別の文字です。「A」と「Ａ」は別の文字になります。よく書き間違えてエラーになったりするので注意しましょう。

これはスクリプトを書く基本として覚えておいてください。特に「大文字小文字、全角半角」は慣れないうちはよく間違えるのでしっかり頭に入れておきましょう。

値について

今実行したサンプルは、「変数に値を設定する」「値(変数)を使って計算をする」「結果を表示する」ということを行っています。これらは、プログラムのもっとも基本的なことといえるでしょう。

まずは、その中の「値」について注目しましょう。

値には種類がある

ここでは「10」「20」といった値を使いました。これらは「整数」の値ですね。これは重要です。整数の値は、「整数という種類の値」なのです。

Rubyでは、値には「種類」があります。その値の種類によって、書き方や使い方が違ってきたりするのです。ここでは基本となるものとして、以下のものだけ覚えておきましょう。

整数	整数はわかりますね。これは数字をそのまま記述します。たとえば「123」といった具合です。
実数（浮動小数）	小数点以下の値は、小数点をつけて数字をそのまま記述します。たとえば「123.4」といった具合です。
テキスト	テキストは、その前後にクォート記号（'または"）をつけて囲います。たとえば、「'Hello'」とか「"Hello"」といった具合です。日本語などの全角のテキストの場合も、前後につけるのは半角のクォート記号です。全角記号は使いません。
真偽値	これはプログラミング言語特有の値で、二者択一の状態を示すためのものです。これは「true」または「false」という、Rubyに用意されている値を使います。

コラム テキストの２つの書き方 Column

テキストは、'Hello'と"Hello"というようにシングルクォート記号とダブルクォート記号のいずれも使えます。この２つの書き方は、実は違いがあります。「ダブルクォートでは特殊な制御用の記号を使える」という特徴があるのです。
たとえば、script.rbに以下のような文を書いて実行してみるとどうなるでしょうか。

```
puts "Hello¥nBye"
```

これは、HelloとByeが改行されて表示されます。「¥n」という改行を示す特殊な記号を使い、テキストの途中で改行させていたのですね。
が、'Hello¥nBye'と書くと、そのまま「Hello¥nBye」と表示されます。¥nを特殊な記号だと認識せず、ただの文字として扱うためです。

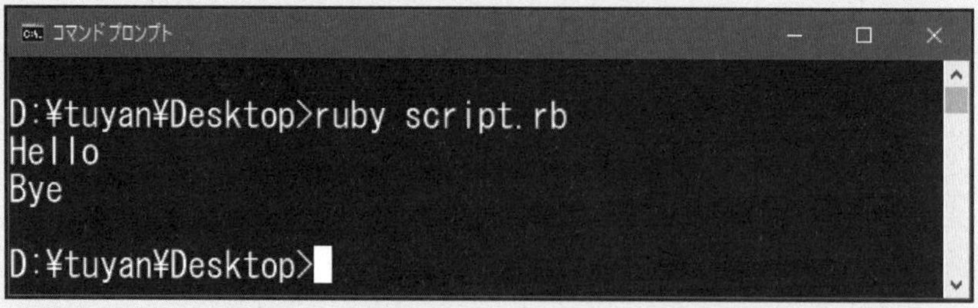
コマンド プロンプト
D:¥tuyan¥Desktop>ruby script.rb
Hello
Bye
D:¥tuyan¥Desktop>

図A-7　puts "Hello¥nBye"は、HelloとByeを改行して表示する。

変数について

先ほどのサンプルでは、「a = 10」というような文が使われていました。ここでの「a」というのは、「変数」というものです。

変数というのは、値を保管しておくための入れ物です。先の例では「a = 10」というようにイコールを使った文が書いてありました。これは、「aという変数を作成し、これに10という値を入れる」という働きをするものです。

```
変数 = 値
```

こんな具合に書くわけですね。イコール記号は、「右側にある値を左側にあるものに入れる」という働きをします。a = 10なら、「10という値を、aという変数に入れる」のです。変数は、こんな具合にさまざまな値をイコールで入れて保管していきます。

変数の名前

この「a」という変数の名前は、どうやってつけたのか？ 実は、「適当」です。変数の名前は、プログラムを書く人間が好きなように決めて付けることができます。

ただし、使える文字は決まっています。「半角英数字＋アンダースコア記号」で、それ以外の特殊な記号などは使えません。また最初の一文字目は数字は使えません。

Rubyでは、アルファベットの大文字と小文字は別の文字なので、そのへんを間違えないように変数名を付けましょう。たとえば、

```
ABC = 10
abc = 20
```

これは、「ABCに10を入れて、その後でまた20を入れる」という意味ではありません。「ABCに10を入れて、それとは別のabcに20を入れる」という意味になります。つまり、2つ別々の変数が用意されるわけです。勘違いしないように！

数の計算

先のサンプルでは、「c = a + b」という文を実行していましたね。これは、「a + bの答えを変数cに入れる」という意味になります。

Rubyでは、こんな具合に、数字の値や、数字が入っている変数などを使って式を書くこ

とができます。イコールの右側に式を書いて、左側に変数を用意すると、式の結果を変数に入れることができます。つまり、「計算した答え」が変数に得られるわけですね。

計算の式に使える演算記号には、以下のようなものがあります。

+	足し算
-	引き算
*	掛け算
/	割り算
%	割り算のあまり

これらは、「A + B」というように計算のための記号として使います。これらは、パソコンのテンキーのところに付いている記号と同じですね。「%」というのがわかりにくいでしょうが、これはたとえば「10 % 3」なら、「10を3で割ったあまり(つまり、1)」が答えになります。

テキストの計算(?)

演算器号は、実はテキストでも使います。たとえば、"A" + "B"とすると、「AB」というテキストになります。+記号を付けて2つのテキストを1つにつなげることができるのです。

また、"A" * 10 とすると、「AAAAAAAAAA」というテキストが得られます。掛け算の記号で、同じテキストをいくつもつなげたものを作れるのです。

値を表示する

さまざまな値をコマンドプロンプトに表示させるには、「puts」というものを使います。これは、

```
puts 値
```

こんな具合に、putsの後に表示したい値を記述します。値は、数字でもテキストでも何でも構いません。

「to_s」とは？

さて、先ほどのputsを実行しているところを改めて見てみましょう。すると、ちょっと変なものがくっついていることに気がつきます。

```
puts "答え:" + c.to_s
```

「"答え:" + c」ではなくて、cの後に「.to_s」というものがくっついています。これは何でしょうか？

これは、「メソッド」と呼ばれるものです。メソッドというのは、「オブジェクト」というものの中に用意されているさまざまな処理です。ここで使ったto_sは、「オブジェクトの値をテキストとして取り出す」という働きをするメソッドです。

cという変数は、整数の値です。"答え:"は、テキストですね。すると、"答え:" + c という式があると、Rubyは困ってしまうのです。「これって、2つのテキストを1つにつなげるのか？ それとも2つの数字を足し算するのか？」と。

Rubyでは、値の種類が違うと処理の仕方も変わってきたりすることがあります。"答え:" + c というのは、「テキストとして2つの値を1つにつなぐ」というように処理してくれないと困ります。つまり、cという整数の値は、テキストとして考えて欲しいのです。

そこで、.to_sが登場します。c.to_sは、「cの値をテキストとして取り出す」ものです。これで、「"答え:" + cのテキスト」として処理されるようになり、2つのテキストが1つにつながったものが答えとして得られるようになります。

こういう「ある値を、別の種類の値として取り出す」というためのメソッドは他にもあります。「to_i」というものを使うと、テキストなどを「整数の値」として取り出すことができます。たとえば、"123".to_i とすると、123という整数の値として利用できるようになります。

コラム なんで数字の中にメソッドが入ってるの？ Column

c.to_sで、「to_sは、オブジェクトの中に入っているメソッドだ」といいました。でも、cは、ただの整数です。オブジェクトなんてものじゃありません。ただの「数字」なんです。それなのに、なんでそういうメソッドが入っているんでしょう？

実は、Rubyでは、すべての値は「オブジェクト」なのです。整数も小数もテキストも、何もかもすべてオブジェクトというものとして用意されているのです。ですから、どんな値の中にも、to_sとかto_iといったメソッドが入っているのですね。

まぁ、オブジェクトについては、後で改めて説明しますので、今の段階では「そういう、中にいろいろ詰まってる特別な形をした値なんだ」という程度に考えておきましょう。

A-2 基本構文をマスターしよう

条件分岐の基本「if」

プログラムというのは、ただ命令を順番に実行するだけではありません。必要に応じて異なる処理を実行したり、決まった処理を必要なだけ繰り返したり、処理の流れを制御するための仕組みが必要になります。これを実現するために用意されているのが「制御構文」と呼ばれるものです。

制御構文には「条件分岐」と「繰り返し」という2つのものが用意されています。まずは条件分岐から説明しましょう。

if構文について

条件分岐は、文字通り「条件によって処理を分岐する」ためのものです。この条件分岐の基本となる構文は「if」という構文です。これは以下のような形で記述します。

●正しいときだけ実行する

```
if 条件 then
	……正しいとき実行する処理……
end
```

●正しいかそうでないかで異なる処理をする

```
if 条件 then
	……正しいとき実行する処理……
else
	……正しくないとき実行する処理……
end
```

このif構文では、ifの後にある「条件」をチェックします。そしてその結果が正しい場合には「then」の後にある処理を、正しくない場合には「else」の後にある処理をそれぞれ実行します。

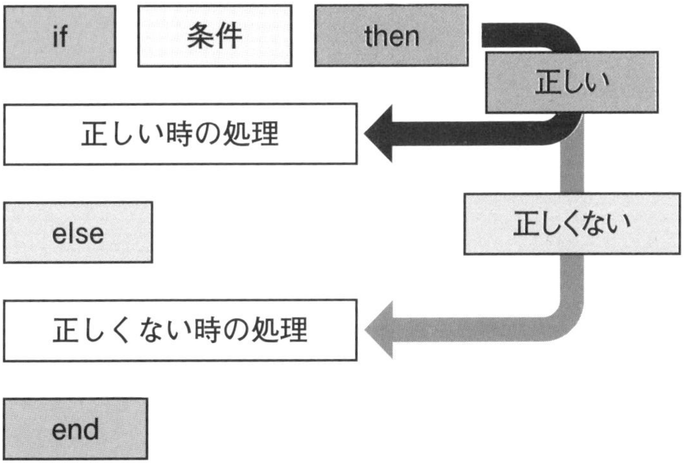

図A-8 ifは、条件をチェックして、それが正しいかどうかで実行する処理を変える。

条件ってなに？

if構文は、書き方そのものはそれほど難しくはありません。問題は、「条件」でしょう。条件って、一体なんなのでしょうか？

これは、わかりやすくいえば「真偽値」です。真偽値というのは、「正しいかそうでないか」といった二者択一の状態を表すための値です。これは、常に以下の2つのどちらかの値になります。

true	正しい状態を示す値。
false	正しくない状態を示す値。

ifの条件は、結果がこの真偽値になる変数や式などを用意します。この値が真偽値の「true」ならばthen以降を実行し、「false」ならばelse以降を実行するようになっているのです。

比較演算子について

では、「結果が真偽値になる式」というのは、一体どういうものなんでしょうか。これはいろいろ考えられますが、慣れないうちは「比較演算子というものを使った式だ」と考えてください。

比較演算子というのは、2つの値を比べるための演算記号です。これは、以下のようなものです。

A == B	AとBは等しい
A != B	AとBは等しくない
A < B	AはBより小さい
A <= B	AはBと等しいか小さい
A > B	AはBより大きい
A >= B	AはBと等しいか大きい

ここではわかりやすいようにAとBの2つの値を比較する形で書いてあります。A == Bなら、AとBの値が同じならtrue、そうでないならfalseとなるわけですね。

この式を条件として指定すれば、変数などの値に応じて処理を分岐させることができるようになる、というわけです。

偶数か奇数か調べるプログラム

では、簡単なサンプルを下に挙げておきましょう。簡単な例として、「ある数字が偶数か奇数か調べる」というプログラムを考えてみましょう。

リストA-3

```
x = 12345
if x % 2 == 0 then
  puts x.to_s + 'は、偶数。'
else
  puts x.to_s + 'は、奇数。'

end
```

これは変数xの値が偶数か奇数か調べるプログラムです。xの値をいろいろと書き換えてみましょう。いくつに設定しても、ちゃんと正しく判断できるでしょう？

コマンドプロンプト
D:¥tuyan¥Desktop>ruby script.rb
12345は、奇数。
D:¥tuyan¥Desktop>

図A-9 実行すると、「12345は、奇数。」と表示される。

多数分岐の「case」

条件分岐の構文はもう1つあります。それは「case」構文です。このcaseは、条件の値をチェックし、その値がいくつかによって実行するところにジャンプする働きをします。これは、以下のような形をしています。

```
case 条件
when 値1
        ……値1のときの処理……
when 値2
        ……値2のときの処理……

……必要なだけwhenを用意……

else
        ……それ以外の処理……
end
```

caseの後には、変数や式などを用意します。Rubyはこの条件の値をチェックし、その後にあるwhenの中からその値のwhenにジャンプします。もし、whenが見つからなかったら、最後のelseにジャンプします。

このelseは不要なら用意しなくても構いません。その場合は、whenが見つからなかったらそのまま次に進みます。

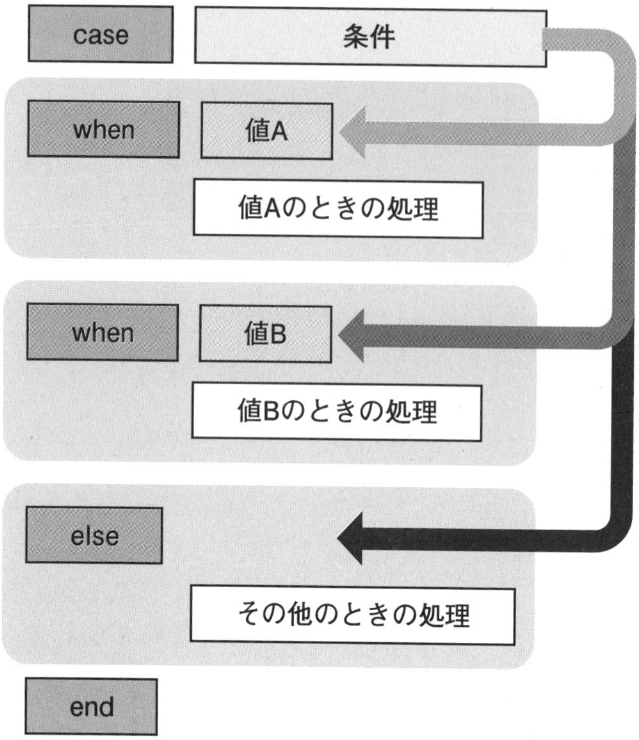

図A-10 caseは、条件をチェックし、そのwhenにジャンプする。

季節を調べる

では、caseの簡単なサンプルを挙げておきましょう。変数xに設定した月数から季節を表示します。xの数字をいろいろと変更して動作を試してみましょう。

リストA-4

```
x = 8

case x
when 1..2
  puts(x.to_s + '月は冬です。')
when 3..5
  puts(x.to_s + '月は春です。')
when 6..8
  puts(x.to_s + '月は夏です。')
when 9..11
  puts(x.to_s + '月は秋です。')
when 12
  puts(x.to_s + '月は師走です。')
```

```
else
  puts('値が正しくありません。')
end
```

実行すると、「8月は夏です。」と表示されます。変数xの値をいろいろと変更して動作を確かめてみましょう。

```
D:¥tuyan¥Desktop>ruby script.rb
8月は夏です。

D:¥tuyan¥Desktop>
```

図A-11　実行すると、xの値を調べて季節を表示する。

whenには、条件の値を用意します。条件に用意した値と同じ値がwhenにあれば、そこにジャンプします。なければelseにジャンプします。

範囲を表す値

ここでは、whenの値にちょっと見慣れないものが使われていますね。たとえば、こんな具合に書かれています。

```
when 1..2
```

この「1..2」というのは「1から2までの範囲」を示す値です。Rubyでは、こんな具合に「A..B」というように2つの数字(整数)を2つのドットでつないで書くことで、その範囲を表すことができます。1～2の範囲の値なら、このwhenにジャンプする、というわけですね。

コラム　範囲＝配列？　Column

この「1..2」という範囲を表す値、ちょっと不思議なものですね。「範囲を表す値」って、どんなものなんでしょう。
これは「配列」という値と同じようなものなのです。たとえば、「3..5」というものは、[3, 4, 5]という3つの値を持つ配列と考えていいでしょう。
まだ配列というものがどういうものか説明していないのでなんだかよくわからないでしょうが、後で配列について理解したら、改めて「範囲＝配列」ということを考えてみてください。

繰り返しの基本「while」

条件分岐と並ぶ重要な構文が、「繰り返し」です。繰り返しもいくつかの構文が用意されています。もっともシンプルな構文は「while」というものです。これは条件をチェックして繰り返しを行うもので、以下のような形になります。

```
while 条件
  ……繰り返す処理……
end
```

このwhileの後にある「条件」は、if文の条件と同じく真偽値で表す値や式などを用意します。whileでは、この条件をチェックして、trueならばその後の処理を実行します。そしてendまで来ると再びwhileに戻り、また条件をチェックします。

そうして、条件がtrueである間、ひたすらその後の処理を繰り返し実行し続けます。条件がfalseになると、構文を抜け、endの先へと進みます。

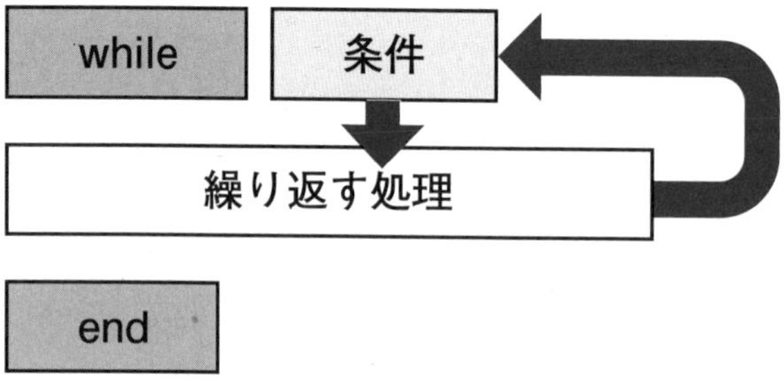

図A-12　while構文では、条件がtrueである間、処理を実行し続ける。

無限ループに注意！

このwhile構文は、条件をどのように用意するか？が使いこなしのポイントです。注意しなければいけないのは、「繰り返しを実行する間に値が変化するようなものでなければいけない」という点です。条件の値がまったく変化しないと、繰り返し部分を永遠に実行し続け、そこから抜け出せなくなってしまいます。

これは「無限ループ」といって、繰り返しを使うときに絶対に避けなければいけない問題です。whileは、使い方は簡単ですが、こういう怖い落とし穴もある、という点を忘れないようにしましょう。

正反対の「until」構文

このwhile構文と似たものに「until」という構文もあります。これは以下のように記述します。

```
until 条件
    ……繰り返す処理……
end
```

これは、whileとは正反対の働きをします。whileは条件がtrueの間、繰り返しを実行しますが、untilは条件がfalseの間、繰り返し実行します。そして条件がtrueになると、構文を抜けて先へと進みます。

まぁ、条件の書き方次第で、どちらの構文も使うことができる(条件の結果が逆になるように書けばいい)のですから、whileだけ覚えておいてuntilは忘れてしまっても構いません。どちらか1つあれば十分役に立ちますから。

合計を計算する

では、繰り返しの簡単なサンプルを挙げておきましょう。繰り返しでいちばんよく使われる、「数字の合計を計算する」サンプルを作ってみます。

リストA-5

```
x = 0
total = 0
while  x <= 1000
  total += x
  x += 1
end
puts('合計は、' + total.to_s + 'です。')
```

これは、0～1000までの整数の合計を計算して表示するサンプルです。ここでは変数xの値を1つずつ増やしながら変数totalに足していきます。while　x <= 1000というようにして、変数xの値が1000と同じか小さい間はひたすら繰り返しを行い、1000より大きくなったら構文を抜けています。こうすることで、xの値が1000になるまで繰り返しを行います。

繰り返し部分では、total += xで変数xの値をtotalに足すだけでなく、x += 1でxの値を1増やしています。こうしてxが1ずつ増えていきながら繰り返しを実行していくのです。whileでは、「繰り返すごとに条件が変化する」ということがこれを見るとよくわかりますね！

コマンド プロンプト
D:¥tuyan¥Desktop>ruby script.rb
合計は、500500です。
D:¥tuyan¥Desktop>

図A-13　実行すると、1000までの合計を計算して表示する。

代入演算子について

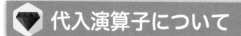

ここでは、足し算をするのに少し変わった書き方をしています。「total += x」というものですね。これは「代入演算子」と呼ばれるもので、演算と代入をまとめて行うことができます。代入演算子には、以下の様なものが用意されています。

A += B	AにBを加算する（A = A + B と同じ）
A -= B	AからBを減算する（A = A - B と同じ）
A *= B	AにBを乗算する（A = A * B と同じ）
A /= B	AをBで除算する（A = A / B と同じ）
A %= B	AをBで割ったあまりをAに代入する（A = A % B と同じ）

プログラミングでは、変数に値を足したり引いたりすることがよくありますので、代入演算子を覚えておくとこうした処理がすっきりと書けるようになります。

まぁ、これらは知らなくとも、普通にA = A + Bといった書き方をすればいいので困るわけではありませんが、覚えておいたほうがずっとスマートにスクリプトを書けるようになります。

A-3 配列とハッシュ

配列ってなに？

値と変数は、プログラミングの基本中の基本です。が、これらの中には、通常の値や変数とはちょっと違う形のものもあります。中でも非常に重要なのが「配列」と呼ばれるものです。

「配列」は、たくさんの値をひとまとめにして管理する特別な値です。普通の変数は、1つの値を保管するだけですが、配列は変数の入れ物がずらっと一列に並んでいるようなものになります。1つ1つの入れ物には「インデックス」と呼ばれる通し番号がつけられていて、この番号を使って「1番に値を入れる」「3番の値を取り出す」というような具合に値をやりとりできます。

この配列は、以下のように使います。

● 配列の作成

```
変数 = Array.new
変数 = Array.new 数
変数 = [値1, 値2, ……]
```

● 値の取得／変更

```
変数 = 配列 [ 番号 ]
配列 [ 番号 ] = 値
```

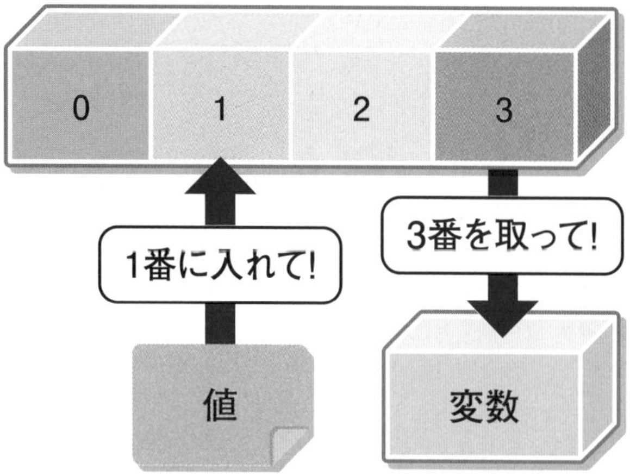

図A-14　配列は番号を振った入れ物が一列に並んだようなもの。番号を指定して値を出し入れできる。

配列は準備が必要！

配列は、普通の変数のように、ただ値を変数に入れるだけ、という使い方はできません。利用するためには、まず配列の本体をあらかじめ作って変数に入れておかないといけません。

配列を作って変数に代入するには「Array.new」というものを使います。これで新しい配列が用意できます。また、「いくつの値を入れておくか」が最初からわかっているなら、newの後に入れ物の数を指定しておくこともできます。

最初から入れておく値が全部わかっているなら、[1, 2, 3……]といった具合に、[]の中に保管する値をカンマで区切って記述しておきます。

配列に保管してある値は、[番号]というように配列名の後に[]で番号を指定して取り出すことができます。この番号は、ゼロから順番に割り振られます。1からではないので注意しましょう。

では、簡単な利用例を挙げておきましょう。

リストA-6

```
arr = [0, 10, 20, 30]
total = arr[0] + arr[1] + arr[2] + arr[3]
puts '配列の合計:' + total.to_s
```

ここでは、0, 10, 20, 30という4つの値を保管する配列を用意し、それらの値を合計して表示しています。こんな具合に、配列を使えばたくさんの値をまとめることができるのです。

図A-15 実行すると、配列arrの中身を合計して表示する。

配列専用繰り返し構文「for」とは？

配列の入れ物には順に番号が割り振られますから、「配列のすべての入れ物にある値を順に処理していきたい」というような場合には、繰り返しが使えそうですね。

実は、Rubyには、配列の要素を順番に取り出し処理していくための構文が用意されています。それは「for」というものです。これは、以下のように使います。

```
for 変数 in 配列
  ……繰り返す処理……
end
```

この構文は、配列の中から最初の値を取り出し、処理を実行します。endまで来たら最初のforに戻り、今度は2番目の値を取り出して処理をします。またendまできたら戻って3番目の値を、またendまで来たら戻って4番目の値を……。という具合に、最初から順番に「値を取り出したらその後の処理を実行する」ということを繰り返していくのです。

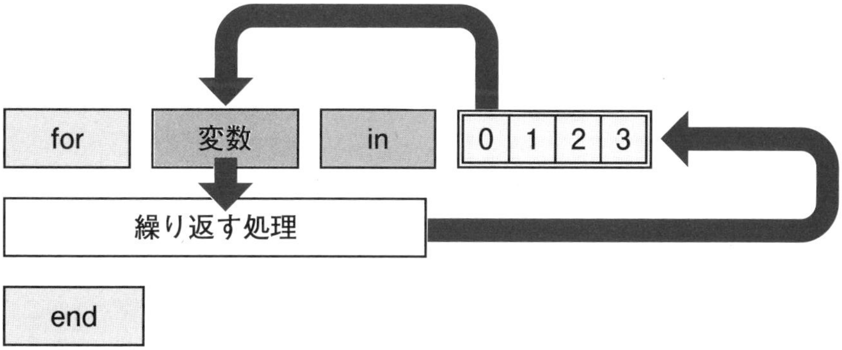

図A-16 forは、配列から順に値を変数に取り出しながら処理を繰り返していく。

繰り返しで合計する

では、配列とforを利用した簡単なサンプルを考えてみましょう。テストの点数をまとめた配列を用意し、合計点と平均点を計算してみます。

リストA-7

```
arr = [95, 87, 69, 54, 71]
total = 0
for val in arr
  total += val
end
puts '合計:' + total.to_s
puts '平均:' + (total / 5).to_s
```

実行すると、「合計:376」「平均:75」という具合に結果が表示されます。ここではforを使って配列の全要素の合計を計算し、それを5で割って平均を計算しています。forが使えると、配列もいろいろな使い方ができそうですね。

コマンド プロンプト
D:¥tuyan¥Desktop>ruby script.rb
合計：376
平均：75
D:¥tuyan¥Desktop>

図A-17　配列の合計と平均を計算する。

範囲演算子について

この便利な配列、実は既に使ったことがあるのです。それは「範囲指定の値」としてです。先にcase構文の説明をしたところで、「1..2」というように範囲を示す値を使いました。これは、実は[1, 2]という、指定した範囲の数字をすべて要素に持つ配列のようなものなのです。

たとえば、3..7とすれば、[3, 4, 5, 6, 7]というように、指定した範囲のすべての整数が順番に並んでいる配列の値として扱える、と考えてください。

この範囲指定とforを組み合わせて使えば、「ある数からある数まで順に処理をする」というようなことが簡単にできるようになります。やってみましょう。

リストA-8

```
total = 0
for item in 1..1000
  total += item
end
puts '合計:' + total.to_s
```

ここでは、「for item in 1..1000」というように繰り返しを行っています。「1..1000」で、1～1000までの値を持った配列（みたいなもの）と同じ役割を果たします。なかなか便利な使い方ですね！

コマンドプロンプト
D:¥tuyan¥Desktop>ruby script.rb
合計：500500
D:¥tuyan¥Desktop>

図A-18　1から1000までの合計を計算する。

コラム　範囲＝Range値　Column

この範囲演算子を使った値は、正確には「配列そのもの」ではありません。Rangeという範囲を示す値なのです。が、基本的な扱い方は配列とほとんど同じなので、「範囲指定＝配列」とイメージしても間違いはないでしょう。

ハッシュってなに？

配列は、各値に番号を割り振って管理しますが、場合によっては数字で管理するより別のやり方で管理できたほうが便利なこともあります。別なやり方とは、「名前」です。

たとえば、知人のメールアドレスを整理するとき、番号を付けるより「名前」をつけて管理できたほうが直感的にわかりますね？ そもそもメールアドレスを番号付けして役に立つシーンなどあまりないでしょう。

このような場合に用いられるのが「ハッシュ」というものです。これは、インデックス番号の代りに「キー」と呼ばれる名前を使って多数の値を管理できるようにした、特別な配列です。ではハッシュの基本的な使い方をまとめておきましょう。

● ハッシュの作成

```
変数 = Hash.new
変数 = { キー1 => 値1 , キー2 => 値2 , ……}
```

● 値の取得／変更

```
変数 - 配列 [ キ  ]
配列 [ キー ] = 値
```

ハッシュの基本的な使い方は配列と非常に似ています。値の取得と変更は、配列とほぼ同じですね。ただ、番号の代りにキーを使う、というだけです。ハッシュを作成するときだけ、ちょっと書き方が違います。たとえば、

```
arr = {'x'=>123, 'y'=>456}
```

こんな具合で記述します。=>という記号を使い、キーと値をつなげて記述するのです。ちょっとわかりにくいかもしれませんが、難しいのはこれだけです。他の使い方は配列とほぼ同じですから迷うことはないでしょう。

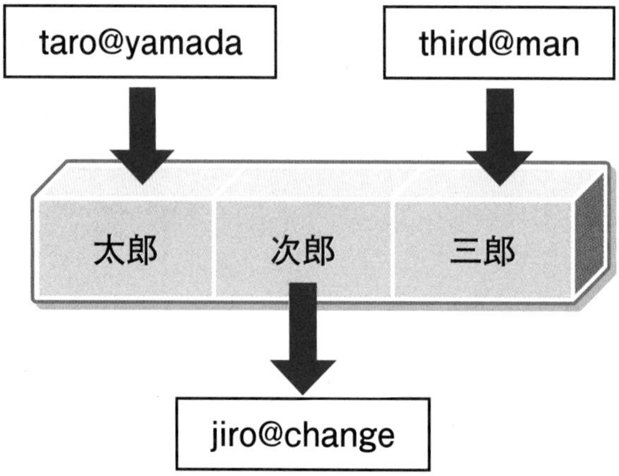

図A-19　ハッシュは、キーと呼ばれる名前を使って値を管理する。

ハッシュと「for」構文

ハッシュも、配列と同様にfor構文で順番に値を取り出すことができます。書き方は配列とまったく同じです。

```
for 変数 in ハッシュ
  ……繰り返す処理……
end
```

このようにして繰り返し処理することができます。ただし！ 注意すべきは、ハッシュから値を取り出される変数の中身です。これは、ただ取り出した値が保管されるのではありません。この変数に設定されるのは、「キーと値をひとまとめにした配列」なのです。インデックス番号「0」にキーが、「1」に値が保管された配列になるのです。

実際の利用例を下に挙げておきましょう。ハッシュarrの内容をすべて表示するサンプルです。

リストA-9

```
arr = {'A' =>'Hello', 'B' => 'Welcome', 'C' => 'Bye!'}
for item in arr
  puts item[0] + ":" + item[1]
end
```

ここでは、「for item in arr」というようにして、変数itemにキーを取り出し、それを使ってハッシュから値を取得しています。

```
puts item[0] + ":" + item[1]
```

item[0]でキーを取り出し、item[1]でそのキーの値が取り出されています。キーと値の基本的な利用の仕方さえわかれば、forでハッシュを処理するのは簡単です。

コマンド プロンプト
D:¥tuyan¥Desktop>ruby script.rb
A:Hello
B:Welcome
C:Bye!
D:¥tuyan¥Desktop>

図A-20 実行すると、保管されているキーと値を取り出して表示する。

eachによる繰り返し処理

しかし、いちいち「繰り返しでキーを取り出し、そのキーで値を取り出す」なんてやるのはちょっと面倒くさいですね。もうちょっとシンプルなやり方はないのでしょうか。

実はあります。「each」というものを利用するのです。これは、以下のように使います。

● 配列のeach

```
配列 .each do | 変数 |
  ……実行する処理……
end
```

● ハッシュのeach

```
ハッシュ .each do | 変数1, 変数2 |
  ……実行する処理……
end
```

配列やハッシュの後にドットを付け、「each do」とします。その更に後には、|記号を前後に挟んで変数を用意します。これで、配列やハッシュから順に値を取り出し、変数に代入していきます。ハッシュの場合は、キーと値を同時に変数に取り出すことができます。

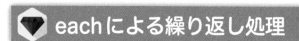

eachを使ってみる

では、eachの簡単なサンプルを挙げておきましょう。先ほどのforを使った繰り返し処理をeach利用に書き換えてみましょう。forとeachの違いがだいぶわかってきますよ。

リストA-10

```
arr = {'A' =>'Hello', 'B' => 'Welcome', 'C' => 'Bye!'}
arr.each do |key, val|
  puts key + ":" + val
end
```

コマンド プロンプト
D:¥tuyan¥Desktop>ruby script.rb
A:Hello
B:Welcome
C:Bye!
D:¥tuyan¥Desktop>

A-21 eachを使って繰り返し処理をする。

A-4 オブジェクトをマスターしよう！

「メソッド」ってなに？

一通りの構文がわかってきて、ある程度のプログラムを書くようになってくると、「いかにプログラムを整理しわかりやすくするか」が重要になってきます。

たとえば、最初から最後までひたすらプログラムを実行し続けていくより、プログラムを小さなカタマリに区切って、必要に応じて「これが済んだらこっち」「こういうときはそっち」というように小さい処理を呼び出し合うようにして実行すれば、プログラムも整理されてわかりやすくなります。

Rubyには、このように「プログラムの一部分を他から切り離し、いつでも呼び出して実行できるようにする仕組み」が用意されています。それは「メソッド」というものです。

このメソッドは、以下のような形で定義します。

```
def メソッド名
  ……実行する処理……
end
```

これで、メソッド名を呼び出せばいつでもそのメソッドに用意した処理が実行できるようになります。では、簡単な例を考えてメソッドを使ってみましょう。

リストA-11

```
def hello
  puts "Hello!"
end

hello
hello
hello
```

これを実行すると、「Hello!」と3回表示されます。def helloでhelloメソッドを定義した後、「hello」と3回、このメソッドを呼び出しています。こんな具合に、メソッドを作成すれば、よく使う処理をどこからでも必要なだけ呼び出して使えるようになります。

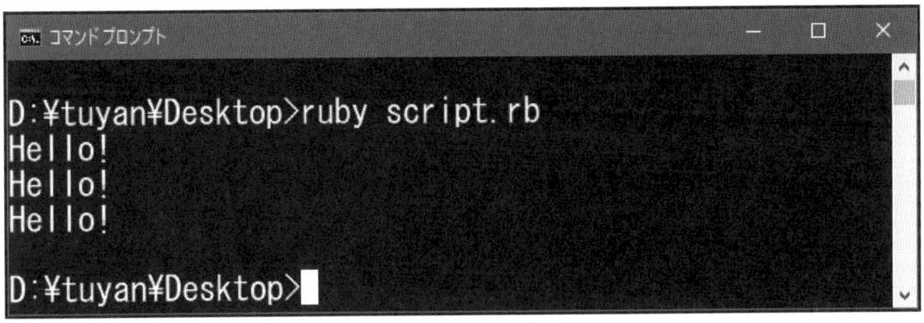
コマンドプロンプト
D:¥tuyan¥Desktop>ruby script.rb
Hello!
Hello!
Hello!
D:¥tuyan¥Desktop>

図A-22 実行すると、helloメソッドを呼び出し、3回、「Hello!」と表示する。

メソッドの引数について

メソッドは、単に「呼び出したら処理を行うだけ」というわけではありません。呼び出す際に、その処理に必要な値などを受け渡すこともできます。このために使うのが「引数」というものです。

メソッドを呼び出す際に必要な値などを受け渡したい場合もあるでしょう。こうしたときに、「引数」というものを利用します。これは最初のdef行を以下のように記述します。

```
def メソッド名　引数1, 引数2, ……
```

メソッド名の後に、「引数」を記述します。これは、値を受け取る変数と考えてください。1つだけでなく、複数利用したい場合はカンマで区切って記述できます。

こうして定義したメソッドを呼び出す際には、やはりメソッド名の後に値をつけて記述します。

```
メソッド名 値1, 値2, ……
```

これで、メソッド名の後に書いた値が、呼び出すメソッドの引数に用意した変数に代入されて渡されます。

引数を使ってみる

では、実際にやってみましょう。先ほどの簡単なメソッドに引数を付けて呼び出すようにしてみましょう。

リストA-12

```
def hello name
  puts "Hello, " + name + "!"
end

hello "Taro"
hello "Hanako"
```

これを実行すると、「Hello, Taro!」「Hello, Hanako!」とメッセージが表示されます。引数を使って、メッセージに名前を渡せるようになったわけです。こんな具合に、必要な値を渡して処理できるようになると、メソッドでできることもぐっと幅が広がってきます。

コマンド プロンプト
D:¥tuyan¥Desktop>ruby script.rb
Hello, Taro!
Hello, Hanako!
D:¥tuyan¥Desktop>

図A-23　引数を使うと、メソッドに値を渡して処理できるようになる。

引数のカッコについて

引数を使う場合、実は別の書き方もできます。引数部分をカッコでくくるのです。たとえば、こんな感じです。

リストA-13

```
def hello(name)
  puts "Hello, " + name + "!"
end

hello("Taro")
hello ("Hanako")
```

これでも、先ほどのリストとまったく同じ働きをします。def hello(name) というようにメソッドを記述したり、hello("Taro")というように呼び出しても問題ないのです。

Rubyでは、この両方の書き方が使われます。引数が多くなると、どこからどこまでが引数かがわかりにくくなるため、カッコを付けたほうが見やすくなるでしょう。どちらの書き方もできるようにしておくようにしましょう。

戻り値ってなに？

メソッドは、「実行した後の結果」を呼び出した側に返すこともできます。これは「戻り値(返り値ともいいます)」というもので、以下のような形で記述します。

```
def メソッド
  ……実行する処理……
  return 値
end
```

戻り値のあるメソッドでは、最後に「return」を使います。ここで指定した値が、メソッドを呼び出し元に送り返される値(戻り値)となります。メソッドを呼び出す際には……

```
変数 = メソッド名
```

こんな具合に、メソッドの結果を変数などに代入するようにしておきます。これで、戻り値で返された値を変数などに入れて利用できるようになります。

戻り値を使ってみる

では、戻り値を使ったメソッドの例を挙げておきましょう。先ほどのhelloメソッドを更に修正してみることにします。

リストA-14

```
def hello name
  return "Hello, " + name + "!"
end

taro = hello "Taro"
hanako = hello "Hanako"

puts "<<< " + taro + hanako + ">>>"
```

Chapter 1 Chapter 2 Chapter 3 Chapter 4 Chapter 5 Addendum

これを実行すると、「<<< Hello, Taro!Hello, Hanako!>>>」というようなメッセージが表示されます。helloメソッドで作成したメッセージをひとまとめにして表示していることがわかるでしょう。

コマンド プロンプト
D:¥tuyan¥Desktop>ruby script.rb
<<< Hello, Taro!Hello, Hanako!>>>
D:¥tuyan¥Desktop>

図A-24　実行すると、呼び出したhelloメソッドの結果をまとめて表示する。

オブジェクトってなに？

メソッドを使うと､プログラムを処理ごとに分けて整理できます。これを更に発展させて、「特定の機能に関するメソッドや変数などをひとまとめにして扱えるようにしよう」という考えが生まれました。これは「オブジェクト」という考え方です。

たとえば、「ウインドウ」というものを考えてみましょう。ウインドウを使うには、ウインドウの位置や大きさ、スクロールバーの位置などの値や、ウインドウを指定の位置に移動したり、大きさを変えたり、表示をリフレッシュしたりといったウインドウ操作のための機能などが必要になります。これらがばらばらに用意してあるより、1つにまとめてあるほうがウインドウを使う際には便利ですね。

これが、オブジェクトの基本的な考え方です。ある機能に必要な「値」と「処理」をすべてひとまとめにした小さなプログラム、それがオブジェクトなのです。このオブジェクトというものを、どうやって作り、利用できるようにするか？ それはプログラミング言語によって違います。

Rubyでは、「クラス」というものを使ってオブジェクトを扱うようになっています。

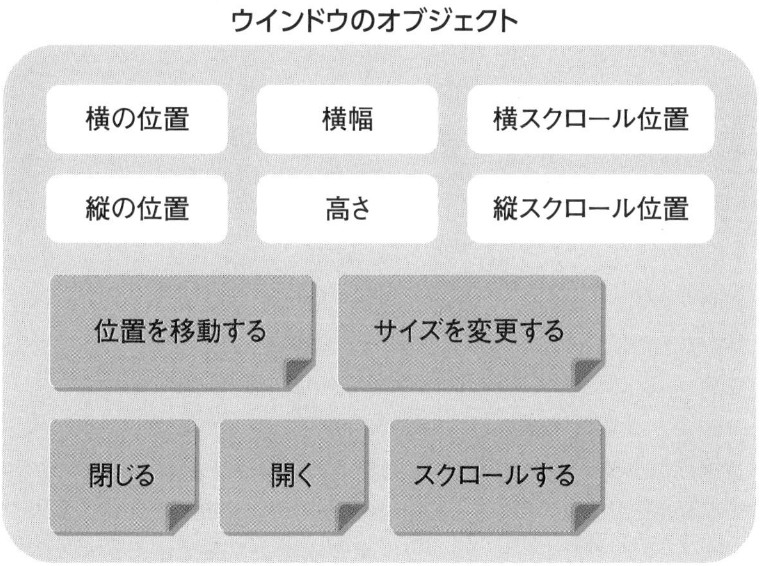

図A-25 ウインドウには、位置や大きさなどの値、移動やリサイズなどの機能が必要。それらをすべて一つにまとめたのがウインドウの「オブジェクト」だ。

「クラス」＝設計図

クラスというのは、「オブジェクトの設計図」に相当するものです。ウインドウのオブジェクトなら、ウインドウのクラスを用意し、その中にウインドの位置や大きさの値を保管する変数、ウインドウの移動やリサイズなどの処理を行うメソッドといったものを用意しておくのです。そうやって、オブジェクトの中にどんなものが用意されるかを定義していきます。

そして、定義されたクラスを元に、実際に操作するオブジェクトを作成します。この「クラスから作られたオブジェクト」のことを「インスタンス」と呼びます。ウインドウのクラスなら、これを元にウインドウのインスタンスを作り、そのメソッドを呼び出たりしてウインドウを操作するわけですね。

クラスを作ろう！

では、クラスはどうやって作ればいいのでしょう？ その基本的な書き方を整理しておきましょう。

```
class クラス名
```

```
  def メソッド名
    ……メソッドの処理……
  end

  ……必要なだけメソッドを定義……

end
```

クラスは、「class クラス名」で始まり、「end」で終わります。この中には、このクラスに用意しておくメソッドを必要なだけ記述していきます。

インスタンスの作成

クラスからインスタンスを作成するには、「new」というメソッドを呼び出します。これはクラスから直接呼び出すことのできるメソッドで、以下のように利用します。

```
変数 =《クラス》.new
```

場合によっては、インスタンスを作るときに必要な値を渡すこともあります。こうした場合には、newメソッドに引数を付けて呼び出すこともあります。

```
変数 =《クラス》.new 引数, 引数, ……
```

このような形ですね。では、実際に簡単な例を挙げてクラスとインスタンスの挙動を見てみましょう。

リストA-15

```
class Hello
  def say
    puts "Hello!!"
  end

  def sayTo name
    puts "Hello, " + name + "!!"
  end
end

obj = Hello.new
obj.say
obj.sayTo "花子"
```

コマンドプロンプト
D:¥tuyan¥Desktop>ruby script.rb
Hello!!
Hello, 花子!!
D:¥tuyan¥Desktop>

図A-26 実行すると、「Hello!!」「Hello, 花子!!」とメッセージが表示される。

インスタンスとメソッドの利用

ここでは、「Hello」というクラスを定義しています。そして、その中に「say」「sayTo」というメソッドを定義してあります。インスタンスを作成し、say、sayToといったメソッドを呼び出す処理を以下のように書いています。

```
obj = Hello.new
obj.say
obj.sayTo "花子"
```

sayやsayToといったメソッドは、インスタンスを入れた変数名の後にドットを付けてメソッド名を記述します。メソッドの使い方は、基本的に「インスタンス.メソッド名」という書き方をします。sayToのように引数がある場合は、更にその後に値を続けて記述します。

initializeメソッドとは？

インスタンスを作成するときには、newというメソッドを呼び出します。newでインスタンスを作成するときに、たとえば必要な変数に値を設定しておくとか、いろいろと初期化の処理を用意しておきたい場合があります。

このような場合には、クラスに「initialize」というメソッドを用意しておきます。こんな感じですね。

```
def initialize
  ……初期化処理……
end
```

initializeメソッドは、一般に「コンストラクタ」とか「イニシャライザ」と呼ばれるもので、インスタンスを作成するとき、自動的に呼び出され実行されます。ですから、ここに必要な処理を用意しておけば、newのときに必ずそれが実行されるようになります。

イニシャライザを利用しよう

では、実際に簡単なサンプルを用意してみましょう。先ほどのサンプルを修正し、newする際に名前を設定できるようにしてみます。

リストA-16

```
class Hello

  def initialize name="noname"
    @name = name
  end

  def say
    puts "Hello, " + @name + "!!"
  end

end

ob1 = Hello.new "花子"
ob2 = Hello.new "太郎"
ob1.say
ob2.say
```

これを実行すると、「Hello, 花子!!」「Hello, 太郎!!」とメッセージが表示されます。ここでは2つのHelloインスタンスを作っています。どちらも行なっているのはsayメソッドの呼び出しだけです。が、newする際に設定するテキストが違うため、sayの実行結果も違ってきます。

こんな具合に、newする際に必要な値をinitializeに用意することで、いろいろと設定変更されたインスタンスを作ることができるのです。

コマンドプロンプト
D:¥tuyan¥Desktop>ruby script.rb
Hello, 花子!!
Hello, 太郎!!
D:¥tuyan¥Desktop>

図A-27　実行すると、「Hello, 花子!!」「Hello, 太郎!!」とメッセージが表示される。

引数の初期値について

ここでは、「def initialize name="noname"」というようにしてコンストラクタを定義していますね。これにより、名前の値をnewする際に渡せるようになります。

よく見ると、initialize nameではなく、initialize name="noname"というように、変数に"noname"という値を代入しています。

これは引数の「初期値」を指定するものです。メソッドを呼び出したときにこの引数の値が用意されていなかった場合には、初期値の"noname"が代りに使われる、というわけです。つまり、初期を用意しておくと、その引数は省略することもできるようになるのです。

この初期値は、initializeに限らず、どのメソッドでも使うことができます。

インスタンス変数とは？

このサンプルでは、もう1つ、とても重要なものが登場します。それは、引数の値を保管する変数です。よく見ると、こんな具合に書かれていますね。

```
@name = name
```

「name」という変数名の前に@記号がつけられています。これは「インスタンス変数」と呼ばれる、特別な役割を持つ変数なのです。

インスタンス変数というのは、インスタンスに値が保管される特別な変数です。普通の変数は、たとえばメソッドの中で使用されたものは、そのメソッドの実行を終えると消えてしまいます。が、インスタンス変数は、そのインスタンスが存在している限り、ずっとインスタンス内に値を保管し続けます。

上のサンプルでは、initializeメソッドの中で@name = nameというようにして@nameに値を設定しました。そしてsayメソッドを呼び出すと、ちゃんと@nameの値が出力されました。initializeメソッドを抜けても、@name変数がずっと保管されていることがわかります。

このようにインスタンス変数は、インスタンスがある間、ずっと値を保管し続け、いつでも利用できるようにします。

インスタンス変数の問題

さて、前回、クラスを定義し、そのインスタンスを作って操作をしました。インスタンスでは、インスタンス変数と呼ばれるもので値を保持することができました。

このインスタンス変数、クラス内のメソッドで利用するのは簡単ですが、外部から利用しようとするとちょっと面倒なことになります。たとえば、前回作ったクラスを考えてみましょう。

リストA-17

```
class Hello
  def initialize name="noname"
    @name = name
  end

  def say
    puts "Hello, " + @name + "!!"
  end
end
```

このHelloクラスのインスタンスは、Hello.new "taro" というように名前を引数に指定して作成することができます。では、インスタンスを作った後で「名前を修正しよう」と思ったら、どうすればいいのでしょうか。

```
hello = Hello.new "taro"
hello.name = "hanako"
```

こんな具合にして、インスタンスの@nameの値が変更できるか？というと、これはできません。実行するとエラーになってしまうのです。もちろん、hello.@nameでもダメです。インスタンス変数には、そのままでは外部から直接アクセスすることはできないのです。

アクセサってなに？

このような場合に使われるのが「アクセサ」と呼ばれるものです。アクセサは、インスタンス変数の読み書きを可能にするためのものです。これは、実物を見たほうが早いでしょう。先ほどのクラスを修正したスクリプトを用意しました。

リストA-18

```
class Hello
  attr_accessor:name

  def initialize name="noname"
    @name = name
  end

  def say
    puts "Hello, " + @name + "!!"
  end
end

ob1 = Hello.new "花子"
ob1.say
ob1.name = "幸子"
ob1.say
```

コマンド プロンプト
D:¥tuyan¥Desktop>ruby script.rb
Hello, 花子!!
Hello, 幸子!!
D:¥tuyan¥Desktop>

図A-28 Helloインスタンスのnameインスタンス変数を直接変更して操作をする。

アクセサの種類

ここでは、Hello.new "花子" として作成した後、obj.name = "幸子" と名前を変更しています。問題なく値を変更できることがわかりますね。

クラス定義にある「attr_accessor:name」という文が、アクセサを指定するものなのです。こうしたアクセサには以下のようなものがあります。

● アクセサの種類

attr_accessor	変数の値の読み取り・書き換えを行う
attr_reader	変数の値の読み取りだけを行う
attr_writer	変数の値の書き換えだけを行う

ここでは、attr_accessor:nameとすることで、@nameの読み書きを可能にしていました。こんな具合に、外部からインスタンス変数を利用する場合は、アクセサをよく考えて付けてください。

クラスメソッドとクラス変数

クラスに用意されているメソッドや変数は、基本的に「インスタンスを作って、そこから利用する」というものですが、クラスの中には、「クラスから直接メソッドなどを呼び出せたほうが便利」というものもあります。たとえば、インスタンスを作るnewは、クラスから直接呼び出していますね？ こういうメソッドを自分で作りたいこともあります。

このような「クラスから直接呼び出すメソッド」は、「クラスメソッド」と呼ばれます。これにはいくつか書き方があるのですが、ざっと以下のものだけ覚えておけば十分使えるようになるでしょう。

● クラスメソッド(1)

```
def クラス . メソッド
  ……実行する処理……
end
```

● クラスメソッド(2)

```
def self . メソッド
  ……実行する処理……
end
```

(1)は、クラスの中に書いてもいいですし、クラスの外に書いても構いません。(2)は、クラス定義の中に書くのが前提です。

クラス変数とは？

クラスメソッドは、当たり前ですがインスタンス変数を利用できません。なにしろ、インスタンスを作らないんですから。でも、クラスメソッドでも何らかの値を保管しておきたいことはあります。こうした場合に用いられるのが「クラス変数」と呼ばれるものです。これは、以下のように記述します。

```
@@変数名
```

インスタンス変数は「@変数名」でしたが、クラス変数は「@@変数名」というように@が2つ頭に付けられます。このクラス変数は、クラスが利用できる間ずっと値を保持し続けます。

クラス変数を利用する

では、サンプルとして、消費税計算のクラスを作って計算をする例を挙げておきましょう。

リストA-19

```
class Tax
  @@zeiritsu = 0.1

  def self.zeiritsu= n
    @@zeiritsu = n
  end

  def self.priceWithTax price
    return (price * (1.0 + @@zeiritsu)).to_i
  end

  def self.tax price
    return (price * @@zeiritsu).to_i
  end
end

price = 12300
puts "価格：" + price.to_s
puts "税込：" + Tax.priceWithTax(price).to_s
puts "税額：" + Tax.tax(price).to_s
Tax.zeiritsu = 0.08
puts "※軽減税率だと……"
puts "税込：" + Tax.priceWithTax(price).to_s
puts "税額：" + Tax.tax(price).to_s
```

クラスTaxには、税込価格と税額のそれぞれを計算して返すクラスメソッドを用意しました。また税率は@@zeiritsuというクラス変数で用意しています。@@zeiritsuを変更すると、同じメソッドを呼び出しても計算した金額が変わることがわかるでしょう。

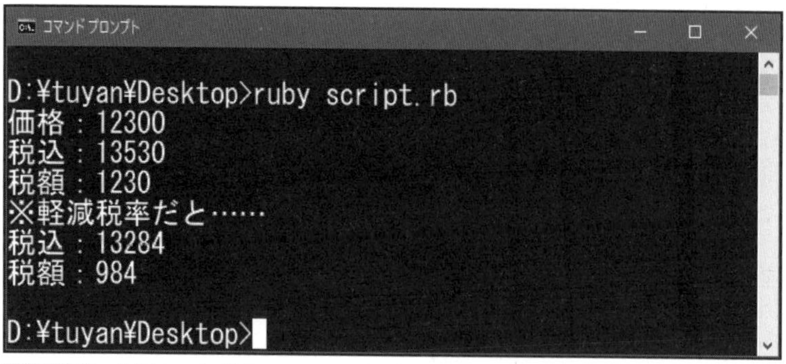

図A-29　実行すると税率10%と8%の金額が表示される。

継承ってなに？

クラスは、すべて一から作らないといけないわけではありません。既にあるクラスを元に、新しいクラスを作ることもできます。これを可能にするのが「継承」という機能です。

継承は、既にあるクラスを受け継いで新しいクラスを作ることです。継承を利用すると、継承元のクラスにあるすべての機能をそのまま受け継ぎ、利用することができます。この継承は、以下のようにして利用します。

```
class クラス名 << 継承するクラス名
  ……クラスの内容を記述する……
end
```

継承する元のクラスのことを「スーパークラス（親クラス）」、このクラスを元に新たに作ったクラスのことを「サブクラス（子クラス）」といいます。わかりやすく書くと、

```
class サブクラス << スーパークラス
```

こういうわけです。サブクラスでは、スーパークラスにあるメソッドやインスタンス変数、クラス変数などすべて利用できるようになります。

継承を使ってみる

では、実際にクラスの継承を使った例を挙げておきましょう。先ほどのPeopleを継承したクラスを作って利用してみることにしましょう。

リストA-20

```
class People
  def initialize name = "noname"
    @name = name.to_s
  end

  def print
    puts "NAME: " + @name
  end
end

class People2 < People
  def initialize name = "noname", age = 0
    @name = name
    @age = age.to_i
  end

  def print
    puts "My name is " + @name + ". I'm " + @age.to_s + " old."
  end
end

taro = People.new "taro"
hanako = People2.new "Hanako",24
taro.print
hanako.print
```

ここでは、Peopleクラスと、これを継承したPeople2クラスを用意してあります。People2クラスでは、People2にはない@nameを使って表示を行っています。ここにはないけれど、スーパークラスのPeopleにはあるから、ちゃんと利用できるのですね。

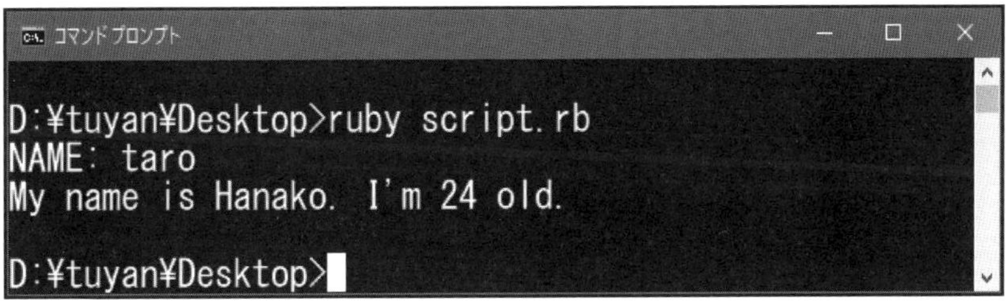
コマンド プロンプト
D:¥tuyan¥Desktop>ruby script.rb
NAME: taro
My name is Hanako. I'm 24 old.
D:¥tuyan¥Desktop>

図A-30 Peopleと、そのサブクラスPeople2をそれぞれ作って利用する。

オーバーライドで機能を変更！

このサンプルでは、PeopleとPeople2の両方にprintメソッドがあります。People2は、Peopleを継承していますから、Peopleにある機能をすべて使えます。当然、printメソッドも使えます。が、同じ名前のprintメソッドをPeople2にも用意しているため、メソッドを呼び出すとPeople2のprintが実行され、スーパークラスのprintは使われなくなります。

こんな具合に、スーパークラスにあるのと同じ名前のメソッドをサブクラスに用意することで、スーパークラスのメソッドを上書きして変更してしまうことができます。これを「オーバーライド」といいます。オーバーライドは、クラスの重要な機能の一つです。ここでしっかりと覚えておきましょう。

この章のまとめ

Rubyの基本的な文法についてざっとまとめました。ここでは「1時間あれば一通りRubyを使えるようになる」ということを目指してまとめてあります。ですから、まだまだRubyについて説明していないことは山のようにあります。が、とりあえずRubyで何か書いて動かしたりすることはこれでできるようになったことでしょう。

ここで説明したことをまとめると、だいたい以下のようなものになるでしょう。

1. Rubyの値と変数

値と変数はプログラミングの基本中の基本です。Rubyではどんな種類の値が使われるか、それらはどう書いて利用するのか。また変数を利用するにはどうするのか。これらはRubyの最初の一歩として確実に覚えておいてください。

2. Rubyの制御構文

Rubyの処理の流れを制御するためのものとして、「if」「case」「while」「until」といった構文を説明しました。また配列・ハッシュ用に「for」というものも使いましたね。これらはプログラムを組み立てるための重要な要素です。これらも確実に使えるようになりましょう。

3. クラスとメソッド

Rubyでは、クラスというものを作り、その中にメソッドという形でさまざまな処理を作成できます。これらは「インスタンス」というオブジェクトを作り、そこから操作できます。

クラスの書き方、そして利用の仕方の基本をここで覚えておいてください。自分で自由自在にクラスを作れるようにはならなくてもいいですから、「クラスをどう利用するのか」ぐらいはきちんと理解しておきましょう。Railsでは、たくさんのクラスが登場します。それらの使い方がきちんと把握できるようになっておきましょう。

とりあえず、これらがわかれば、Railsの基本的な使い方を理解するには十分でしょう。もっともっと本格的に学習するには、それなりの時間が必要です。まずは、必要最低限の知識だけ身につけておきましょう。そして、学習に合わせて、少しずつ自分なりにRubyの理解を深めていきましょう。

Index

索引

Chapter 1
Chapter 2
Chapter 3
Chapter 4
Chapter 5
Addendum

S

T

U

V

W,X,Y

あ行

か行

さ行

た行

は行

著者紹介

掌田 津耶乃（しょうだ　つやの）

日本初のMac専門月刊誌「Mac+」の頃から主にMac系雑誌に寄稿する。ハイパーカードの登場により「ビギナーのためのプログラミング」に開眼。以後、Mac、Windows、Web、Android、iPhoneとあらゆるプラットフォームのプログラミングビギナーに向けた書籍を執筆し続ける。

近著：

「作りながら学ぶWebプログラミング実践入門」（マイナビ）
「PHPフレームワーク Laravel入門 第2版」（秀和システム）
「C# フレームワーク ASP.NET Core3入門」（秀和システム）
「つくってマスターPython」（技術評論社）
「PythonではじめるiOSプログラミング」（ラトルズ）
「Web開発のためのMySQL超入門」（秀和システム）
「Pythonフレームワーク Flaskで学ぶWebアプリケーションのしくみとつくり方」（ソシム）

著書一覧：

http://www.amazon.co.jp/-/e/B004L5AED8/

筆者運営のWebサイト：

https://www.tuyano.com

ご意見・ご感想：

syoda@tuyano.com

Ruby on Rails 6 超入門

発行日　2020年 2月28日　　第1版第1刷

著　者　掌田　津耶乃

発行者　斉藤　和邦

発行所　株式会社　秀和システム
〒135-0016
東京都江東区東陽2-4-2　新宮ビル2F
Tel 03-6264-3105（販売）Fax 03-6264-3094

印刷所　日経印刷株式会社　　Printed in Japan

ISBN978-4-7980-5906-8 C3055

定価はカバーに表示してあります。
乱丁本・落丁本はお取りかえいたします。
本書に関するご質問については、ご質問の内容と住所、氏名、電話番号を明記のうえ、当社編集部宛FAXまたは書面にてお送りください。お電話によるご質問は受け付けておりませんのであらかじめご了承ください。